直方体の体積＝縦×横×高さ

見取図

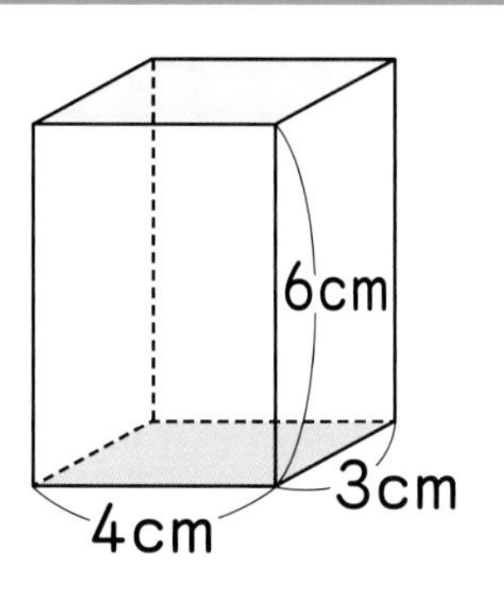

展開図

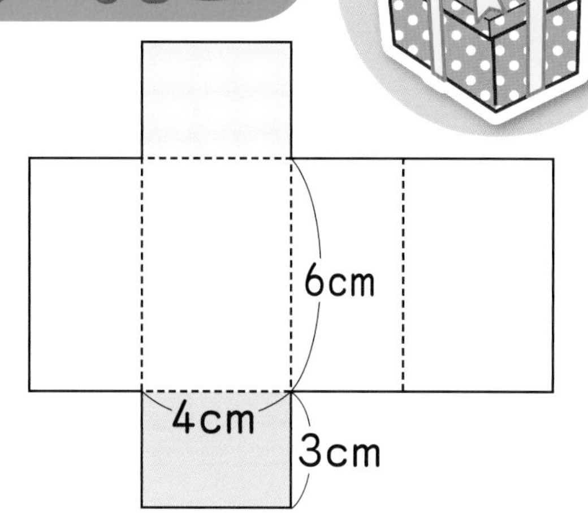

体積　3×4×6＝72(cm³)
縦　横　高さ

角柱の体積＝底面積×高さ

見取図

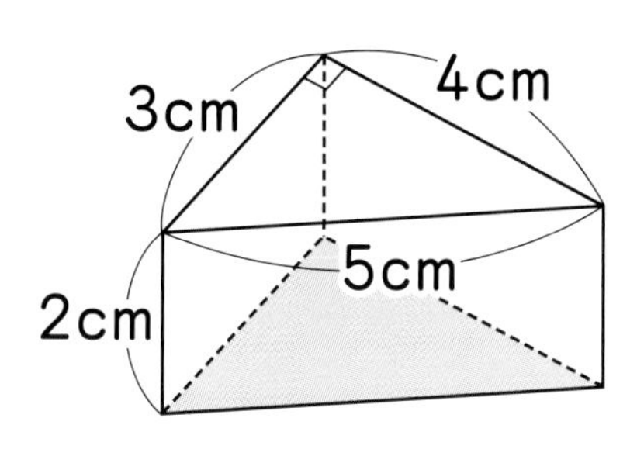

展開図

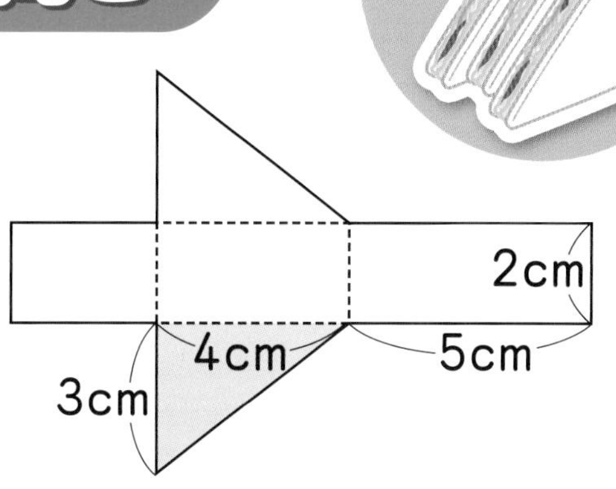

体積　(4×3÷2)×2＝12(cm³)
底面積　高さ

体積の求め方のくふう①（分けて考える）

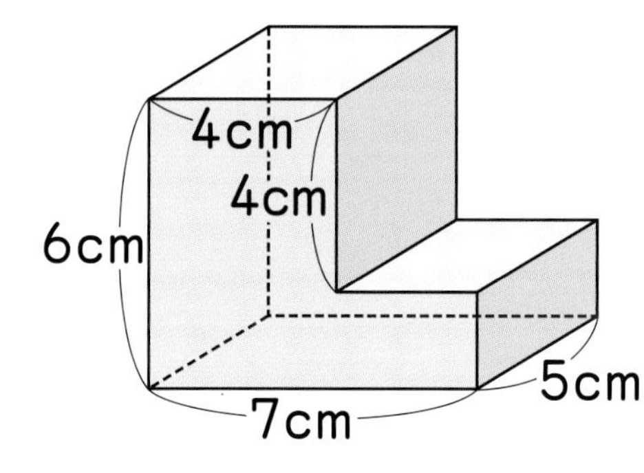

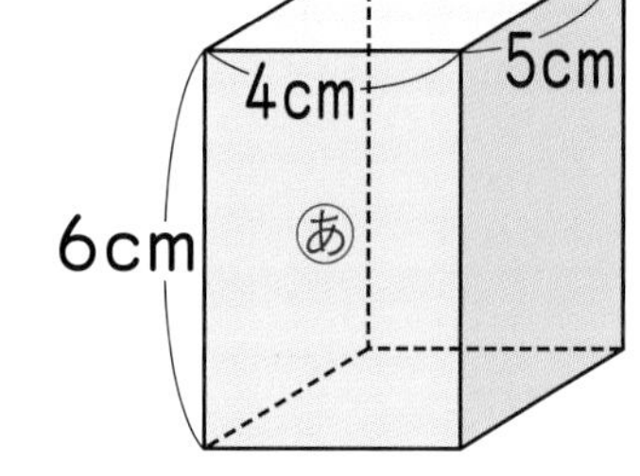

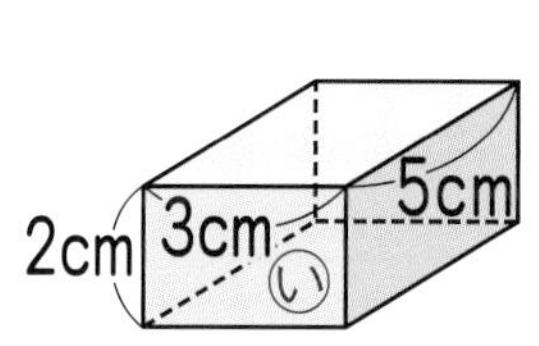

体積　5×4×6＋5×3×2＝150(cm³)
あ　い

単位の復習

体　積

	kL(m^3)	L	dL	mL(cm^3)
1kL(m^3)は	1	1000	10000	1000000
1Lは	0.001	1	10	1000
1dLは	0.0001	0.1	1	100
1mL(cm^3)は	—	0.001	0.01	1

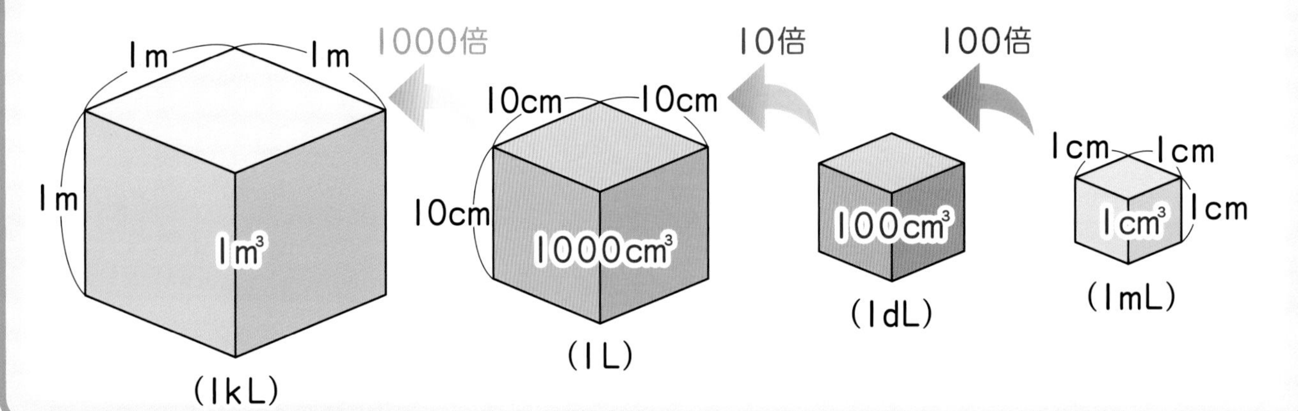

重　さ

	t	kg	g	mg
1tは	1	1000	1000000	1000000000
1kgは	0.001	1	1000	1000000
1gは	0.000001	0.001	1	1000
1mgは	—	0.000001	0.001	1

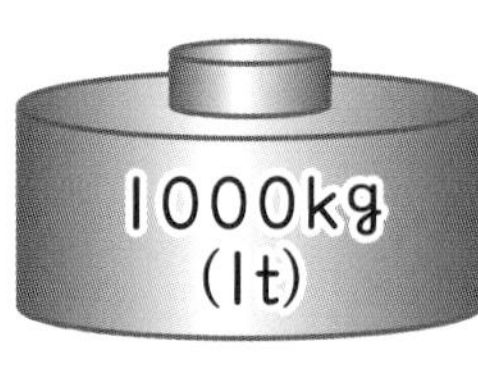

1000倍

1000倍

メートル法

単位の前につける大きさを表すことば

	キロ k	ヘクト h	デカ da		デシ d	センチ c	ミリ m
ことばの意味	1000倍	100倍	10倍	1	$\frac{1}{10}$倍	$\frac{1}{100}$倍	$\frac{1}{1000}$倍
長さ	km			m		cm	mm
面積		ha		a			
体積	kL			L	dL		mL
重さ	kg			g			mg

面積

	km^2	ha	a	m^2	cm^2
$1km^2$は	1	100	10000	1000000	—
1haは	0.01	1	100	10000	100000000
1aは	0.0001	0.01	1	100	1000000
$1m^2$は	0.000001	0.0001	0.01	1	10000
$1cm^2$は	—	—	0.000001	0.0001	1

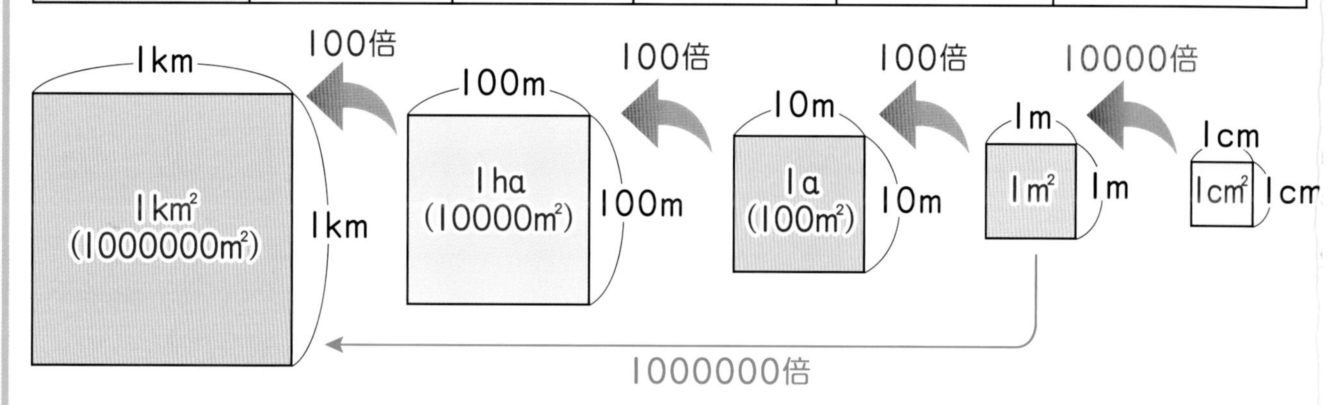

体積と展開図

立方体の体積＝１辺×１辺×１辺

見取図

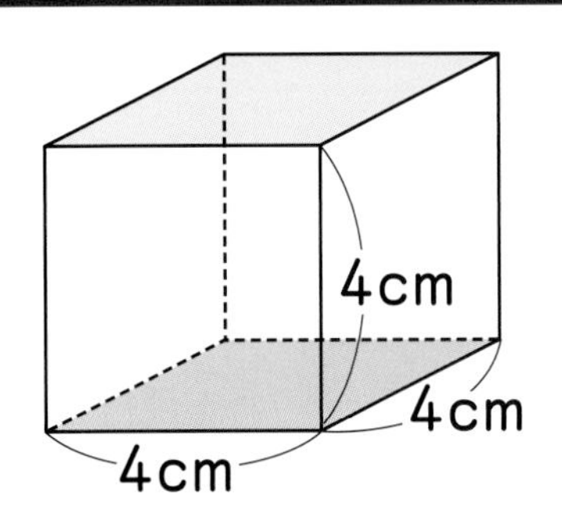

展開図

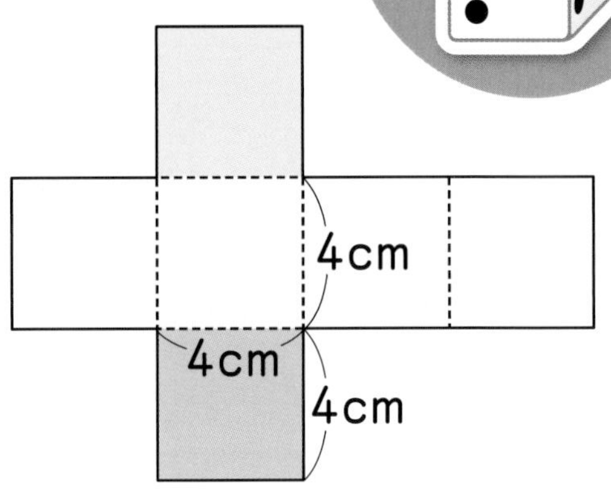

体積　$\underset{１辺}{4}\times\underset{１辺}{4}\times\underset{１辺}{4}=64\ (cm^3)$

円柱の体積＝底面積×高さ

見取図

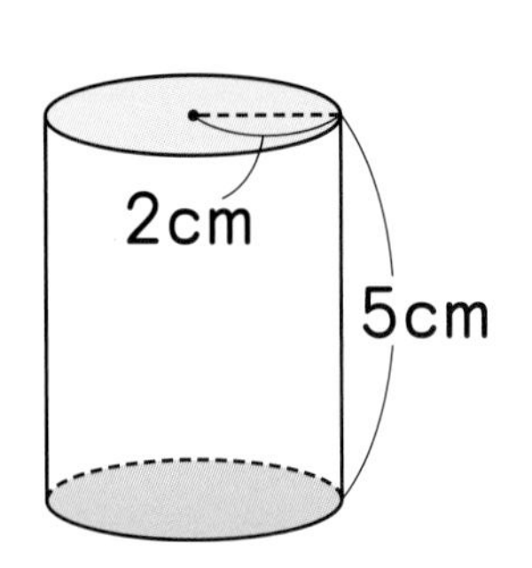

展開図

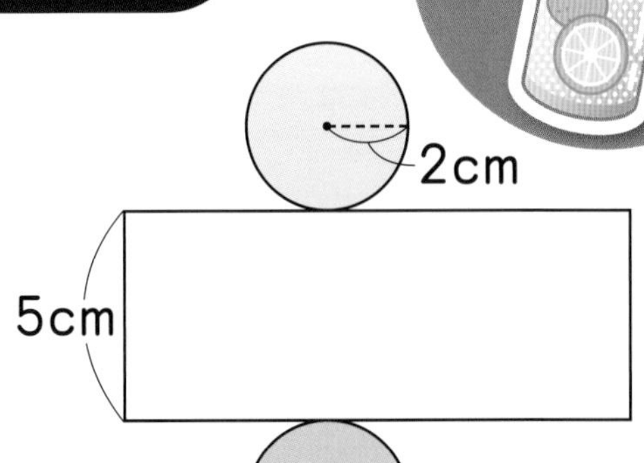

体積　$\underbrace{2\times2\times3.14}_{底面積}\times\underbrace{5}_{高さ}=62.8\ (cm^3)$

体積の求め方のくふう②（ひいて考える）

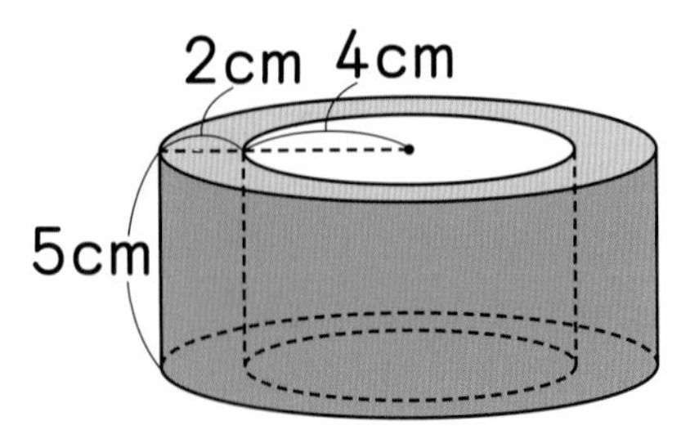

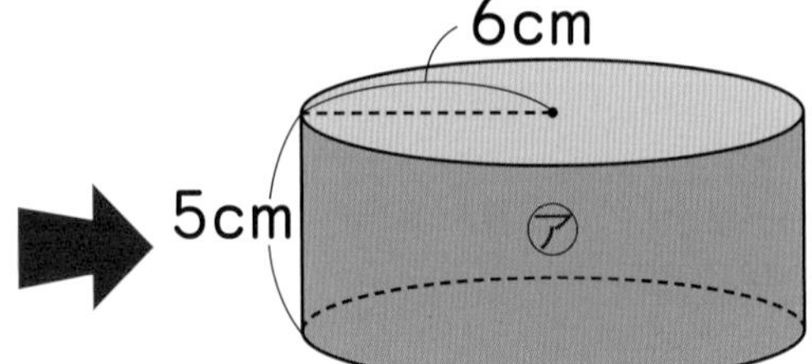

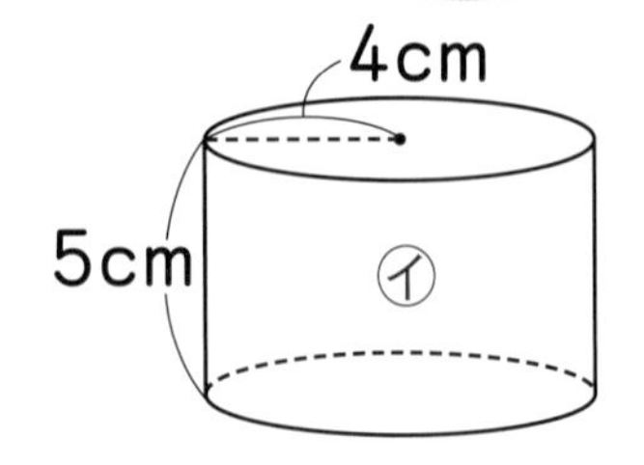

体積　$\underbrace{6\times6\times3.14\times5}_{㋐}-\underbrace{4\times4\times3.14\times5}_{㋑}=314\ (cm^3)$

学校図書版 **算数6年**

動画 コードを読みとって、下の番号の動画を見てみよう。

勉強した日 月 日

① 線対称な図形

基本のワーク

学習の目標
線対称な図形の意味や性質、かき方を覚えよう！

教科書 12～18ページ　答え 1ページ

基本1 線対称な図形がわかりますか

☆ 下の図は、線対称な図形です。対称の軸をかき入れましょう。

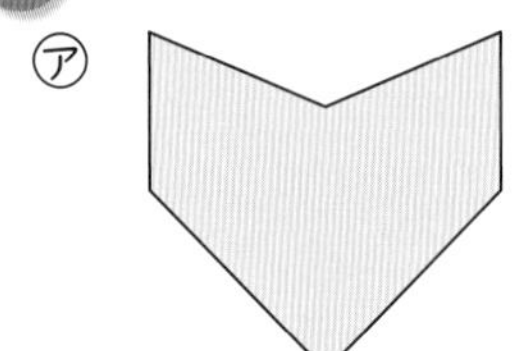

とき方 1本の直線を折り目にして2つに折るとき、折り目の両側の形がぴったり重なり合う図形を、[　　　]な図形といいます。折り目になる直線を、[　　　]といいます。

答え

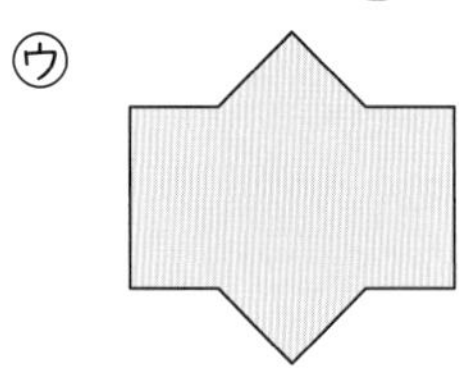

1 次の㋐～㋒から線対称な図形を選び、対称の軸をかき入れましょう。　教科書 15ページ

㋐ ㋑ ㋒

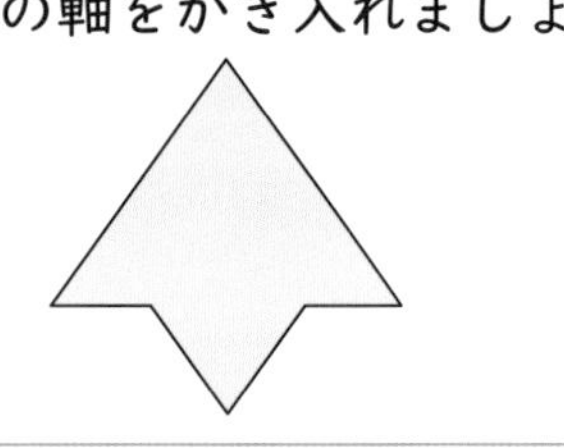

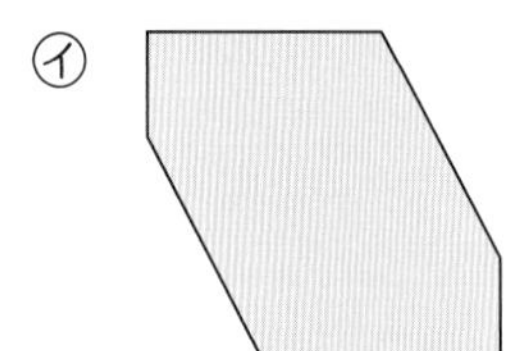

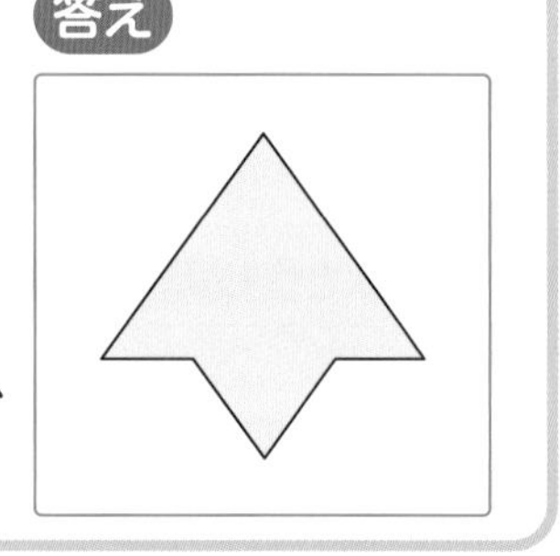

基本2 線対称な図形の対応する点や辺、角がわかりますか

☆ 右の図は、線対称な図形です。

❶ 点Bに対応する点は、どの点ですか。

❷ 辺CDに対応する辺は、どの辺ですか。

❸ 角Eに対応する角は、どの角ですか。

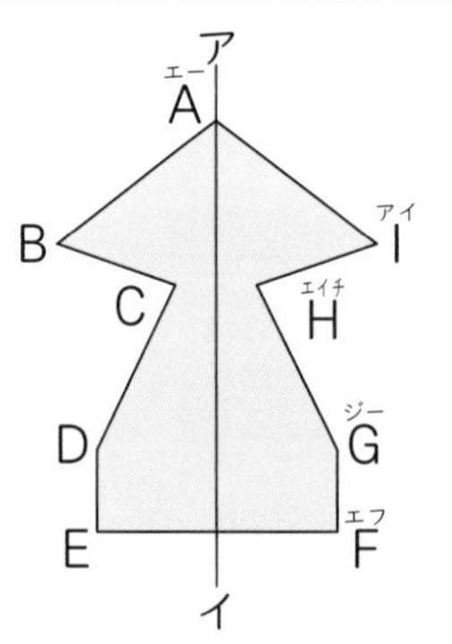

とき方 線対称な図形を対称の軸で折ったとき、重なり合う点を[　　　]、重なり合う辺を[　　　]、重なり合う角を[　　　]といいます。

答え ❶ 点[　　] ❷ 辺[　　] ❸ 角[　　]

2 右の図は、線対称な図形です。対応する点、対応する辺、対応する角を答えましょう。　教科書 16ページ

対応する点（　　　）

対応する辺（　　　）

対応する角（　　　）

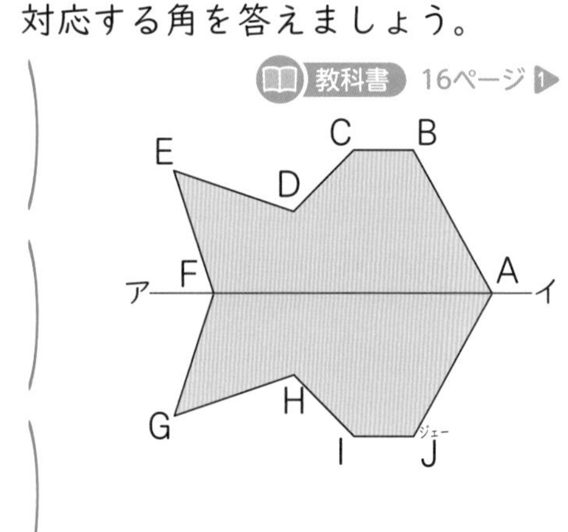

万華鏡は鏡を利用して対称な図形の模様を作り出すおもちゃだよ。

基本 3 線対称な図形の性質がわかりますか

☆ 右の図は、線対称な図形です。

❶ 直線BJは、対称の軸とどのように交わっていますか。

❷ 直線DL(エル)は9mmです。直線HLは何mmですか。

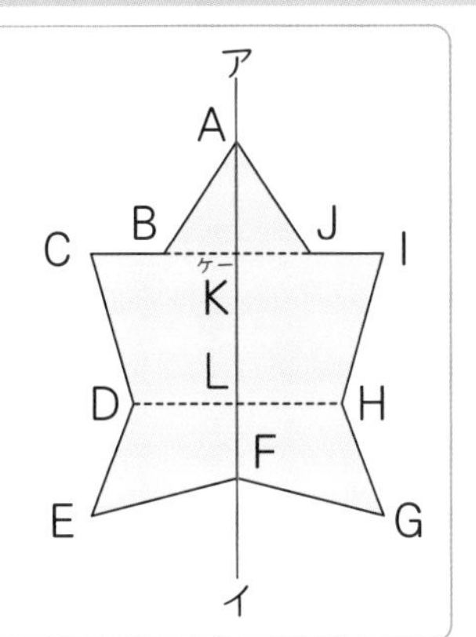

とき方 線対称な図形では、対応する2つの点を結ぶ直線は、対称の軸に[　　]に交わっています。また、対称の軸から対応する2つの点までの長さは、[　　]なっています。

答え ❶ [　　]
❷ [　　]mm

3 右の図は、線対称な図形です。 教科書 17ページ 1

❶ 直線CGは、対称の軸とどのように交わっていますか。

(　　　　　)

❷ 直線BIは15mmです。直線HIは何mmですか。

(　　　　　)

❸ 点Lに対応する点M(エム)を図にかき入れましょう。

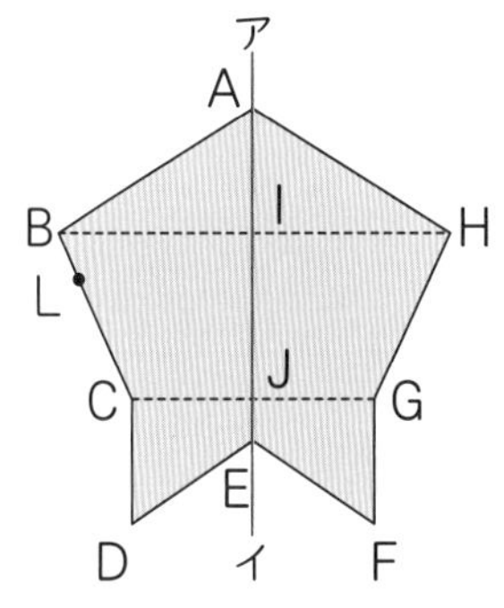

基本 4 線対称な図形がかけますか

☆ 次の図は、直線アイを対称の軸とする線対称な図形の半分を表しています。残りの半分をかきましょう。

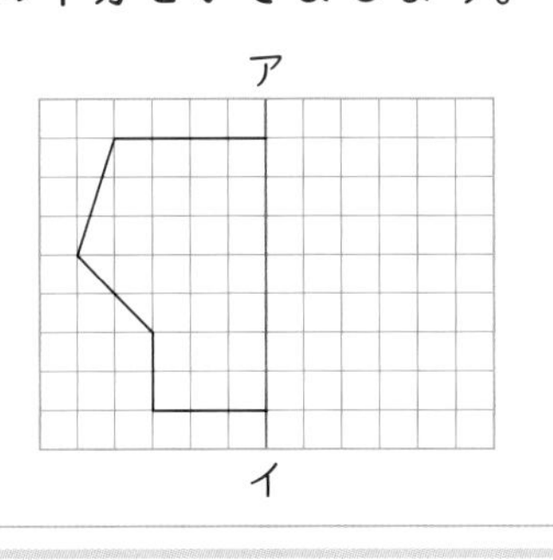

とき方 《1》 対応する点をとってかきます。

1 それぞれの頂点(ちょうてん)から対称の軸に垂直(すいちょく)な直線を引きます。

2 頂点から対称の軸と交わる点までの長さと等しい長さのところに点をとって結びます。

《2》 対応する辺の長さや対応する角の大きさがそれぞれ等しいことを利用してかきます。

答え

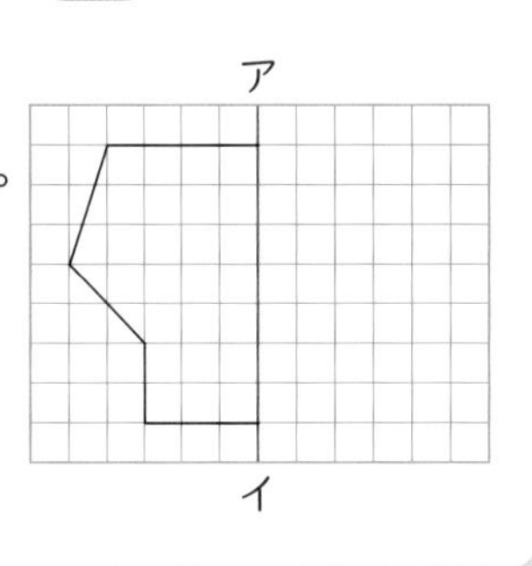

4 次の図は、直線アイを対称の軸とする線対称な図形の半分を表しています。残りの半分をかきましょう。

教科書 18ページ 5

❶

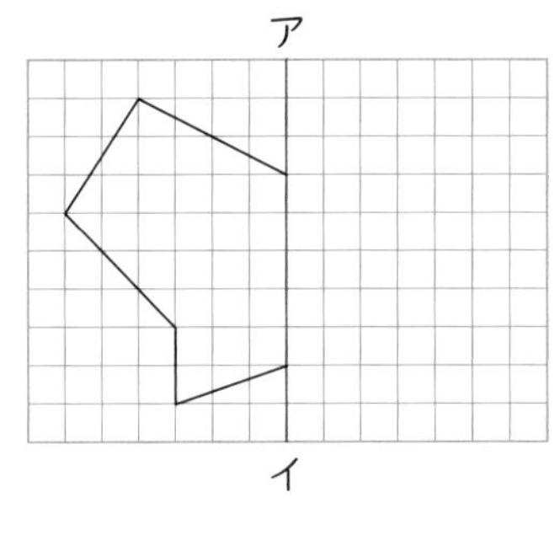

❷

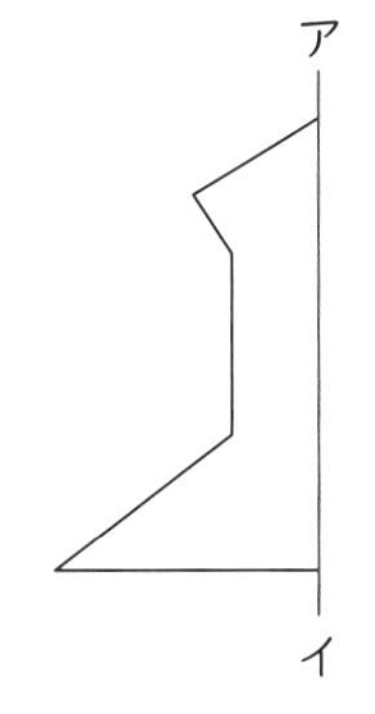

まず、それぞれの頂点から、直線アイに垂直な直線を引こう。

ポイント 線対称な図形をかくときは、はじめに、対応する点をとるようにするとよいでしょう。

勉強した日　月　日

② 点対称な図形

学習の目標
点対称な図形の意味や性質、かき方を覚えよう！

基本のワーク

教科書　19〜24ページ　答え　2ページ

基本1　点対称な図形がわかりますか

☆ 次の図で、点対称（てんたいしょう）な図形はどれですか。

㋐ 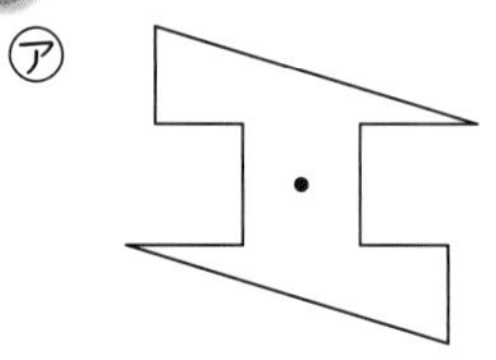
㋑ 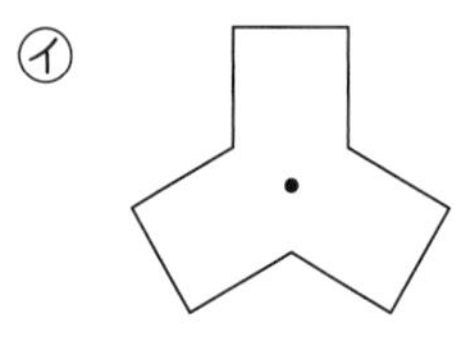
㋒ 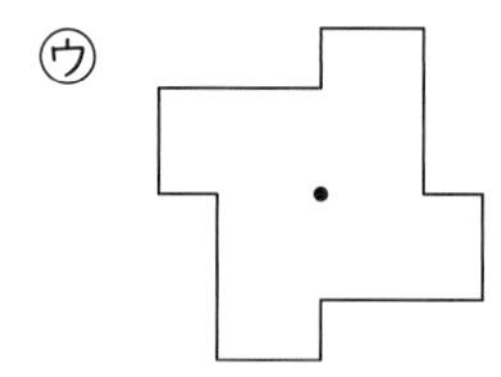

とき方　１つの点を中心にして□°回転すると、もとの図形にぴったり重なり合う図形を、点対称な図形といいます。中心にした点を、□といいます。

答え　□と□

❶ 次の㋐〜㋒の図で、点対称な図形はどれですか。　教科書　19ページ1

㋐　㋑　㋒

(　　　　)

基本2　点対称な図形の対応する点や辺、角がわかりますか

☆ 右の図は、点対称な図形です。

❶ 点A（エー）に対応する点はどの点ですか。

❷ 辺CD（シーディー）に対応する辺はどの辺ですか。

❸ 角F（エフ）に対応する角はどの角ですか。

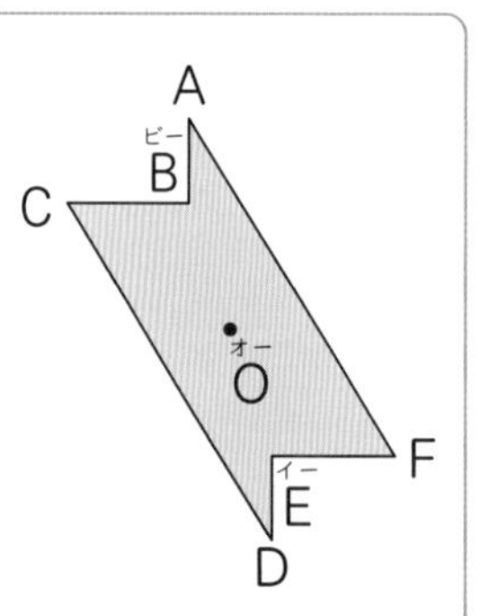

とき方　点対称な図形を、対称の中心のまわりに180°回転したとき、重なり合う点を□、重なり合う辺を□、重なり合う角を□といいます。

答え　❶ 点□　❷ 辺□　❸ 角□

❷ 右の図は、点対称な図形です。対応する点、対応する辺、対応する角を答えましょう。　教科書　20ページ1

対応する点（　　　　）

対応する辺（　　　　）

対応する角（　　　　）

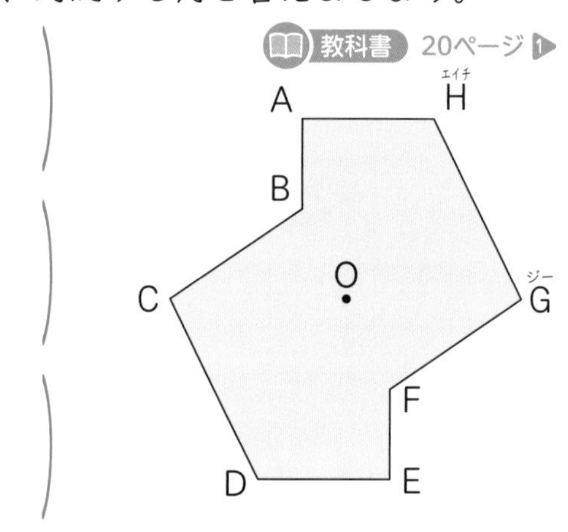

英語で対称のことをシンメトリー（symmetry）というんだよ。

基本3 点対称な図形の性質がわかりますか

☆ 右の図は、点対称な図形です。

❶ 対応する2つの点を結ぶ直線AE、直線BFは、どこで交わっていますか。

❷ 直線DOは15mmです。直線HOは何mmですか。

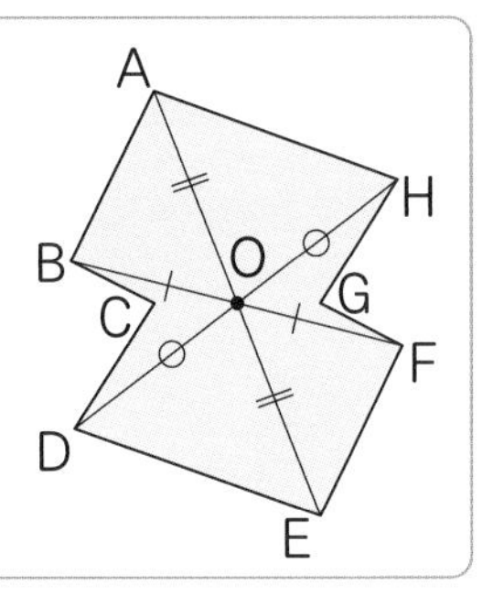

とき方 点対称な図形では、対応する2つの点を結ぶ直線は、[　　　]を通ります。また、対称の中心から対応する2つの点までの長さは、[　　　]なっています。

答え ❶ [　　　]
❷ [　　　]mm

3 右の図は、点対称な図形です。 教科書 21ページ1

❶ 対称の中心をかき入れましょう。また、どのように対称の中心を求めたかを説明しましょう。

(　　　　　　　　　　　　　　　　　　　　)

❷ 点Aに対応する点Bを図にかき入れましょう。

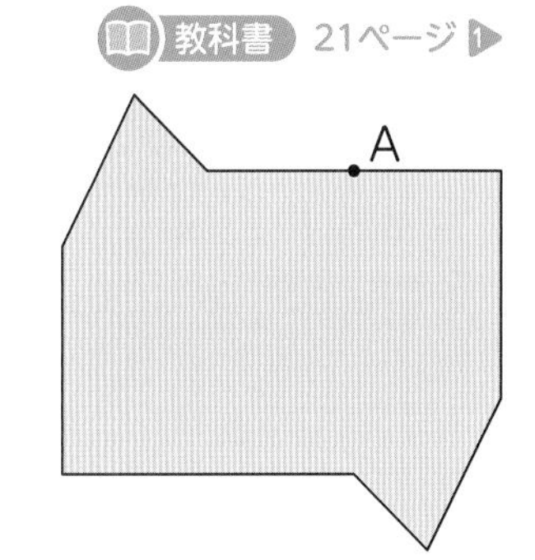

基本4 点対称な図形がかけますか

☆ 次の図は、点Oを対称の中心とする、点対称な図形の半分を表しています。残りの半分をかきましょう。

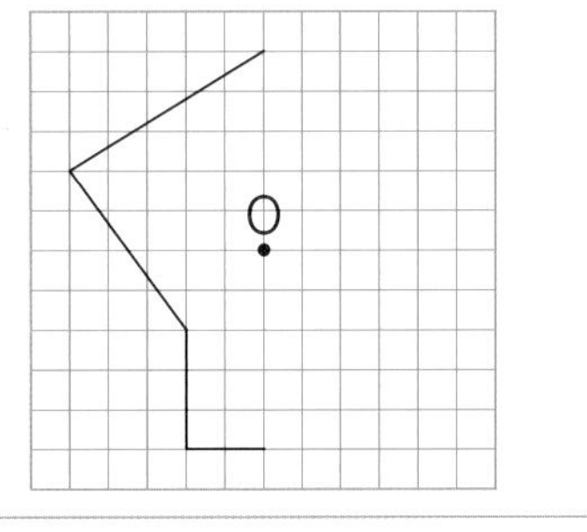

とき方 《1》 対応する点をとってかきます。

1 それぞれの頂点(ちょうてん)から点Oを通る直線を引きます。

2 頂点から点Oまでの長さと等しい長さのところに点をとって結びます。

《2》 対応する辺の長さや対応する角の大きさがそれぞれ等しいことを利用してかきます。

答え

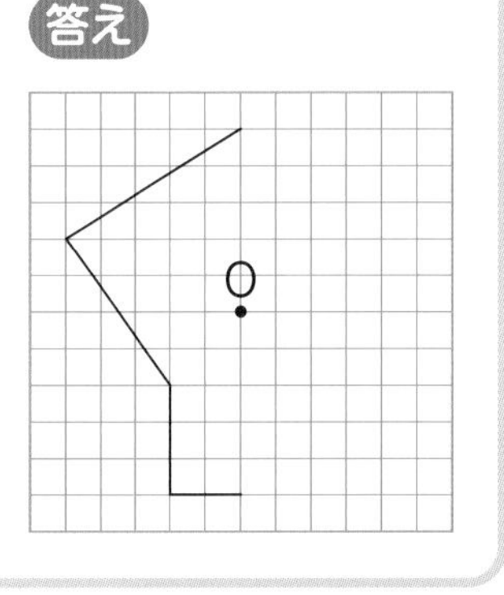

4 次の図は、点Oを対称の中心とする、点対称な図形の半分を表しています。残りの半分をかきましょう。 教科書 22ページ4

❶

❷

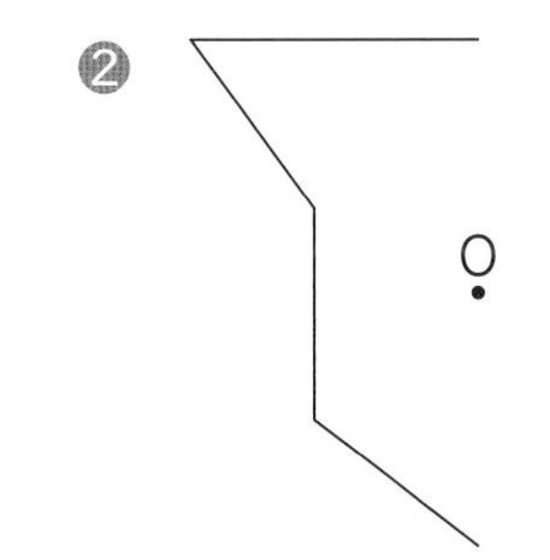

まず、それぞれの頂点から点Oを通る直線を引こう。

ポイント 点対称な図形をかくときは、はじめに対応する点をとるようにするとよいでしょう。

③ 多角形と対称

基本のワーク

学習の目標
対称な多角形について考えよう！

教科書 25～26ページ　答え 2ページ

基本 1 対称な四角形がわかりますか

☆ 次の四角形について、問題に答えましょう。

正方形

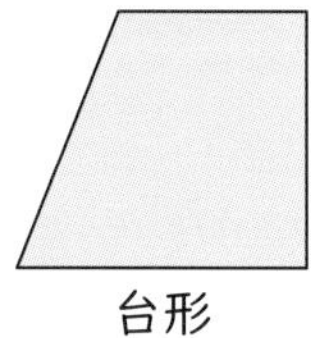
台形

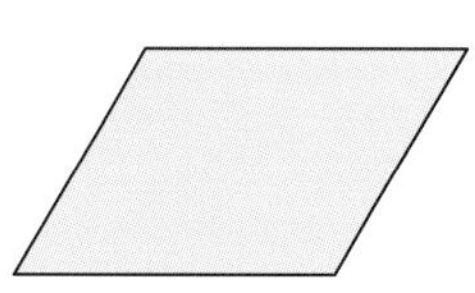
平行四辺形

❶ 線対称（せんたいしょう）な四角形はどれですか。
また、その四角形の対称の軸（じく）は、何本ありますか。

❷ 点対称な四角形はどれですか。

とき方 ❶ 1本の直線を折り目にして2つに折るとき、折り目の両側の形がぴったり重なり合うかどうかを考えます。

❷ 1つの点を中心にして180°回転すると、もとの四角形にぴったり重なり合うかどうかを考えます。

答え ❶ [　　]、[　　] 本

❷ [　　] と [　　]

1 次の㋐～㋓の四角形について、問題に記号で答えましょう。　教科書 25ページ1

㋐
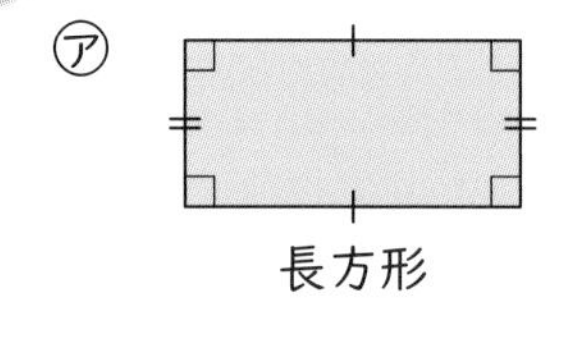
長方形

㋑
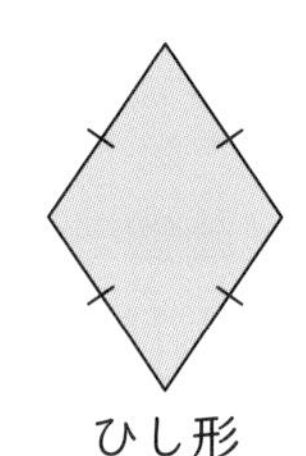
ひし形

㋒
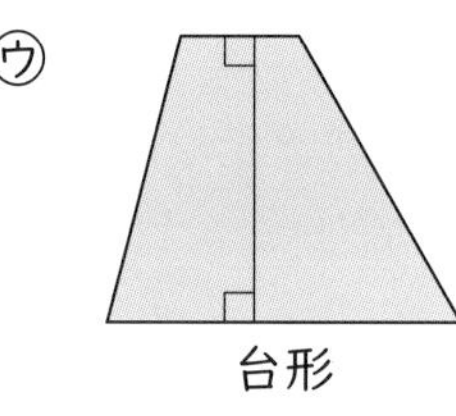
台形

㋓
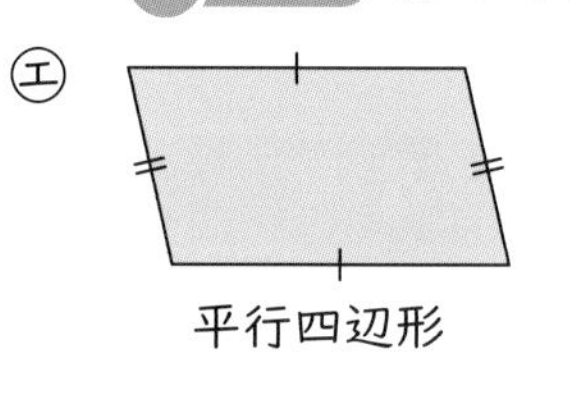
平行四辺形

❶ 線対称でもあり、点対称でもある四角形は、どれですか。

（　　　　）

❷ 2本の対角線が、2本とも対称の軸になっている四角形は、どれですか。

（　　　　）

基本 2 対称な三角形がわかりますか

☆ 次の三角形について、問題に答えましょう。

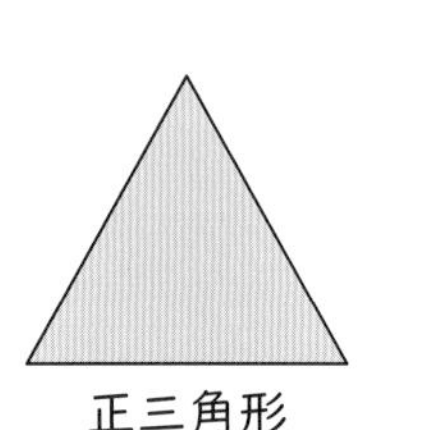
正三角形

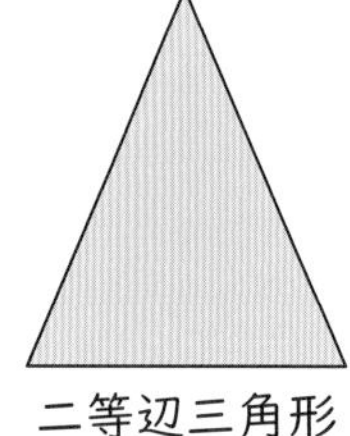
二等辺三角形

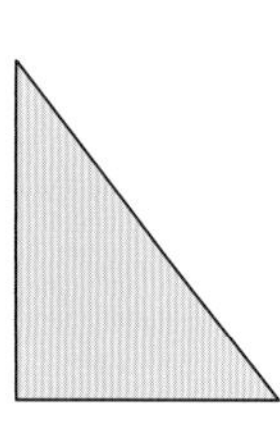
直角三角形

❶ 線対称な三角形は、どれですか。

❷ 点対称な三角形はありますか。

とき方 ❶ 1本の直線を折り目にして2つに折るとき、折り目の両側の形がぴったり重なり合うかどうかを考えます。

❷ 1つの点を中心にして180°回転すると、もとの三角形にぴったり重なり合うかどうかを考えます。

答え ❶ [　　] と [　　]

❷ [　　]。

インドにあるタージマハルという建物は、東西南北どこから見ても線対称につくられているといわれているよ。

2 次の三角形は線対称な図形です。対称の軸は、何本ありますか。 教科書 25ページ 1

❶

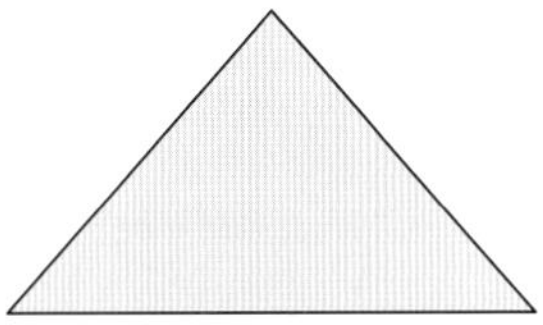

二等辺三角形

(　　　　)

❷

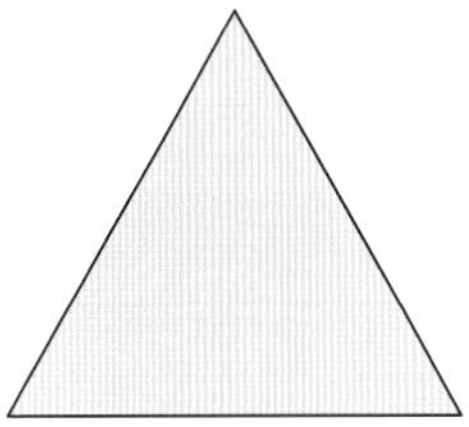

正三角形

(　　　　)

基本 3 対称な正多角形がわかりますか

☆ 次の正多角形について、問題に答えましょう。

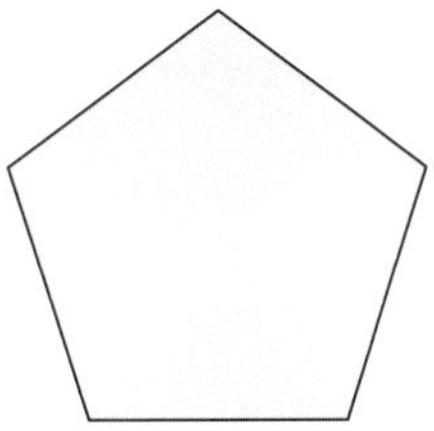

正五角形 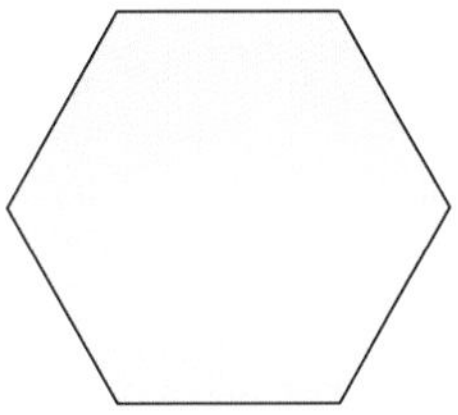　正六角形 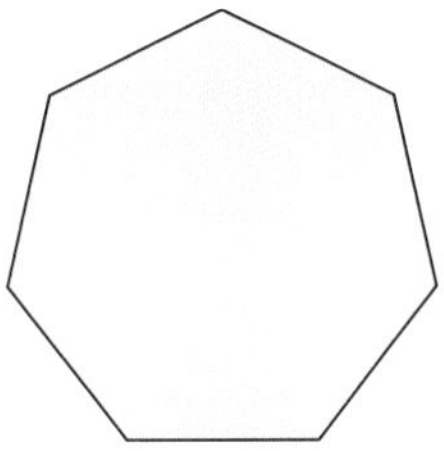　正七角形 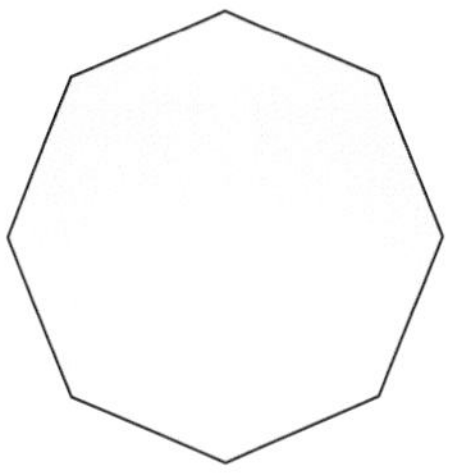　正八角形

❶ 線対称な図形は、どれですか。

❷ 点対称な図形は、どれですか。

とき方 ❶ 1つの直線を折り目にして2つに折るとき、折り目の両側の形がぴったり重なり合うかどうかを考えます。

❷ 1つの点を中心にして180°回転すると、もとの図形にぴったり重なり合うかどうかを考えます。

答え ❶ □、□、□、□

❷ □、□

3 正十角形について、問題に答えましょう。 教科書 26ページ 2

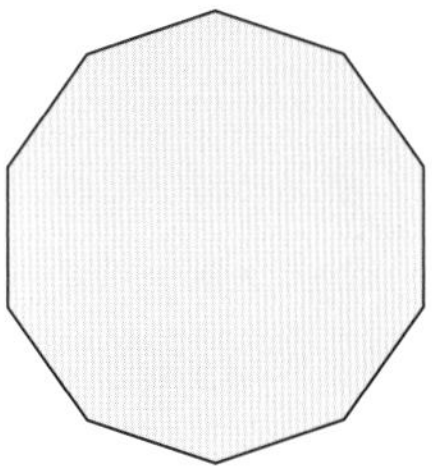

❶ 正十角形は線対称な図形です。対称の軸は何本ありますか。

(　　　　)

❷ 点対称な図形ですか。また、点対称な図形ならば、対称の中心を、右の図にかき入れましょう。

(　　　　)

4 円について、問題に答えましょう。 教科書 26ページ 1

❶ 線対称な図形ですか。

(　　　　)

❷ 円の直径は対称の軸になっているといえますか。

(　　　　)

❸ 点対称な図形ですか。

(　　　　)

❹ 円の中心は対称の中心になっているといえますか。

(　　　　)

ポイント 点対称である四角形の対称の中心は、2本の対角線が交わる点になります。また、線対称でもあり、点対称でもある多角形の対称の軸は、必ず対称の中心を通ります。

勉強した日 月 日

練習のワーク

教科書 12〜29ページ 答え 2ページ

できた数 /10問中

1 対称な図形 次の図形で、線対称(せんたいしょう)な図形はどれですか。また、点対称な図形はどれですか。

㋐ 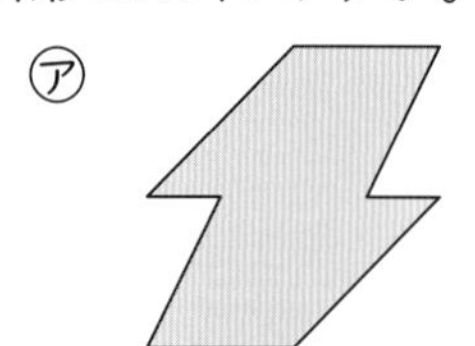 ㋑ 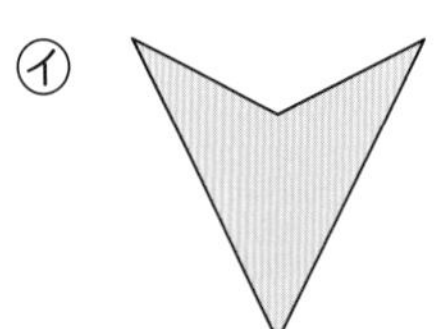 ㋒ 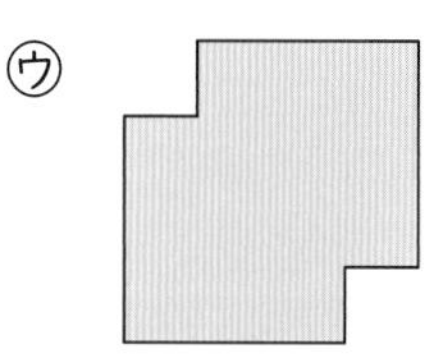

㋓ 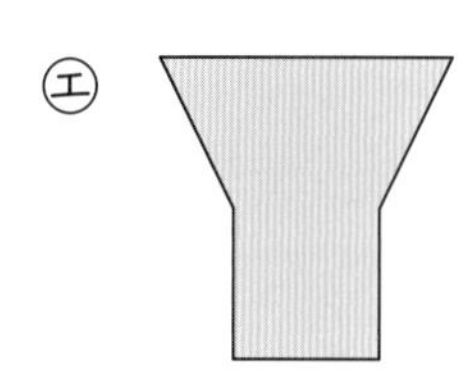 ㋔ 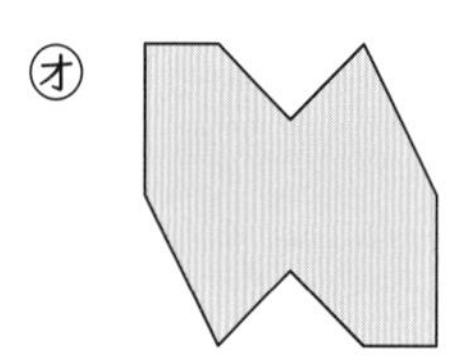 ㋕ 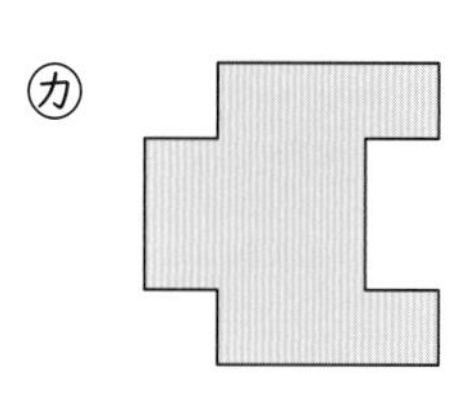

線対称な図形（　　　　　）　点対称な図形（　　　　　）

2 対称の軸 右の図は、線対称な図形です。対称の軸をかき入れましょう。

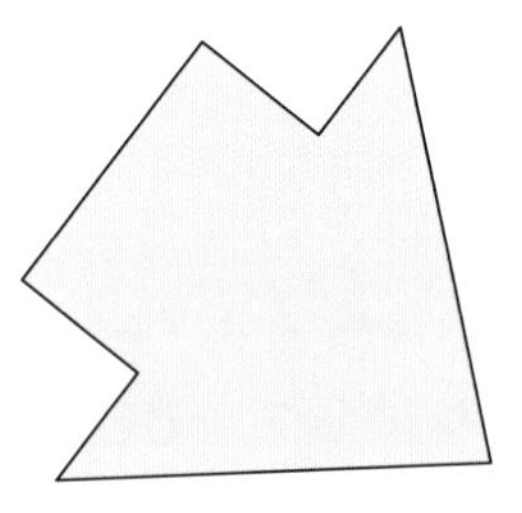

3 対称の中心 右の図は、点対称な図形です。対称の中心をかき入れましょう。

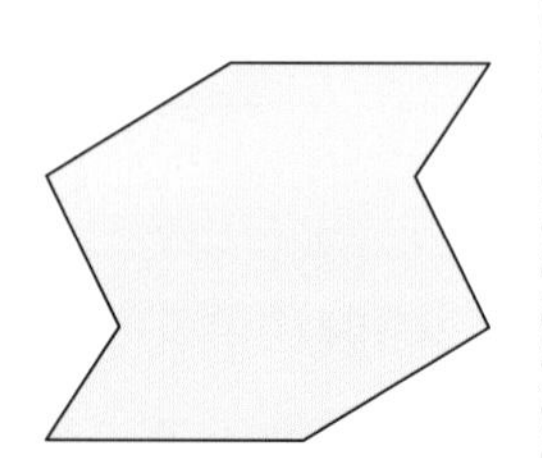

4 多角形と対称 右の図の㋐は正六角形、㋑は円です。

❶ ㋐と㋑は線対称な図形ですか。また、対称の軸は何本ありますか。あ〜おから選びましょう。

あ 0本　い 1本　う 3本
え 6本　お たくさんある。

㋐（　　　　）対称の軸（　　）

㋑（　　　　）対称の軸（　　）

❷ ㋐と㋑は点対称な図形ですか。また、㋐が点対称な図形ならば、対称の中心を、図にかき入れましょう。

㋐（　　　　）

㋑（　　　　）

㋐ 

㋑ 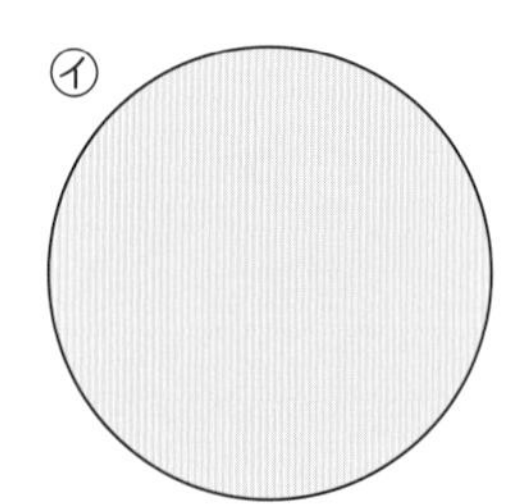

てびき

1 2 線対称な図形、対称の軸
1本の直線を折り目にして2つに折るとき、折り目の両側の形がぴったり重なり合う図形を**線対称な図形**といい、折り目になる直線を**対称の軸**(じく)といいます。

1 3 点対称な図形、対称の中心
1つの点を中心にして180°回転すると、もとの図形にぴったり重なり合う図形を**点対称な図形**といい、中心にした点を**対称の中心**といいます。

ヒント
3 対応する2つの点を結ぶ直線を2本引きます。

4 多角形と対称
ちゅうい
❶ 対称の軸は1本とはかぎりません。数えわすれないようにしましょう。

できるナビ 線対称な図形の対称の軸や、点対称な図形の対称の中心をかくときは、まず、対応する点を結んでみよう。

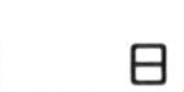

まとめのテスト

教科書 12～29ページ　答え 3ページ

得点 /100点

1 よく出る 右の図は、線対称な図形です。 1つ9〔27点〕

❶ 辺EF(イーエフ)に対応する辺を答えましょう。

(　　　　　)

❷ 直線BH(ビーエイチ)は、対称の軸とどのように交わっていますか。

(　　　　　)

❸ 直線CJ(シージェー)は 9mm です。直線GJ(ジー)は何mmですか。

(　　　　　)

2 よく出る 右の図は、点対称な図形です。 1つ9〔27点〕

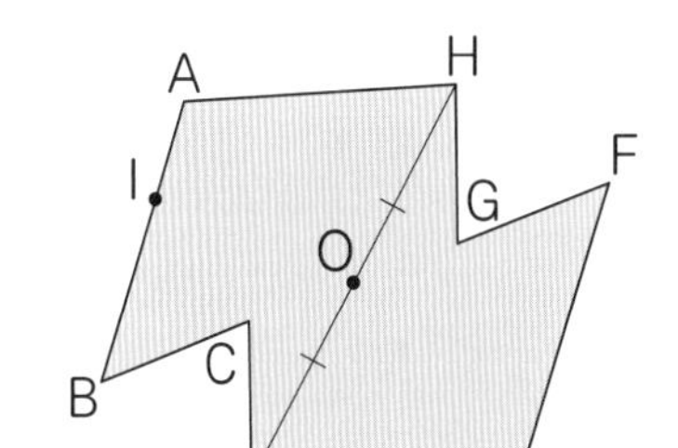

❶ 角Aに対応する角を答えましょう。

(　　　　　)

❷ 直線HO(オー)は 16mm です。直線DOは何mmですか。

(　　　　　)

❸ 辺ABの上にある点Iに対応する点Jを、かき入れましょう。

3 ❶は線対称な図形、❷は点対称な図形をかきましょう。 1つ8〔16点〕

❶ 直線アイは対称の軸。

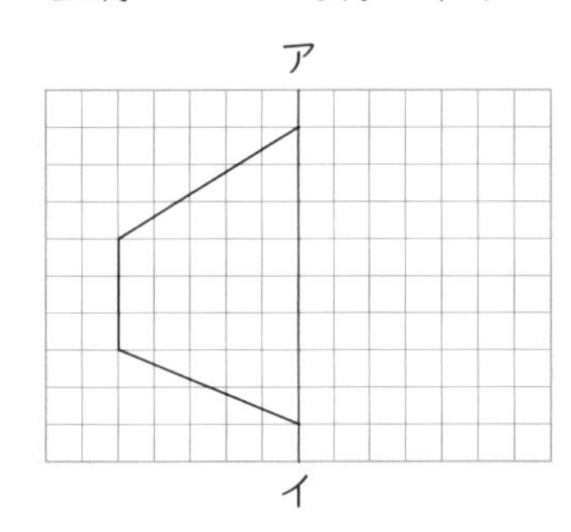

❷ 点Oは対称の中心。

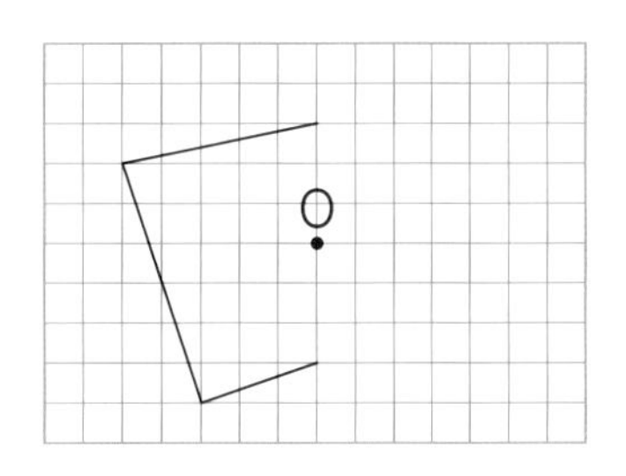

4 右の図形について、○、×または数を入れて、次の表にまとめましょう。 1つ6〔30点〕

	㋐	㋑	㋒	㋓	㋔	㋕
線対称な図形	○					
対称の軸の数(本)	1					
点対称な図形	×					

㋐

㋑

㋒

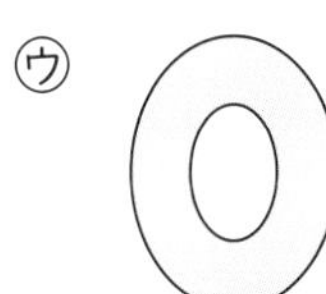

㋓

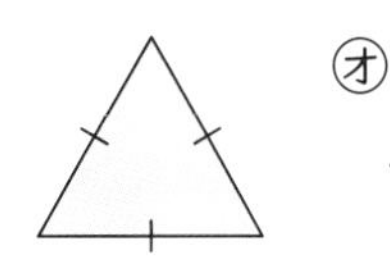

㋔

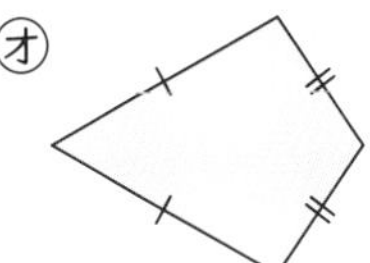

㋕

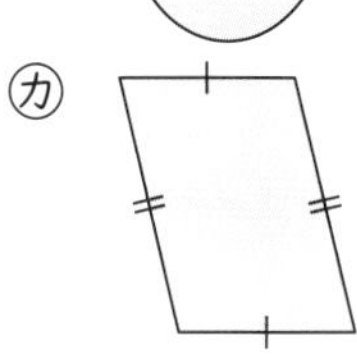

□ 対称な図形の特ちょうがわかったかな？
□ 対称の軸、対称の中心の性質がわかったかな？

勉強した日 月 日

① いろいろな数量を表す式
② 関係を表す式
基本のワーク

学習の目標 いろいろな数や量を文字を使った式で表そう！

教科書 30〜35ページ　答え 3ページ

基本 1 いろいろな数量を表す式が書けますか

☆ 1個90円のりんごを a（エー）個買ったときの代金を表す式を書きましょう。

とき方 1個買ったとき…… 90 × 1
3個買ったとき…… 90 ×
6個買ったとき…… ×
a 個買ったとき…… ×

答え

x a

たいせつ 数や量を表すとき、x（エックス）や a のような文字を使うことがあります。

1 1m120円の布を買いました。代金を表す式を書きましょう。 教科書 32ページ 1

❶ 布を2m、3m買うときの代金を表す式を、それぞれ書きましょう。

2m（　　　　）3m（　　　　）

❷ 布を x m買ったときの代金を、x を使って表しましょう。

（　　　　）

基本 2 文字を使って式に表したり、それを読み取ったりすることができますか

☆スーパーで、プリンが1個 a 円、ゼリーが1個90円、アイスクリームが1個120円で売っていました。

❶ 次の買い物をしたときの代金を表す式を書きましょう。

㋐ プリンを5個　㋑ プリンを2個とゼリーを3個

❷ 次の㋕〜㋗の式は、何の代金を表す式ですか。

㋕ $a+120$　㋖ $a \times 6$　㋗ $a \times 4+90 \times 5$

とき方 ❶ ㋐ 代金＝1個の値段（ねだん）×個数

で求められるので、　×5

㋑ プリン2個の値段は、　×2、ゼリー3個の値段は　×3なので、代金は、
　＋

代金
a円 a円 a円 a円 a円

代金
a円 a円 90円 90円 90円

❷ ㋕ a は　1個の値段、120はアイスクリーム1個の値段なので、
　を1個とアイスクリームを1個買ったときの代金です。

㋖ $a \times 6$ はプリンを　個買ったときの代金です。

㋗ $a \times 4$ はプリン　個の値段、90×5 は　5個の値段なので、プリンを　個と　を5個買ったときの代金です。

答え ❶ ㋐　×5　㋑　＋
❷ ㋕　を1個とアイスクリームを1個。
㋖ プリンを　個。　㋗ プリンを　個と　を5個。

さんすうはかせ $x+2=3$ や $4 \times x=7$ の x で表した数のように、決まった数があてはまるけれど、まだわかっていない数のことを未知数（みちすう）というよ。

2 文ぼう具屋で、ボールペンが１本140円、ノートが１冊（さつ）a円で売っています。このとき、次の買い物をしたときの代金を式に表しましょう。 教科書 33ページ 1

❶ ボールペンを１本とノートを３冊。

（　　　　　　　　　　）

❷ ボールペンを３本とノートを５冊。

（　　　　　　　　　　）

3 はるかさんがケーキ屋で買い物をしたところ、代金を表す式が、$110 \times x + 230 \times 6$でした。 教科書 33ページ 2

シュークリーム １個110円

ショートケーキ １個230円

❶ 何をxと考えていますか。

（　　　　　　　　　　）

❷ $110 \times x + 230 \times 6$は何の代金を表していますか。

（　　　　　　　　　　）

基本3 ともなって変わる２つの数量の関係を式に表せますか

☆ 正方形の１辺の長さとまわりの長さの関係を調べます。１辺の長さを$x$cm、まわりの長さをy（ワイ）cmとして、式に表しましょう。

1cm　1cm　2cm　2cm　3cm　3cm　…

とき方 １辺の長さが$x$cmの正方形のまわりの長さは、$x \times$□で表されます。

$x \times$□$= y$

１辺の長さ(cm)	1	2	3	4
まわりの長さ(cm)	4	8	12	16

答え □

たいせつ
ともなって変わる２つの数量の関係は、１つの数量をx、もう１つの数量をyとすると、xとyを使って式に表すことができます。

4 横はばが4mの車庫のシャッターを開けたときの、開けた部分の面積について調べます。 教科書 35ページ 1

3m　xm　4m

❶ 開けた長さが2m、2.5mのときの開けた長さと面積の関係を表す式を書きましょう。

2m（　　　　　　）　2.5m（　　　　　　）

❷ xm開けたときの、開けた部分の面積をym²とします。xとyの関係を、式に表しましょう。

（　　　　　　　　　　）

5 縦（たて）が$x$cm、横が9cmの長方形の面積を$y$cm²とするとき、xとyの関係を式に表しましょう。また、xが19のとき、yを求めましょう。 教科書 35ページ 2

式（　　　　　　　　）　y（　　　　）

ポイント 文字を使った式で表すのが難（むずか）しいときは、まず、xを数におきかえて式を書いてみましょう。

勉強した日　月　日

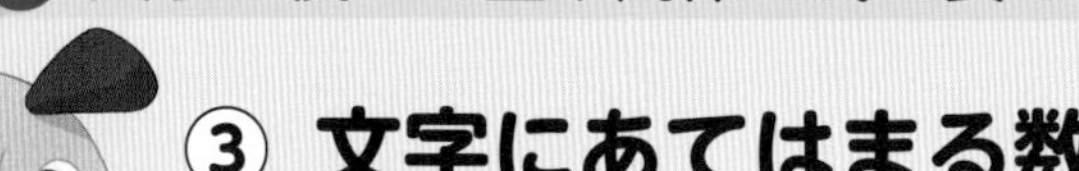

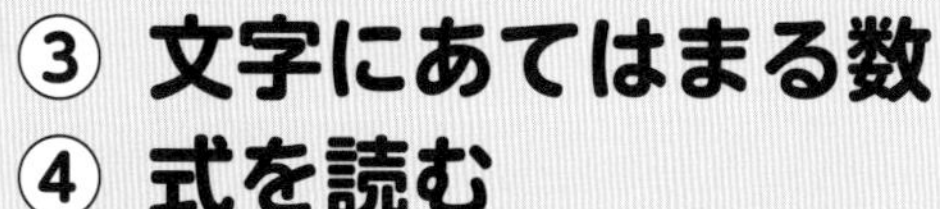

③ 文字にあてはまる数
④ 式を読む
基本のワーク

学習の目標
文字にあてはまる数を求めたり、式の意味を考えたりしよう！

教科書 36～40ページ　答え 3ページ

基本 1 文字にあてはまる数（たし算の式）が求められますか

☆ 画用紙が何枚（なんまい）かありました。新しく 10 枚買ってきたので、42 枚になりました。

❶ はじめの枚数を x（エックス）枚として、全部の枚数が 42 枚であることを、式に表しましょう。

❷ はじめにあった画用紙の枚数は何枚ですか。

とき方 ❶ 図に表すと、右のようになります。

$x+$ □ $=42$

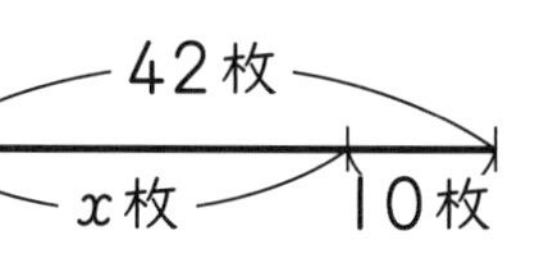

❷ $x+$ □ $=42$

$x=42-$ □

$x=$ □

答え ❶ □　❷ □ 枚

たいせつ
$x+10=42$ のような、たし算の式の x にあてはまる数は、ひき算で求められます。

1 x にあてはまる数を求めましょう。 教科書 36ページ 1

❶ $x+8=51$　（　　　）

❷ $42+x=65$　（　　　）

❸ $x-7=26$　（　　　）

❹ $x-5.4=1.8$　（　　　）

❸、❹のような、ひき算の式の x にあてはまる数は、たし算で求められるよ。

基本 2 文字にあてはまる数（かけ算の式）が求められますか

☆ 右のような長方形があります。

❶ 横の長さを x cm として、面積を求める式を書きましょう。

❷ 面積が 54 cm² のとき、❶の式をもとにして、長方形の横の長さを求めましょう。

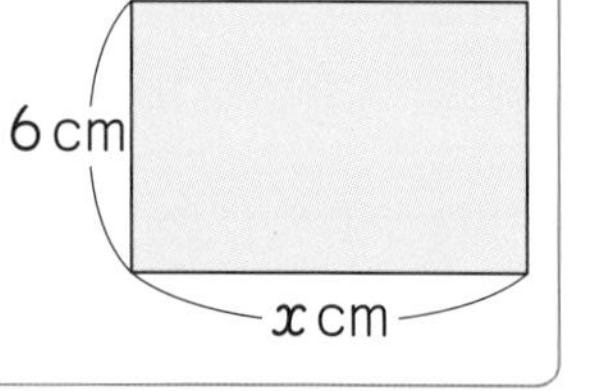

とき方 ❶ 長方形の面積は、縦（たて）×横で表されます。

❷ □ $\times x=54$

$x=54\div$ □

$x=$ □

たいせつ
$6\times x=54$ のような、かけ算の式の x にあてはまる数は、わり算で求められます。

答え ❶ □　❷ □ cm

2 x にあてはまる数を求めましょう。 教科書 38ページ 2

❶ $x\times3=12$　（　　　）

❷ $x\times2=11$　（　　　）

❸ $x\div8=6$　（　　　）

さんすうはかせ　$x+3=5$ のように、x を使って数や量の関係を表した式のことを「方程式（ほうていしき）」というんだよ。このことばは中学校で習うよ。

基本3 文字にあてはまる数が求められますか

☆ えんぴつが6束と5本あります。1束の本数は同じです。

❶ 1束の本数をx本として、全部の本数を表す式を書きましょう。

❷ 全部で53本ありました。1束は何本ですか。xに5、6、7、…を入れて調べましょう。

とき方 ❶ 全部の本数は、1束の本数×束の数＋5で求められます。

❷ xに5、6、7、…を入れて、全部の本数が［　　］本になるxの数を調べます。

x	5	6	7	8
$x\times6$	30	36		
$x\times6+5$	35			

答え ❶［　　　　］ ❷［　　］本

3 次のxにあてはまる数を、xに9、10、11、…を入れて求めましょう。 教科書 39ページ2

❶ $x\times7+2=79$　　❷ $x\times3+8=38$　　❸ $x\times4-9=35$

（　　　　）（　　　　）（　　　　）

基本4 式を見て、どのように考えたのか説明できますか

☆ 次の図のような形の面積を、㋐、㋑のようにして求めます。❶、❷の式は、㋐、㋑のどちらの図を利用していますか。

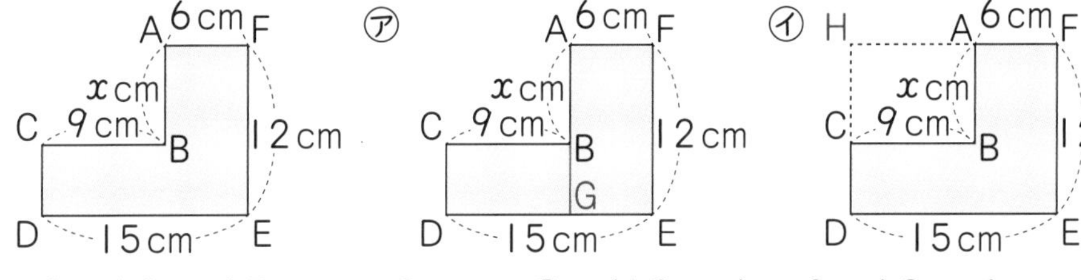

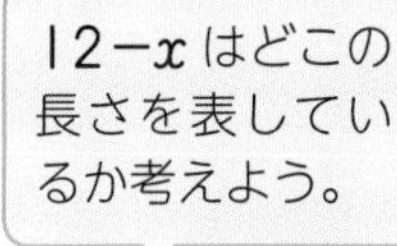

❶ $12\times15-x\times9$　　❷ $(12-x)\times9+12\times6$

とき方 ❶ 12×15が長方形HDEFの面積、$x\times9$が長方形HCBAの面積なので、［　　］の図を利用しています。

❷ $12-x$は［　　］の長さだから、$(12-x)\times9$は長方形CDGBの面積、12×6は長方形［　　　］の面積なので、［　　］の図を利用しています。

答え ❶［　　］ ❷［　　］

4 次の図のような形の面積を、㋐、㋑のようにして求めます。❶、❷の式は、㋐、㋑のどちらの図を利用していますか。

教科書 40ページ1

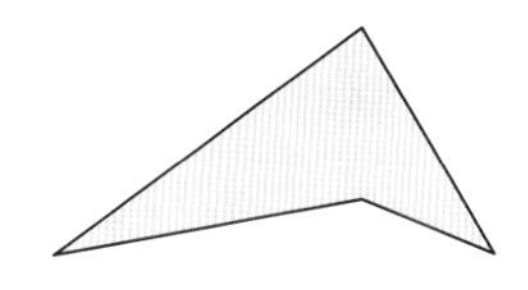

㋐ 4cm　$x$cm　3cm

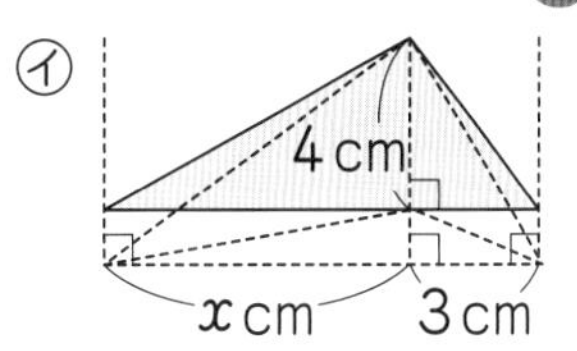

❶ $(x+3)\times4\div2$　　❷ $4\times x\div2+4\times3\div2$

（　　　　）（　　　　）

ポイント $x\times2+3=11$のような、かけ算とたし算の混じった式のxにあてはまる数を求めるときは、$x\times2+3$のxに数を入れて、計算した答えが11になるxの数を見つけます。

勉強した日 月 日

練習のワーク

教科書 30~43ページ　答え 4ページ

できた数 /9問中

1 いろいろな数量を表す式　チョコレートが3箱と5個あります。

❶ 1箱に入っているチョコレートの数を x（エックス）個として、チョコレート全部の個数を x を使った式で書きましょう。

（　　　　）

❷ 1箱に8個入っているとすると、全部で何個ありますか。

式

答え（　　　　）

2 関係を表す式　縦（たて）が50cm、横が x cmの長方形の面積 y（ワイ）cm^2 を求める式を書きましょう。

（　　　　）

3 文字にあてはまる数　x にあてはまる数を求めましょう。

❶ $x+9=26$　　　❷ $x \div 8=56$

（　　　　）　（　　　　）

❸ $x-3.2=8$　　　❹ $x \times 4=5.6$

（　　　　）　（　　　　）

4 文字にあてはまる数　ボールが同じ数ずつ入っているふくろが5ふくろと、ボールがあと2個あります。

❶ 1ふくろに入っているボールの数を x 個として、全部の個数を表す式を書きましょう。

（　　　　）

❷ 全部で62個ありました。1ふくろに入っているボールは何個ですか。x に10、11、12、…を入れて、ボール全部の個数を調べましょう。

（　　　　）

1 いろいろな数量を表す式

❶ 全部の個数は、1箱分の数×3+5で表されます。

❷ x に8を入れて求めます。

2 関係を表す式

ともなって変わる2つの数量の関係は、x や y などを使って式に表すことができます。

3 文字にあてはまる数

ヒント

もとの式がたし算 ➡ひき算で求めます。

もとの式がかけ算 ➡わり算で求めます。

小数でも同じように計算しよう。

4 文字にあてはまる数

❷ ❶の式の x に10、11、12、…を入れて、計算した答えが62になる x の数を見つけます。

できるナビ　x にあてはまる数を計算で求めたときは、その数をもとの式の x に入れて、正しいかどうか確かめをしよう。

まとめのテスト

時間 20分　得点 /100点

教科書 30〜43ページ　答え 4ページ

1 x を使った式を書き、x にあてはまる数を求めましょう。　1つ4〔24点〕

❶ あめが x 個あります。まきさんから 15 個もらったので、合わせて 21 個になりました。

式（　　　　）　$x=$（　　　　）

❷ 1 個が x 円のプリン 7 個の代金は 910 円です。

式（　　　　）　$x=$（　　　　）

❸ xdL のペンキがあります。20dL 使ったので、70dL 残りました。

式（　　　　）　$x=$（　　　　）

2 よく出る x にあてはまる数を求めましょう。　1つ7〔28点〕

❶ $7\times x=42$　（　　　　）

❷ $x-4=19$　（　　　　）

❸ $x+1.5=8$　（　　　　）

❹ $4\times x=5$　（　　　　）

3 x に 7、8、9、…を入れて、x にあてはまる数を調べましょう。　1つ8〔16点〕

❶ $x\times 9+5=77$　（　　　　）

❷ $x\times 3-4=29$　（　　　　）

4 次の❶〜❹の式は、下の㋐〜㋓のどの場面を表していますか。　1つ8〔32点〕

❶ $x+60$　（　　）　❷ $x-60$　（　　）　❸ $x\times 60$　（　　）　❹ $x\div 60$　（　　）

㋐ 縦の長さが $x$cm、横の長さが 60cm の長方形の面積は何 cm^2 ですか。

㋑ xg のかごに 60g の卵（たまご）を 1 つ入れると、全部の重さは何 g になりますか。

㋒ $x$cm のひもを 60cm ずつ分けると、何人に分けられますか。

㋓ 面積 $x\text{cm}^2$ の平行四辺形から、面積 60cm^2 の三角形をひいた面積は何 cm^2 ですか。

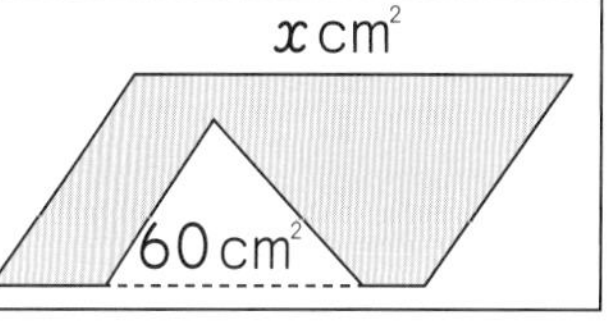

ふろくの「計算練習ノート」2ページをやろう！

□ 文字を使って文章を式に表すことができたかな？
□ 文字にあてはまる数を求めることができたかな？

① 分数×整数の計算

基本のワーク

学習の目標
分数に整数をかける計算のしかたを考えよう！

教科書 44～49ページ　答え 4ページ

基本1 分数に整数をかける意味がわかりますか

☆ 1dL のペンキで、かべが $\frac{3}{5}$m² ぬれます。このペンキ 2dL では、何m² ぬれますか。

とき方 2dL でぬれる面積は、$\frac{3}{5}\times2$ で求められます。

$\frac{3}{5}$は、$\frac{1}{5}$の 3 個分で、$\frac{3}{5}\times2$ は、$\frac{3}{5}$の 2 個分

なので、$\frac{3}{5}\times2$ は、$\frac{1}{5}$の(3×2)個分です。

$\frac{3}{5}\times2=\frac{3\times\square}{5}=\frac{\square}{5}$　答え □m²

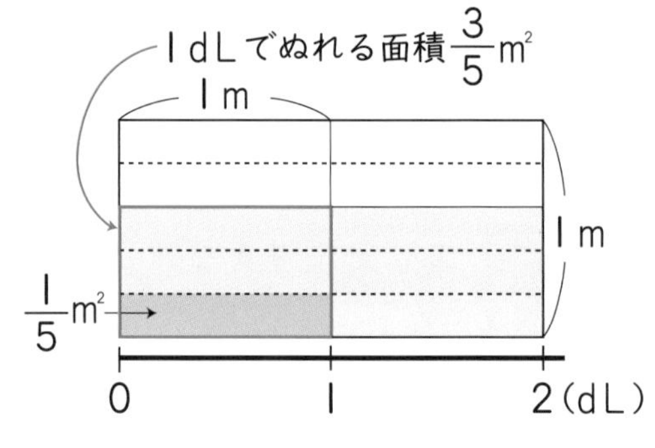

真分数や仮分数に整数をかける計算は、分母はそのままにして、分子にその整数をかけて計算します。

$\frac{b}{a}\times c=\frac{b\times c}{a}$（ビー、エー、シー）

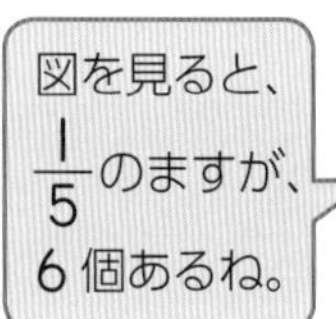

1 次の計算をしましょう。　教科書 47ページ 2

❶ $\frac{2}{9}\times2$　❷ $\frac{4}{5}\times8$　❸ $\frac{9}{8}\times3$

基本2 約分のある分数×整数の計算ができますか

☆ $\frac{7}{8}\times4$ の計算をしましょう。

《1》 分子に整数をかけて答えを約分します。

$\frac{7}{8}\times4=\frac{7\times\square}{8}=\frac{\overset{7}{\cancel{28}}}{\underset{\square}{\cancel{8}}}=\frac{7}{2}$

《2》 計算のと中で約分します。

$\frac{7}{8}\times4=\frac{7\times\overset{1}{\cancel{4}}}{\underset{\square}{\cancel{8}}}=\square$　← 4 と 8 をそれぞれ 4 でわる

答え □

計算のと中で約分すると、計算が簡単(かんたん)になります。

分数は英語でフラクション（fraction）というけれど、その語源(ごげん)は「ばらばらにくだく」という意味のラテン語なんだって。

2 次の計算をしましょう。 教科書 47ページ 2

❶ $\frac{1}{6}\times 2$　❷ $\frac{7}{8}\times 10$　❸ $\frac{10}{9}\times 6$

基本 3 帯分数×整数の計算ができますか

☆ 1本が $1\frac{1}{3}$ m のリボンを、8本作ります。リボンは全部で何m 必要ですか。

とき方 1本の長さが $1\frac{1}{3}$ m だから、8本分の長さは、$1\frac{1}{3}\times 8$ で求められます。

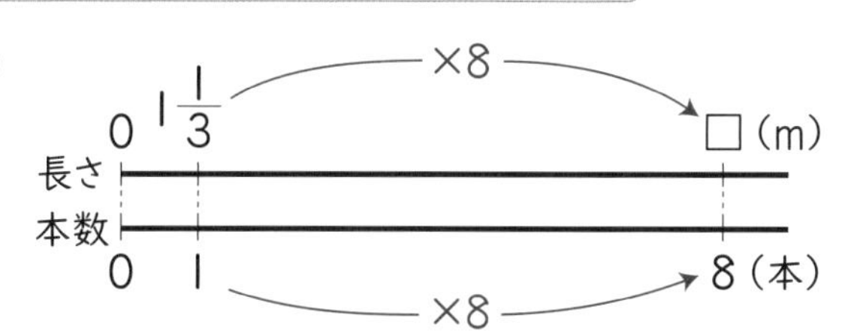

《1》 整数と分数に分けて計算します。

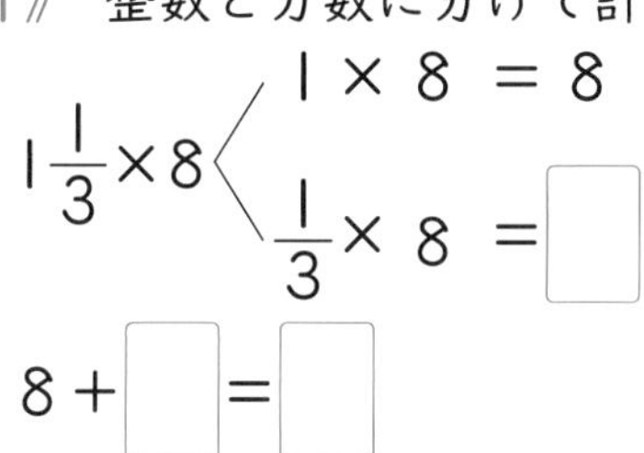

8＋□＝□

《2》 帯分数を仮分数になおして計算します。

$1\frac{1}{3}\times 8=\frac{□}{3}\times 8=\frac{□}{3}$

仮分数になおす

さんこう
《1》は、$1\frac{1}{3}=1+\frac{1}{3}$ だから、
$(a+b)\times c=a\times c+b\times c$ を利用すると、
$\left(1+\frac{1}{3}\right)\times 8=1\times 8+\frac{1}{3}\times 8$ となります。

答え □ m

たいせつ
帯分数に整数をかける計算は、帯分数を仮分数になおすと、これまでと同じように計算できます。

ちゅうい
$1\frac{1}{3}\times 8=1\frac{1\times 8}{3}=1\frac{8}{3}$ のように、分数部分だけを計算してはいけません。

3 お茶が $2\frac{3}{8}$ L 入ったポットが6個あります。お茶は全部で何L ありますか。

式　教科書 49ページ 1 2

答え (　　　　　)

4 次の計算をしましょう。 教科書 49ページ 3

❶ $1\frac{2}{7}\times 4$　❷ $1\frac{5}{6}\times 3$　❸ $2\frac{2}{3}\times 12$

ポイント 真分数や仮分数に整数をかける計算は、分母はそのままにして、分子にその整数をかけて計算します。帯分数に整数をかける計算は、帯分数を仮分数になおすと、同じように計算できます。

② 分数÷整数の計算

基本のワーク

学習の目標　分数を整数でわる計算のしかたを考えよう！

教科書 50〜54ページ　答え 5ページ

基本1 分数を整数でわる意味がわかりますか

☆ $\frac{3}{4}$m² のへいをぬるのに、ペンキを 2dL 使います。このペンキでは、1dL あたり何 m² ぬれますか。

とき方　1dL でぬれる面積は、$\frac{3}{4}÷2$ で求められます。

右の図で［　］の量は、$\frac{1}{4×2}$m² です。

1dL でぬれる面積は、$\frac{1}{4×2}$m² の

3個分だから、$\frac{3}{4}÷2=\frac{3}{4×\square}=\frac{3}{\square}$

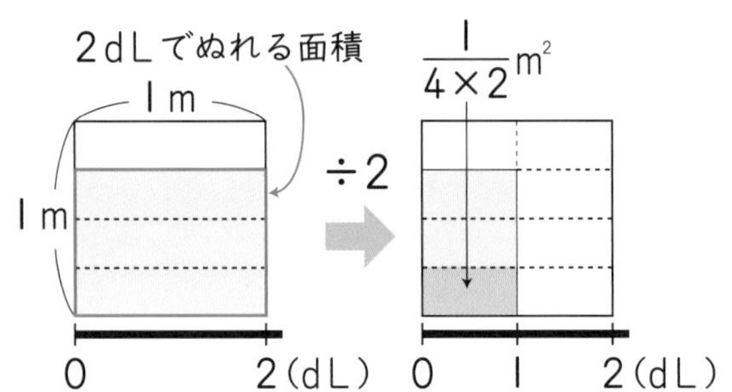

真分数や仮分数を整数でわる計算は、分子はそのままにして、分母にその整数をかけます。 $\frac{b}{a}÷c=\frac{b}{a×c}$

答え［　］m²

1 次の計算をしましょう。　教科書 52ページ2

❶ $\frac{6}{7}÷5$　❷ $\frac{2}{5}÷3$　❸ $\frac{3}{2}÷7$

基本2 約分のある分数÷整数の計算ができますか

☆ $\frac{2}{5}÷8$ の計算をしましょう。

とき方　計算のと中で約分できるときは、約分します。

$\frac{2}{5}÷8=\frac{\overset{1}{\cancel{2}}}{5×\underset{\square}{\cancel{8}}}=\frac{1}{\square}$

答え［　］

$\frac{b}{a}÷c=\frac{b}{a×c}$で、かけ算の形にしてから、cとbが約分できるかどうか確認しよう。

2 次の計算をしましょう。　教科書 53ページ2

❶ $\frac{3}{7}÷3$　❷ $\frac{4}{9}÷2$　❸ $\frac{9}{8}÷6$

さんすうはかせ　帯分数は英語でミックストゥフラクション(mixed fraction)というよ。混じり合った分数という意味だよ。

3 $\frac{8}{3}$ m のリボンを 4 人に等しく分けます。1 人分のリボンの長さは何 m になりますか。

教科書 53ページ 1

式

答え（　　　　　　）

4 ジュースが $\frac{24}{25}$ L あります。これを 16 人で等しく分けると、1 人分は何 L になりますか。

教科書 53ページ 1

式

答え（　　　　　　）

基本 3 帯分数÷整数の計算ができますか

☆ 長さが 2m で、重さが $1\frac{4}{7}$ g のはり金があります。1 m あたりの重さは何 g ですか。

とき方 1 m あたりの重さは、$1\frac{4}{7} \div 2$ で求められます。

《1》 帯分数を仮分数になおして計算します。

$1\frac{4}{7} \div 2 = \frac{\square}{7} \div 2 = \frac{\square}{7 \times 2} = \square$

仮分数になおす

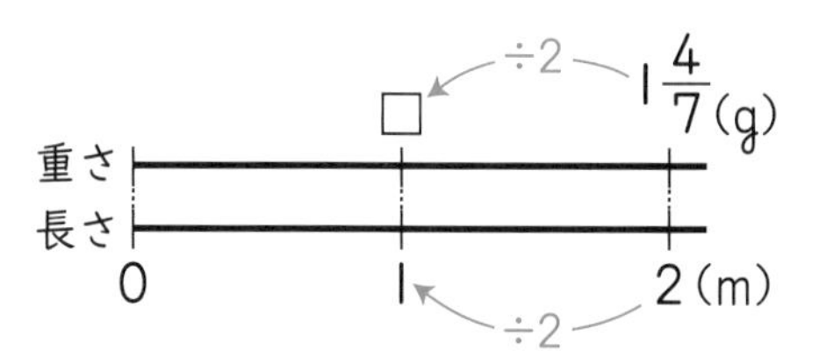

《2》 整数と分数に分けて計算します。

$1\frac{4}{7} \div 2$ 〈 $1 \div 2 = \frac{1}{2}$ ／ $\frac{4}{7} \div 2 = \frac{\overset{2}{\cancel{4}}}{7 \times \underset{1}{\cancel{2}}} = \frac{2}{7}$

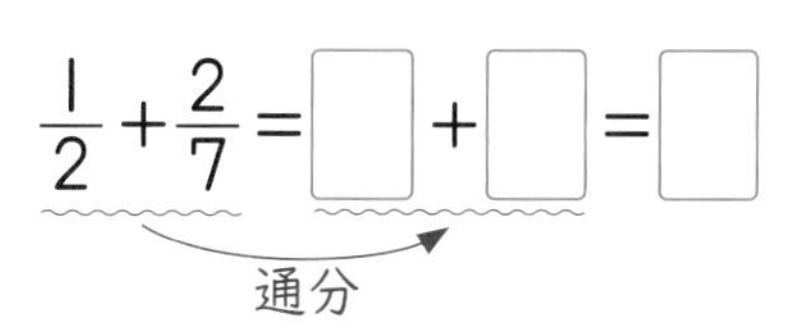
$\frac{1}{2} + \frac{2}{7} = \square + \square = \square$

通分

答え □ g

たいせつ

帯分数を整数でわる計算は、帯分数を仮分数になおすと、これまでと同じように計算できます。

ちゅうい

$1\frac{4}{7} \div 2 = 1\frac{4}{7 \times 2} = 1\frac{4}{14}$ のように、分数部分だけで計算してはいけません。

5 次の計算をしましょう。

教科書 54ページ 1

❶ $1\frac{1}{4} \div 6$

❷ $1\frac{7}{8} \div 6$

❸ $2\frac{2}{5} \div 4$

❹ $2\frac{1}{4} \div 9$

ポイント 真分数や仮分数を整数でわる計算は、分子はそのままにして、分母にその整数をかけて計算します。帯分数を整数でわる計算は、帯分数を仮分数になおすと、同じように計算できます。

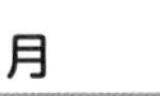

練習のワーク

できた数　/12問中

教科書 44〜57ページ　答え 5ページ

1 分数×整数、分数÷整数 次の□にあてはまる数を書きましょう。

❶ $\frac{3}{8}\times5=\frac{3\times\square}{8}=\square$　❷ $\frac{4}{5}\div9=\frac{4}{5\times\square}=\square$

2 分数×整数の計算 次の計算をしましょう。

❶ $\frac{2}{7}\times3$　❷ $\frac{7}{15}\times3$

❸ $\frac{13}{6}\times4$　❹ $1\frac{5}{6}\times9$

3 分数÷整数の計算 次の計算をしましょう。

❶ $\frac{1}{2}\div6$　❷ $\frac{4}{5}\div8$

❸ $\frac{9}{7}\div3$　❹ $1\frac{7}{8}\div10$

4 文章題 水そうに、1分間に $2\frac{3}{7}$ L ずつ水を入れていきます。14分間では、水は何L入りますか。

式

答え（　　　　　）

5 文章題 広さが $1\frac{1}{6}$ a の花だんがあります。これを3人で同じ広さに分けると、1人分は何aになりますか。

式

答え（　　　　　）

---

1 分数×整数、分数÷整数

真分数×整数は、
$\frac{b}{a}\times c=\frac{b\times c}{a}$
真分数÷整数は、
$\frac{b}{a}\div c=\frac{b}{a\times c}$

2 3 分数×整数、分数÷整数の計算

計算のと中で約分できるときは、約分します。
❸ 仮分数×整数、仮分数÷整数の計算も、真分数のときと同じように計算できます。
❹ 帯分数×整数、帯分数÷整数の計算は、帯分数を仮分数になおして計算します。

4 5 文章題

答えに約分できる分数が残っていないか確かめよう。

できるナビ
真分数×整数は、分母はそのままにして、分子にその整数をかけよう。
真分数÷整数は、分子はそのままにして、分母にその整数をかけよう。

まとめのテスト

教科書 44～57ページ　答え 6ページ

時間 20分

得点 /100点

1 よく出る 次の計算をしましょう。 1つ5〔30点〕

❶ $\frac{1}{3}\times4$　❷ $\frac{5}{6}\times10$　❸ $\frac{11}{8}\times6$

❹ $\frac{7}{4}\times12$　❺ $1\frac{4}{9}\times3$　❻ $2\frac{4}{5}\times15$

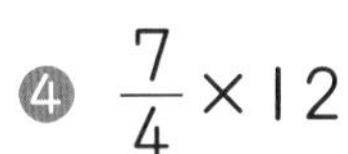

2 よく出る 次の計算をしましょう。 1つ5〔30点〕

❶ $\frac{3}{4}\div5$　❷ $\frac{4}{9}\div6$　❸ $\frac{5}{8}\div15$

❹ $\frac{11}{6}\div22$　❺ $1\frac{2}{3}\div8$　❻ $2\frac{6}{7}\div4$

3 1本が $\frac{7}{8}$ mのひもがあります。このひも12本の長さは全部で何mになりますか。

式 1つ6〔12点〕

答え（　　　　）

4 $3m^2$あたり $7\frac{7}{8}$ kgのたまねぎが採れる畑があります。 1つ7〔28点〕

❶ $1m^2$あたり何kgのたまねぎが採れますか。

式

答え（　　　　）

❷ この畑 $240m^2$では、何kgのたまねぎが採れますか。

式

答え（　　　　）

ふろくの「計算練習ノート」3～4ページをやろう！

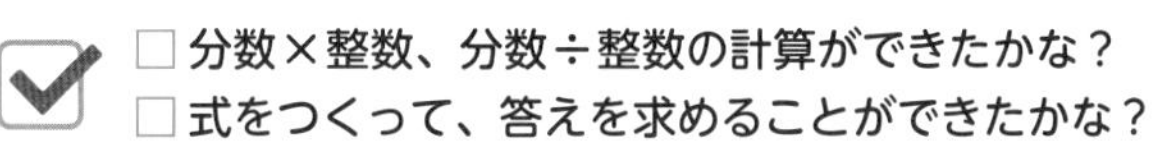

□分数×整数、分数÷整数の計算ができたかな？
□式をつくって、答えを求めることができたかな？

① 分数×分数の計算 [その1]

学習の目標
分数×分数、整数×分数の計算のしかたを覚えよう！

教科書 60〜65ページ

6ページ

基本 1 分数×分数の計算のしかたがわかりますか

☆ 1dL あたり $\frac{3}{7}$m² ぬれるペンキがあります。

❶ このペンキ $\frac{2}{5}$dLでは、何m² ぬれますか。

❷ このペンキ $\frac{6}{5}$dLでは、何m² ぬれますか。

1dL でぬれる面積×ペンキの量＝ぬれる面積だから、求める式は、❶は $\frac{3}{7}\times\frac{2}{5}$、❷は $\frac{3}{7}\times\frac{6}{5}$ だね。

とき方 図をかいて考えます。

❶ $\frac{1}{5}$dLでぬれる面積は、

$\frac{3}{7}\times\frac{1}{5}$

$=\frac{3}{7\times5}$

$\frac{2}{5}$dLでぬれる面積は、

その 2 個分なので、

$\frac{3}{7\times5}\times2=\frac{3\times2}{7\times5}$

$=\square$

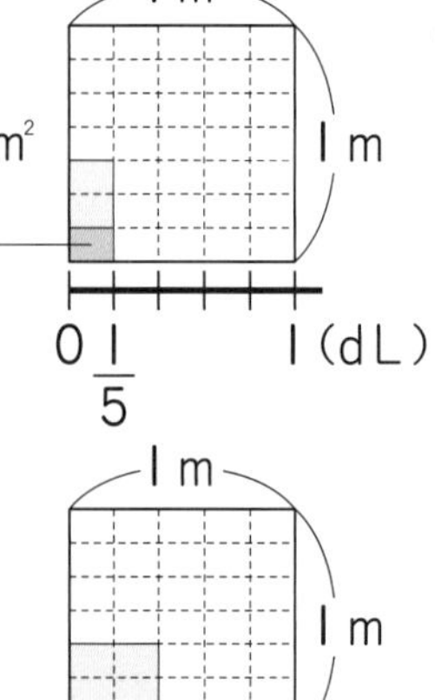

❷ $\frac{1}{7\times5}$m² が($\square$ × $\square$)個分だから、

$\frac{3}{7}\times\frac{6}{5}=\frac{\square\times\square}{7\times5}=\square$

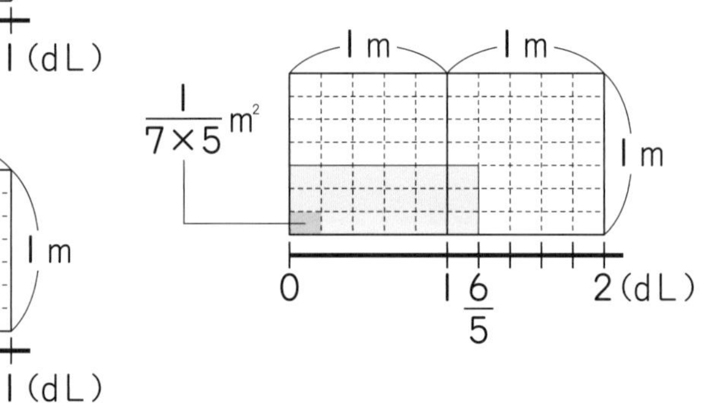

真分数に真分数をかける計算は、分母どうし、分子どうしをかけて計算します。分数が仮分数のときも同じです。

$\frac{b}{a}\times\frac{d}{c}=\frac{b\times d}{a\times c}$（ビー、エー、ディー、シー）

1 次の計算をしましょう。

教科書 64ページ 2

❶ $\frac{1}{3}\times\frac{2}{5}$

❷ $\frac{3}{4}\times\frac{5}{8}$

❸ $\frac{4}{5}\times\frac{6}{7}$

❹ $\frac{8}{7}\times\frac{4}{3}$

❺ $\frac{3}{2}\times\frac{7}{4}$

❻ $\frac{8}{5}\times\frac{11}{9}$

さんすうはかせ アメリカでは、$\frac{1}{2}$時間、$\frac{1}{2}$ドルというように、量を分数で言い表すことが多いよ。

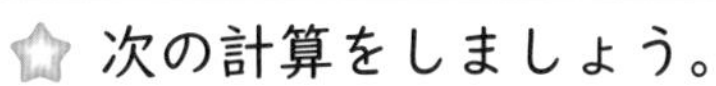

基本2 約分のある分数と分数のかけ算ができますか

☆ 次の計算をしましょう。

❶ $\frac{3}{4}\times\frac{5}{6}$　　❷ $\frac{5}{12}\times\frac{9}{10}$

とき方 ❶ $\frac{3}{4}\times\frac{5}{6}=\frac{\overset{\square}{\cancel{3}}\times5}{4\times\underset{\square}{\cancel{6}}}=\square$

3と6をそれぞれ3でわる

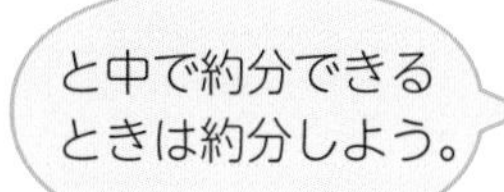

❷ $\frac{5}{12}\times\frac{9}{10}=\frac{\overset{1}{\cancel{5}}\times\overset{\square}{\cancel{9}}}{\underset{\square}{\cancel{12}}\times\underset{2}{\cancel{10}}}=\square$

5と10をそれぞれ5でわる
9と12をそれぞれ3でわる

❶ 　❷ 

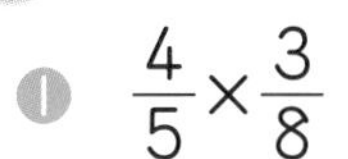

2 次の計算をしましょう。　　教科書 65ページ 1▶4

❶ $\frac{4}{5}\times\frac{3}{8}$　　❷ $\frac{2}{3}\times\frac{9}{5}$　　❸ $\frac{5}{12}\times\frac{21}{10}$

❹ $\frac{5}{6}\times\frac{3}{7}$　　❺ $\frac{7}{12}\times\frac{2}{9}$　　❻ $\frac{5}{6}\times\frac{12}{5}$

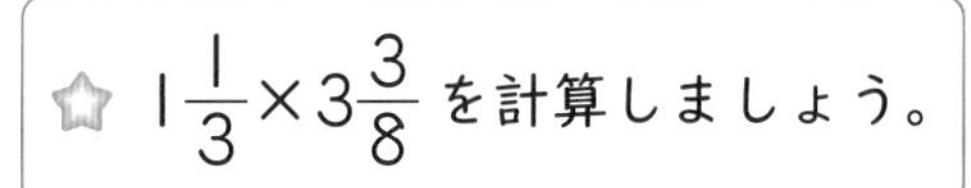

基本3 帯分数のかけ算ができますか

☆ $1\frac{1}{3}\times3\frac{3}{8}$ を計算しましょう。

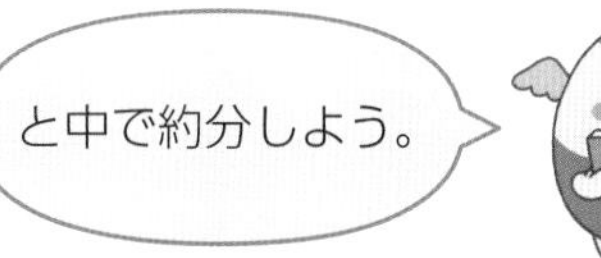

とき方 帯分数は仮分数になおして計算します。

$1\frac{1}{3}\times3\frac{3}{8}=\frac{4}{3}\times\frac{\square}{8}=\frac{\overset{\square}{\cancel{4}}\times\overset{\square}{\cancel{27}}}{\underset{1}{\cancel{3}}\times\underset{\square}{\cancel{8}}}=\square$

□

ちゅうい
帯分数の整数どうし、分数どうしをかけてはいけません。

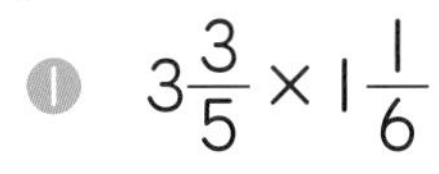

3 次の計算をしましょう。　　教科書 65ページ 4

❶ $3\frac{3}{5}\times1\frac{1}{6}$　　❷ $2\frac{7}{9}\times1\frac{4}{5}$　　❸ $3\frac{3}{4}\times\frac{8}{9}$

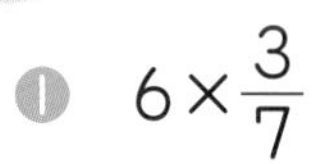

4 次の計算をしましょう。　　教科書 65ページ 3▶4

❶ $6\times\frac{3}{7}$　　❷ $\frac{3}{7}\times5$　　❸ $4\times\frac{1}{8}$

ポイント 分数のかけ算で、と中で約分できるときは、約分した方が計算が簡単(かんたん)になります。

① 分数×分数の計算 [その2]
② いろいろな計算
基本のワーク

学習の目標
辺の長さが分数で表されている面積や体積を考えよう！

 教科書 66〜68ページ　 答え 7ページ

基本1 かける数の大きさと積の関係がわかりますか

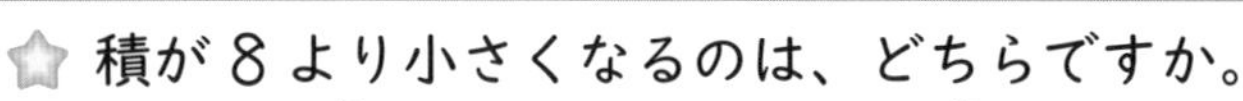

☆ 積が 8 より小さくなるのは、どちらですか。

㋐ $8\times\frac{5}{6}$　　㋑ $8\times1\frac{2}{3}$

たいせつ
1 より小さい数をかけると、積は、かけられる数より小さくなります。

とき方 かける数が 1 より大きいか、小さいかで見分けます。

$8\times\frac{5}{6}=\frac{8\times5}{1\times6}=\square=\square$

$8\times1=8$

$8\times1\frac{2}{3}=8\times\frac{5}{3}=\frac{8\times5}{1\times3}=\square=\square$

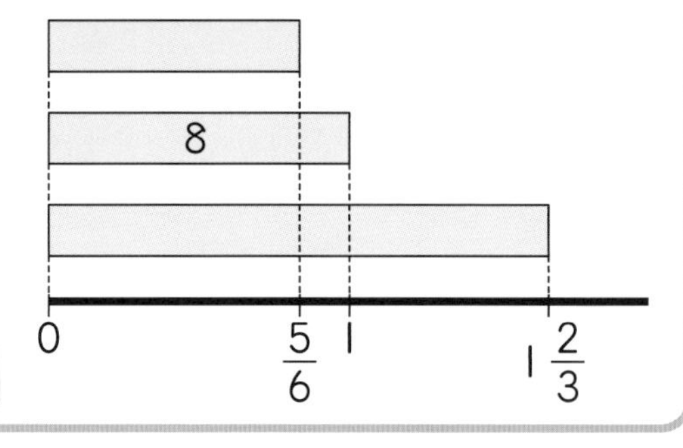

答え □

1 次の㋐〜㋓のうち、積が$\frac{4}{5}$より小さくなるものを選びましょう。 教科書 66ページ 2

㋐ $\frac{4}{5}\times\frac{7}{4}$　㋑ $\frac{4}{5}\times\frac{7}{8}$　㋒ $\frac{4}{5}\times1\frac{1}{2}$　㋓ $\frac{4}{5}\times\frac{3}{4}$

(　　　　　)

基本2 3 つ以上の分数のかけ算ができますか

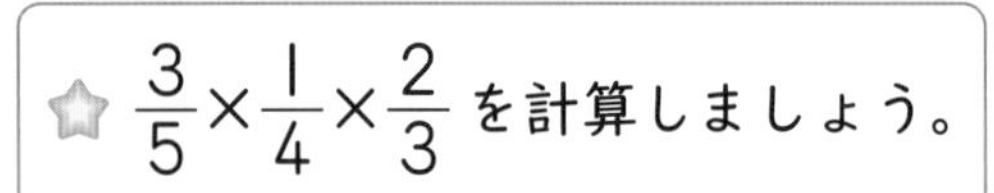

☆ $\frac{3}{5}\times\frac{1}{4}\times\frac{2}{3}$ を計算しましょう。

とき方 分母どうし、分子どうしをまとめて計算します。

$\frac{3}{5}\times\frac{1}{4}\times\frac{2}{3}=\frac{\overset{\square}{\cancel{3}}\times1\times\overset{\square}{\cancel{2}}}{5\times\underset{\square}{\cancel{4}}\times\underset{\square}{\cancel{3}}}=\square$

答え □

3 つ以上の分数のかけ算でも、約分できるときは約分しよう。

2 次の計算をしましょう。 教科書 67ページ 1

❶ $\frac{3}{7}\times\frac{2}{3}\times\frac{1}{8}$　❷ $\frac{7}{9}\times\frac{4}{7}\times\frac{3}{8}$　❸ $\frac{5}{8}\times3\times\frac{4}{9}$

さんすうはかせ
「腹八分め」ということばがあるよ。これは、健康のために、おなかいっぱいを 10 としたら、その 8 分め、つまり$\frac{8}{10}$くらいに食べる量をひかえようという意味だね。

基本 3 辺の長さが分数のときの面積を求められますか

☆ 縦(たて)の長さが $\frac{5}{8}$m、横の長さが $\frac{7}{10}$m の長方形の旗を作りたいと思います。
面積は何 m² になりますか。

$\frac{7}{10}$m
$\frac{5}{8}$m

とき方 長方形の面積を求める公式にあてはめます。
長方形の面積＝縦×横だから、

$$\frac{5}{8}\times\frac{7}{10}=\frac{\cancel{5}\times7}{8\times\cancel{10}}=\square$$

たいせつ
面積は、辺の長さが分数で表されているときでも、公式にあてはめて求めることができます。

3 ❶の正方形、❷の平行四辺形の面積をそれぞれ求めましょう。

❶

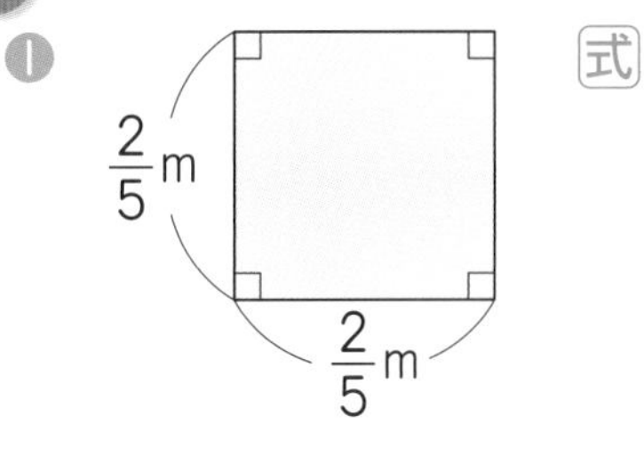

式

答え（　　　　　）

❷

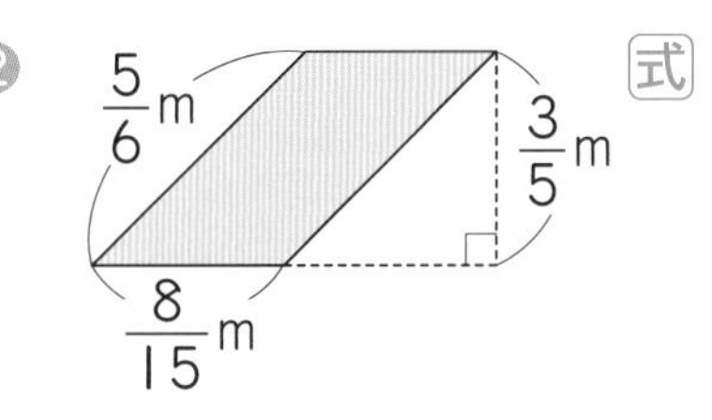

式

答え（　　　　　）

正方形の面積
＝1辺×1辺、
平行四辺形の面積
＝底辺×高さ
だね。

基本 4 辺の長さが分数のときの体積を求められますか

☆ 縦の長さが $\frac{4}{3}$m、横の長さが $\frac{7}{5}$m、高さが $\frac{5}{4}$m の直方体の箱を作りたいと思います。
体積は何 m³ になりますか。

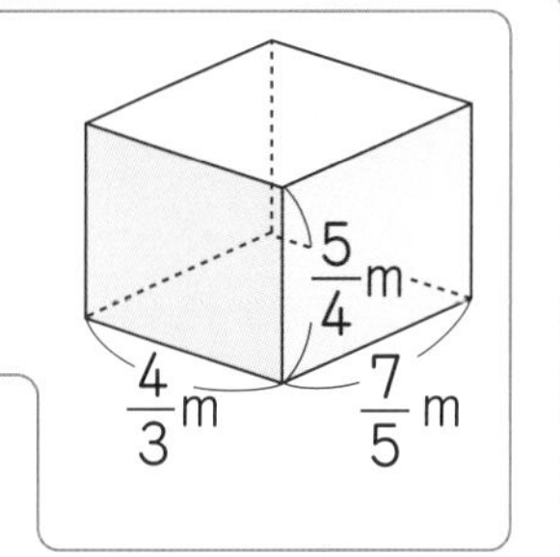

とき方 直方体の体積を求める公式にあてはめます。
直方体の体積＝縦×横×高さだから、

$$\frac{4}{3}\times\frac{7}{5}\times\frac{5}{4}=\frac{\cancel{4}\times7\times\cancel{5}}{3\times\cancel{5}\times\cancel{4}}=\square$$

4 次の立方体の体積を求めましょう。

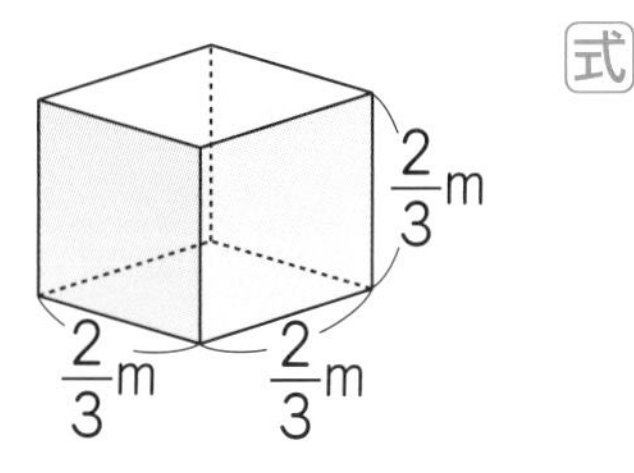

式

答え（　　　　　）

ポイント 面積や体積を求める公式は、辺の長さが分数で表されているときでも使えます。

③ 計算のきまり
④ 逆数
基本のワーク

学習の目標
計算のきまりを覚えたり、逆数を求められるようにしよう！

教科書 69〜70ページ　答え 7ページ

基本1 計算のきまりがわかりますか

☆ 次の□にあてはまる数を書きましょう。

❶ $\frac{3}{4}\times\frac{1}{5}=\frac{1}{5}\times\square$

❷ $\left(\frac{5}{6}\times\frac{3}{8}\right)\times\frac{4}{9}=\square\times\left(\frac{3}{8}\times\frac{4}{9}\right)$

❸ $\left(\frac{4}{5}+\frac{1}{2}\right)\times\frac{2}{7}=\frac{4}{5}\times\square+\frac{1}{2}\times\square$

❹ $\left(\frac{4}{9}-\frac{1}{6}\right)\times\frac{3}{5}=\frac{4}{9}\times\square-\frac{1}{6}\times\square$

とき方 分数でも、計算のきまりが成り立ちます。

❶ 交かんのきまり $a\times b=b\times a$ で、$a=\square$、$b=\frac{1}{5}$ です。

❷ 結合のきまり $(a\times b)\times c=a\times(b\times c)$ で、$a=\square$、$b=\frac{3}{8}$、$c=\frac{4}{9}$ です。

❸ 分配のきまり $(a+b)\times c=a\times c+b\times c$ で、$a=\frac{4}{5}$、$b=\frac{1}{2}$、$c=\square$ です。

❹ 分配のきまり $(a-b)\times c=a\times c-b\times c$ で、$a=\frac{4}{9}$、$b=\frac{1}{6}$、$c=\square$ です。

計算のきまり

$a\times b=b\times a$　　$(a\times b)\times c=a\times(b\times c)$

$(a+b)\times c=a\times c+b\times c$　　$(a-b)\times c=a\times c-b\times c$

答え ❶ □　❷ □

❸ □、□　❹ □、□

1 次の□にあてはまる数を書きましょう。　教科書 69ページ1

❶ $\frac{6}{7}\times\frac{5}{8}=\square\times\frac{6}{7}$

❷ $\left(\frac{2}{3}\times\frac{4}{5}\right)\times\frac{5}{6}=\frac{2}{3}\times\left(\square\times\frac{5}{6}\right)$

❸ $\left(\frac{8}{9}+\frac{2}{3}\right)\times\frac{6}{7}=\square\times\frac{6}{7}+\square\times\frac{6}{7}$

❹ $\left(\frac{7}{8}-\frac{5}{6}\right)\times\frac{4}{5}=\square\times\frac{4}{5}-\frac{5}{6}\times\square$

2 $a=\frac{1}{4}$、$b=\frac{7}{8}$、$c=\frac{8}{9}$ として、$(a+b)\times c=a\times c+b\times c$ が成り立つことを、□にあてはまる数を書いて確かめましょう。　教科書 69ページ1

㋐ $\left(\frac{1}{4}+\frac{7}{8}\right)\times\frac{8}{9}=\left(\frac{\square}{8}+\frac{7}{8}\right)\times\frac{8}{9}=\frac{\square}{8}\times\frac{8}{9}=\square$

㋑ $\frac{1}{4}\times\frac{8}{9}+\frac{7}{8}\times\frac{8}{9}=\square+\square=\frac{\square}{9}=\square$

㋐と㋑が等しくなれば、$(a+b)\times c=a\times c+b\times c$ が成り立つことが確かめられるね。

交かんのきまり、結合のきまりは、かけ算だけでなく、たし算のときにも成り立つよ。
$a+b=b+a$、$(a+b)+c=a+(b+c)$ だね。

基本2 逆数の意味がわかりますか

☆ $\frac{3}{7}$ の逆数を求めましょう。

とき方 2つの数の積が1になるとき、一方の数を、もう一方の数の □ といいます。

$\frac{3}{7}$ にかけると、積が1になる数が $\frac{3}{7}$ の逆数です。

$\frac{3}{7}\times\square=1$　　**答え** □

たいせつ
分数の逆数は、分母と分子を入れかえた分数になります。
$\frac{b}{a}$ → $\frac{a}{b}$

たとえば、$\frac{2}{5}$ の逆数は $\frac{5}{2}$、$\frac{5}{2}$ の逆数は $\frac{2}{5}$ だよ。

3 次の数の逆数を求めましょう。 教科書 70ページ 1

❶ $\frac{5}{8}$　( )

❷ $\frac{11}{6}$　( )

❸ $\frac{1}{9}$　( )

❹ $1\frac{3}{4}$　( )

帯分数の逆数は、仮分数になおしてから考えよう。

基本3 整数や小数の逆数が求められますか

☆ 次の数の逆数を求めましょう。

❶ 5　❷ 0.3

とき方 分数になおしてから考えます。

❶ $5=\frac{5}{\square}$ だから、分母と分子を入れかえて、□

❷ $0.3=\frac{3}{\square}$ だから、分母と分子を入れかえて、□

答え ❶ □ ❷ □

4 次の数の逆数を求めましょう。 教科書 70ページ 1 2

❶ 3　( )

❷ 20　( )

❸ 0.9　( )

❹ 0.4　( )

❺ 1.1　( )

分数になおしたときに、約分できるときは約分してから逆数にしよう。

ポイント 真分数や仮分数の逆数は、その数の分母と分子を入れかえた数になっています。整数は、分母が1の分数になおして考えましょう。

勉強した日　　月　　日

練習のワーク

教科書 60～73ページ　答え 8ページ

1 分数のかけ算　次の計算をしましょう。

❶ $\frac{3}{5}\times\frac{3}{4}$　　❷ $\frac{5}{6}\times\frac{4}{7}$

❸ $\frac{12}{7}\times\frac{14}{9}$　　❹ $6\times\frac{3}{5}$

❺ $4\frac{1}{2}\times2\frac{1}{3}$　　❻ $\frac{5}{7}\times\frac{5}{6}\times\frac{3}{5}$

2 かける数の大きさと積の関係　積が、9より小さくなるのはどれですか。

㋐ $9\times\frac{5}{6}$　㋑ $9\times1\frac{1}{3}$　㋒ $9\times\frac{3}{2}$　㋓ $9\times\frac{11}{12}$

（　　　　）

3 逆数　次の数の逆数を求めましょう。

❶ $\frac{5}{9}$　　❷ 0.2

（　　　　）（　　　　）

4 分数のかけ算・文章題　1Lの重さが$\frac{5}{6}$kgの米があります。この米$\frac{21}{5}$Lの重さは何kgですか。

式

答え（　　　　）

てびき

1 分数のかけ算

たいせつ

分母どうし、分子どうしをかけます。

$$\frac{b}{a}\times\frac{d}{c}=\frac{b\times d}{a\times c}$$

❹ 整数は分母が1の分数になおして計算します。

❺ 帯分数は仮分数になおして計算します。

と中で約分すると計算が簡単になるよ。

2 かける数の大きさと積の関係

1より小さい数をかけると、積はかけられる数より小さくなります。

3 逆数

$\frac{b}{a}$の逆数は、$\frac{a}{b}$です。

❷ 小数は分数になおしてから考えます。

4 文章題

表をかくと、下のようになります。

$\frac{5}{6}$kg	□kg
1L	$\frac{21}{5}$L

できるナビ　答え合わせをする前に、約分ができる分数が残っていないかどうか、確認しよう。

まとめのテスト

教科書 60~73ページ　答え 8ページ

得点　/100点

1 よく出る 次の計算をしましょう。　1つ5〔30点〕

❶ $\frac{8}{9}\times\frac{2}{3}$　❷ $\frac{7}{8}\times\frac{4}{5}$　❸ $\frac{10}{3}\times\frac{9}{4}$

❹ $8\times\frac{7}{12}$　❺ $3\frac{1}{3}\times1\frac{3}{5}$　❻ $\frac{1}{8}\times\frac{2}{3}\times\frac{3}{5}$

2 次の□にあてはまる数を書きましょう。　1つ5〔10点〕

❶ $\left(\frac{1}{3}\times\frac{9}{10}\right)\times\frac{5}{12}=\frac{1}{3}\times\left(\frac{9}{10}\times\square\right)$　❷ $\left(\frac{2}{3}-\frac{5}{9}\right)\times\frac{3}{7}=\frac{2}{3}\times\square-\square\times\frac{3}{7}$

3 次の数の逆数を求めましょう。　1つ6〔18点〕

❶ $\frac{9}{14}$　❷ $2\frac{1}{2}$　❸ 1.9

(　　　)　(　　　)　(　　　)

4 1 m^2 あたり $1\frac{1}{5}$ kg の肥料をまきます。$2\frac{2}{3}$ m^2 にまくには、肥料は何kg いりますか。

式　1つ7〔14点〕

答え (　　　)

5 次の図形の面積を求めましょう。　1つ7〔28点〕

❶ 式

$\frac{5}{4}$ cm　$\frac{3}{2}$ cm

答え (　　　)

❷ 式

$1\frac{1}{4}$ m　$1\frac{1}{4}$ m　$\frac{2}{3}$ m　2m　$1\frac{1}{2}$ m

答え (　　　)

ふろくの「計算練習ノート」5~9ページをやろう！

□ かける数が分数の計算ができたかな？
□ 今まで学習した計算のきまりが分数でも成り立つことがわかったかな？

① 分数÷分数の計算 [その1]

基本のワーク

学習の目標

分数÷分数、整数÷分数の計算のしかたを考えよう！

教科書 74~79ページ　答え 9ページ

基本1 分数÷分数の計算のしかたがわかりますか

☆ 教室のかべ $\frac{3}{5}$ m² をぬるのに、ペンキを $\frac{4}{7}$ dL 使いました。このペンキ 1 dL では、何 m² ぬれますか。

とき方 図をかいて考えます。

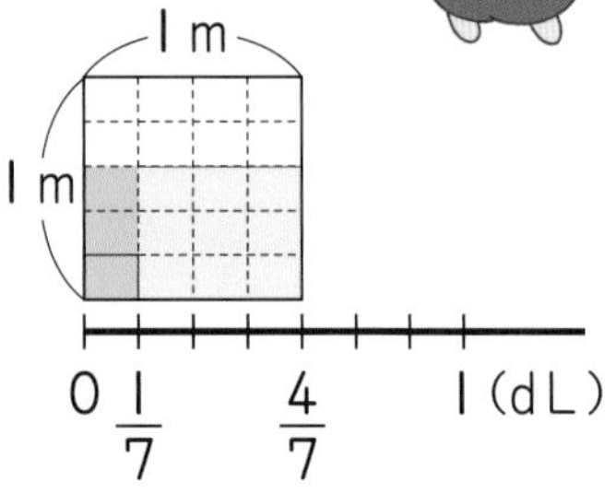

$\frac{1}{7}$dL でぬれる面積は、$\frac{3}{5}$m² を 4 等分した面積だから、

$\frac{3}{5}\div 4=\frac{3}{5}\times\frac{1}{4}$ ◀ 4 でわることは、$\frac{1}{4}$ をかけることと同じ

1 dL でぬれる面積は、$\frac{1}{7}$dL でぬれる面積の 7 倍なので、

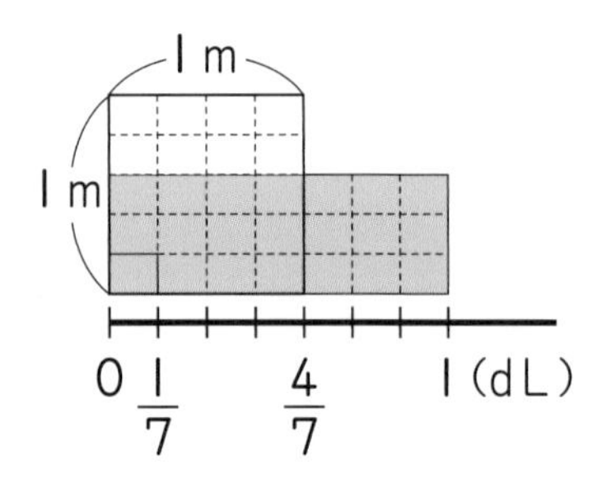

$$\frac{3}{5}\times\frac{1}{4}\times 7=\frac{3\times 1}{5\times\square}\times 7$$

$$=\frac{3\times\square}{5\times\square}=\square$$

たいせつ

真分数を真分数でわる計算は、わる数の逆数をかけて計算します。

$\frac{b}{a}\div\frac{d}{c}=\frac{b}{a}\times\frac{c}{d}$ （ビー、エー、ディー、シー）

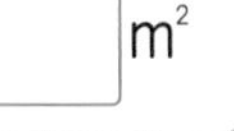

1 次の計算をしましょう。 教科書 79ページ 1

❶ $\frac{1}{5}\div\frac{1}{2}$　❷ $\frac{3}{7}\div\frac{5}{6}$　❸ $\frac{4}{5}\div\frac{9}{2}$

❹ $\frac{4}{9}\div\frac{5}{7}$　❺ $\frac{3}{8}\div\frac{4}{5}$　❻ $\frac{1}{8}\div\frac{5}{3}$

❼ $\frac{5}{3}\div\frac{1}{4}$　❽ $\frac{8}{5}\div\frac{9}{7}$

さんすうはかせ　1200 年以上前の奈良時代の書物にも「三分の一」などの分数が出てくるよ。当時から物を分けるときの大きさとして使っていたみたいだね。

基本 2 と中で約分できるわり算ができますか

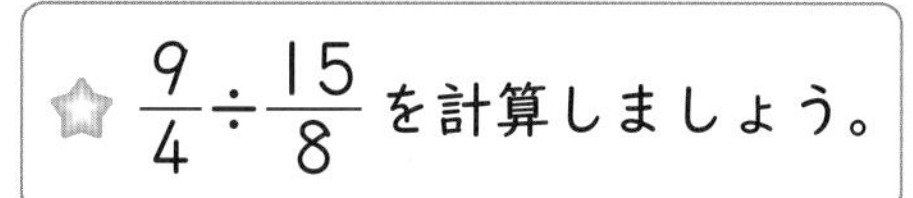

☆ $\frac{9}{4}\div\frac{15}{8}$ を計算しましょう。

とき方 と中で約分すると計算が簡単(かんたん)です。

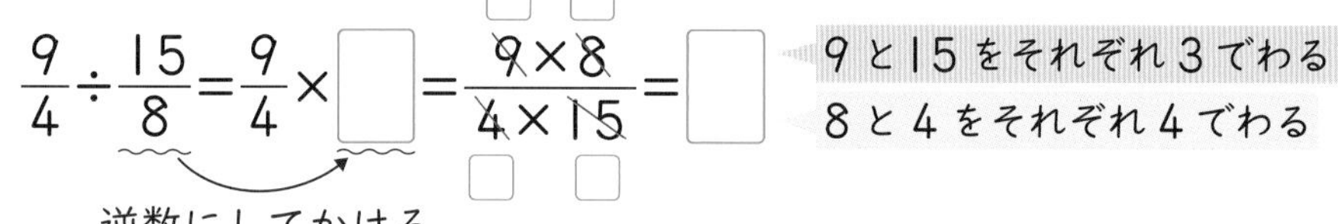

$\frac{9}{4}\div\frac{15}{8}=\frac{9}{4}\times\square=\frac{\overset{\square}{\cancel{9}}\times\overset{\square}{\cancel{8}}}{\underset{\square}{\cancel{4}}\times\underset{\square}{\cancel{15}}}=\square$

9と15をそれぞれ3でわる
8と4をそれぞれ4でわる

逆数にしてかける

答え □

2 次の計算をしましょう。 教科書 78ページ2

❶ $\frac{1}{3}\div\frac{7}{9}$　❷ $\frac{3}{4}\div\frac{5}{2}$　❸ $\frac{8}{3}\div\frac{4}{5}$

❹ $\frac{9}{10}\div\frac{3}{5}$　❺ $\frac{7}{12}\div\frac{7}{6}$　❻ $\frac{20}{9}\div\frac{5}{12}$

基本 3 整数と分数のわり算ができますか

☆ 次の計算をしましょう。

❶ $5\div\frac{3}{7}$　❷ $\frac{8}{11}\div6$

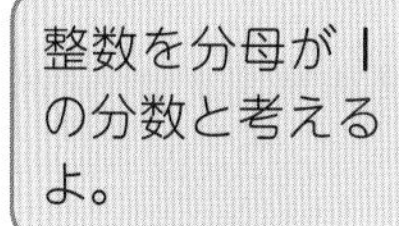

とき方 整数を分数の形になおすと、分数÷分数の計算になります。

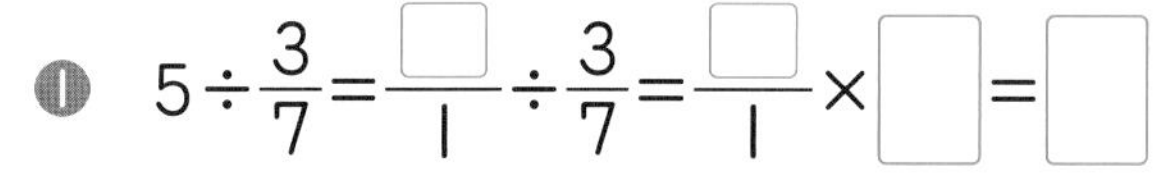

❶ $5\div\frac{3}{7}=\frac{\square}{1}\div\frac{3}{7}=\frac{\square}{1}\times\square=\square$

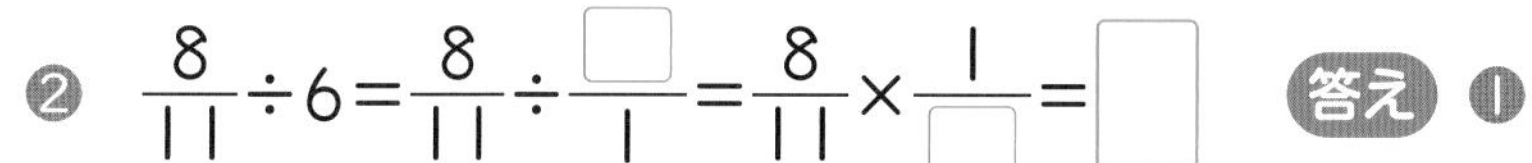

❷ $\frac{8}{11}\div6=\frac{8}{11}\div\frac{\square}{1}=\frac{8}{11}\times\frac{1}{\square}=\square$

答え ❶ □ ❷ □

3 次の計算をしましょう。

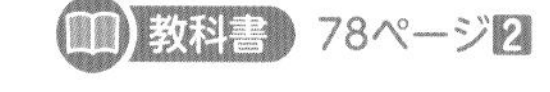

教科書 78ページ2

❶ $6\div\frac{9}{5}$　❷ $\frac{4}{3}\div8$　❸ $12\div\frac{6}{7}$

ポイント 分数のわり算で、逆数にするのはわる数です。わられる数は逆数にしないことをしっかり覚えておきましょう。

勉強した日　月　日

① 分数÷分数の計算 [その2]
② どんな式になるかな
基本のワーク

学習の目標
帯分数の混じったわり算のしかたを覚えよう！

教科書 79～82ページ　答え 9ページ

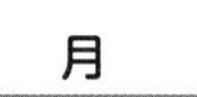

基本1 帯分数のわり算ができますか

☆ $1\frac{2}{9}\div1\frac{1}{4}$ を計算しましょう。

ちゅうい
整数どうし、分数どうしでわり算をしてはいけません。

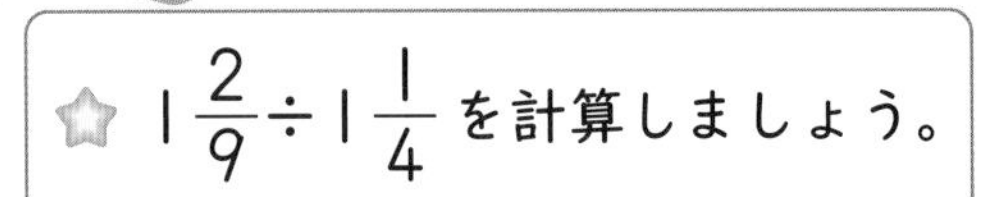

とき方　帯分数は仮分数になおしてから計算します。

$1\frac{2}{9}\div1\frac{1}{4}=\frac{\square}{9}\div\frac{\square}{4}=\square\times\square=\square$

答え $\square$

1 次の計算をしましょう。

教科書 79ページ3 80ページ1

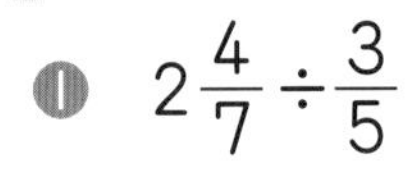

❶ $2\frac{4}{7}\div\frac{3}{5}$　❷ $\frac{7}{9}\div4\frac{2}{3}$　❸ $12\div1\frac{1}{3}$

❹ $3\frac{1}{3}\div1\frac{1}{2}$　❺ $1\frac{5}{6}\div2\frac{2}{3}$　❻ $2\frac{5}{8}\div1\frac{3}{4}$

2 右のような面積が $4\frac{2}{5}$cm² の長方形があります。縦の長さは何cm ですか。

教科書 80ページ4③

式

答え（　　　　　）

$3\frac{1}{5}$cm
$x$cm　$4\frac{2}{5}$cm²

x を使って、長方形の面積の公式にあてはめてみよう。

基本2 わる数の大きさと商の関係がわかりますか

☆ 商が、5より大きくなるのはどちらですか。

㋐ $5\div\frac{7}{8}$　㋑ $5\div1\frac{2}{7}$

とき方　わる数が1より大きいか、小さいかで見分けます。

$5\div\frac{7}{8}=\frac{5}{1}\times\frac{8}{7}=\square=\square$

$5\div1=5$

$5\div1\frac{2}{7}=5\div\frac{9}{7}=\frac{5}{1}\times\frac{7}{9}=\square=\square$

答え $\square$

たいせつ
わる数が1より大きい分数のとき、商は、わられる数より小さくなります。わる数が1より小さい分数のとき、商は、わられる数より大きくなります。

日本では、分数は「三分の一」のように、分母→分子の順に読むけれど、英語では、分子→分母の順に読むんだって。

3 商が、8より大きくなるのはどれですか。 教科書 81ページ 2

㋐ $8 \div \frac{2}{5}$　　㋑ $8 \div 1\frac{1}{6}$　　㋒ $8 \div \frac{4}{3}$　　㋓ $8 \div \frac{2}{9}$

(　　　　)

基本3 単位量あたりの大きさを求める式がわかりますか

☆ $\frac{5}{3}$dL で $\frac{5}{6}$m² の板をぬれるペンキがあります。1dL では何 m² の板がぬれますか。

とき方 右の図や表から、単位量あたりの大きさを求める式を作ります。

$\frac{5}{6} \div \square = \frac{5}{6} \times \square = \square$

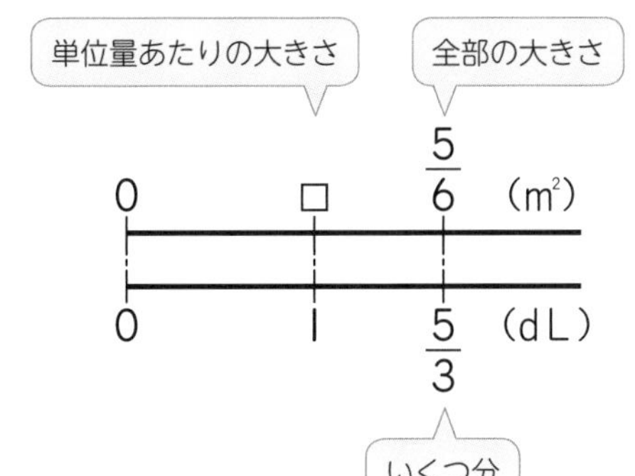

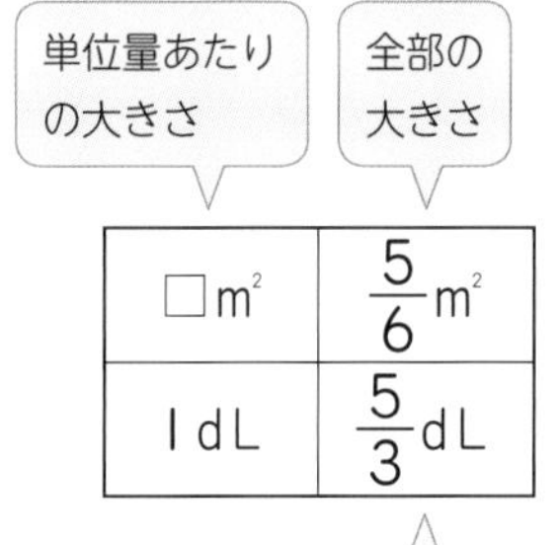

□m²	$\frac{5}{6}$m²
1dL	$\frac{5}{3}$dL

答え □ m²

4 $\frac{8}{5}$m の重さが $\frac{14}{5}$kg の鉄の棒(ぼう)があります。この鉄の棒 1m の重さは何kgですか。

式 教科書 82ページ 1

答え (　　　　)

基本4 全部の大きさを求める式がわかりますか

☆ 1m² の畑からじゃがいもが $\frac{14}{3}$kg 採れます。この畑 $\frac{9}{5}$m² からは、何kg のじゃがいもが採れますか。

とき方 図や表から、全部の大きさを求める式を作ります。

$\frac{14}{3} \times \square = \frac{14 \times \square}{3 \times \square} = \square$

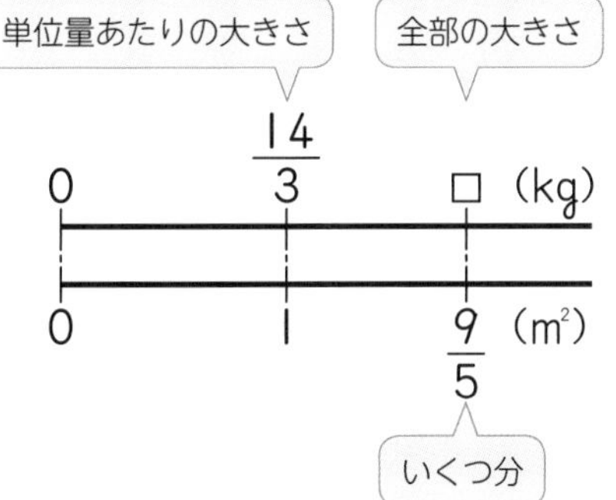

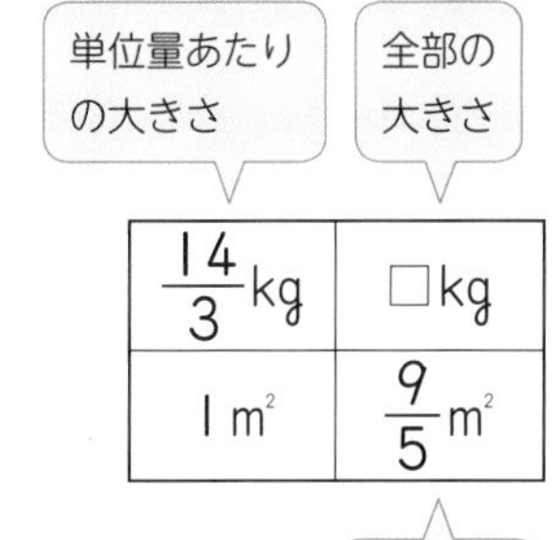

$\frac{14}{3}$kg	□kg
1m²	$\frac{9}{5}$m²

答え □ kg

5 1L の重さが $\frac{6}{7}$kg の油があります。この油 $\frac{8}{9}$L の重さは何kgですか。

式 教科書 82ページ 1 1

答え (　　　　)

ポイント わかっているものと求めるものの関係を調べるのに、図や表をかいたり、整数で考えたりするとわかりやすくなります。

勉強した日 月 日

練習のワーク

教科書 74〜85ページ　答え 10ページ

できた数 /11問中

1 分数のわり算 次の計算をしましょう。

❶ $\frac{5}{9}\div\frac{7}{8}$　❷ $\frac{10}{21}\div\frac{4}{7}$

❸ $\frac{25}{12}\div\frac{15}{16}$　❹ $9\div\frac{6}{7}$

❺ $6\div2\frac{1}{4}$　❻ $1\frac{1}{5}\div\frac{8}{15}$

❼ $1\frac{5}{6}\div3\frac{1}{7}$　❽ $2\frac{2}{3}\div2\frac{2}{9}$

2 わる数の大きさと商の関係 商が、10 より大きくなるのはどれですか。

㋐ $10\div1\frac{1}{3}$　㋑ $10\div\frac{3}{4}$　㋒ $10\div\frac{5}{4}$　㋓ $10\div\frac{5}{8}$

(　　　　)

3 分数のわり算・文章題 $\frac{15}{4}$ L の麦茶を $\frac{5}{8}$ L ずつ水とうに入れます。$\frac{5}{8}$ L 入りの水とうは、何本できますか。

式

答え (　　　　)

4 分数のわり算・文章題 りくさんは、12 枚(まい)の折り紙を使って花を折りました。これは持っている折り紙の $\frac{6}{31}$ にあたります。折り紙は全部で何枚ありますか。

式

答え (　　　　)

1 分数のわり算
わる数の逆数をかけます。
❹、❺ 整数は分母が 1 の分数になおして計算します。
❺〜❽ 帯分数は仮分数になおしてから計算します。

かけ算の式にしたあとに、約分できるときは、約分しよう。

2 わる数の大きさと商の関係
1 より小さい数でわると、商はわられる数より大きくなります。

3 文章題

$\frac{5}{8}$ L	$\frac{15}{4}$ L
1本	□本

4 文章題

□枚	12枚
1	$\frac{6}{31}$

できるナビ 答え合わせをする前に、約分できる分数が残っていないかどうか確認(かくにん)しよう。また、途中の式で、わる数を逆数にしてかけているかどうかも確認しよう。

勉強した日　月　日

まとめのテスト

教科書 74～85ページ　答え 10ページ

時間 20分　得点 /100点

1 よく出る 次の計算をしましょう。　1つ6〔54点〕

❶ $\frac{2}{3}\div\frac{5}{7}$　❷ $\frac{5}{8}\div\frac{3}{4}$　❸ $\frac{4}{9}\div\frac{2}{15}$

❹ $8\div\frac{9}{4}$　❺ $1\frac{1}{5}\div\frac{3}{8}$　❻ $1\frac{1}{9}\div\frac{2}{3}$

❼ $\frac{4}{7}\div2\frac{2}{3}$　❽ $3\frac{1}{8}\div1\frac{3}{7}$　❾ $2\frac{3}{4}\div1\frac{5}{6}$

2 赤いリボンが $2\frac{1}{4}$m あります。この長さは、青いリボンの長さの $\frac{7}{12}$ にあたります。青いリボンの長さは何 m ですか。　1つ8〔16点〕

式

答え（　　　）

3 右のような面積が 15 cm² の平行四辺形があります。底辺の長さは何 cm ですか。　1つ7〔14点〕

式

$3\frac{3}{4}$cm

答え（　　　）

4 1 m² の畑に $\frac{5}{8}$ L の水をまくとすると、$\frac{5}{3}$ L の水では、何 m² の畑にまくことができますか。　1つ8〔16点〕

式

答え（　　　）

ふろくの「計算練習ノート」10～15ページをやろう！

□ 分数のわり算のしかたがわかったかな？
□ わる数と商の関係がわかったかな？

勉強した日　月　日

① 代表値
② 度数分布表と柱状グラフ ［その1］

基本のワーク

学習の目標・
代表値の求め方や、ドットプロットのかき方を覚えよう！

教科書 86～93ページ　答え 11ページ

基本1 平均値を求め、データをドットプロットに表すことができますか

☆ 下の表は、1組と2組のソフトボール投げの記録です。

1組のソフトボール投げの記録

番号	きょり(m)	番号	きょり(m)
1	33	9	39
2	22	10	29
3	17	11	22
4	35	12	19
5	26	13	34
6	22	14	20
7	41	15	36
8	29	16	24

2組のソフトボール投げの記録

番号	きょり(m)	番号	きょり(m)
1	19	9	24
2	34	10	16
3	25	11	28
4	29	12	22
5	22	13	39
6	25	14	43
7	21	15	33
8	25		

❶ それぞれの組の記録の平均値を求めましょう。

❷ 1組の記録をドットプロットに表しましょう。

❸ 1組の最頻値を求めましょう。　❹ 1組の中央値を求めましょう。

とき方 ❶ 平均値＝データの値の合計÷データの個数の式にあてはめてそれぞれのクラスの平均値を求めます。

1組…合計は［　］mだから、［　］÷16＝［　］

2組…合計は［　］mだから、［　］÷［　］＝［　］

平均値、最頻値、中央値のように、データを代表する値のことを代表値というよ。

❷ 1組の1人1人の記録から、●(ドット)を打っていきます。

❸ データの中でもっとも多く現れた値を最頻値といいます。

1組の表から、もっとも多く現れた値は［　］mなので、最頻値は［　］mです。

❹ データを大きさの順にならべかえたときに、ちょうど真ん中に位置する値を中央値といいます。1組はデータが16個あるので、［　］番目と［　］番目の記録の平均値が中央値となります。

(26＋［　］)÷2＝［　］

答え ❶ 1組［　］m　2組［　］m　❷

15 16 17 18 19 20 21 22 23 24 25 26 27 28 29 30 31 32 33 34 35 36 37 38 39 40 41 42 43 (m)

❸［　］m　❹［　］m

1 基本1の2組の記録について答えましょう。　教科書 89ページ2　90ページ1

❶ ドットプロットに表しましょう。

15 16 17 18 19 20 21 22 23 24 25 26 27 28 29 30 31 32 33 34 35 36 37 38 39 40 41 42 43 (m)

❷ 最頻値を求めましょう。　(　　　)

❸ 中央値を求めましょう。　(　　　)

さまざまなことがらを調査することによって、数量で全体のようすをつかむことや、調査によって得られた数量のデータのことを「統計」というよ。

基本 2 記録を度数分布表にまとめて、ちらばりのようすを調べられますか

☆ 基本1 の｜組の記録について次の問いに答えましょう。

❶ 度数分布表を完成させましょう。

❷ 20m 以上 25m 未満の人数は、何人ですか。

❸ 人数が｜人なのは、何m 以上何m 未満ですか。

とき方 ❶ 右の表のように、階級や度数で資料の分布を表している表を度数分布表といいます。それぞれの階級の人数を「正」の字などを書いて数えます。

❷ ❶でまとめた度数分布表の 20m 以上 25m 未満の人数を調べます。

❸ ❶でまとめた度数分布表の人数が｜人の階級を調べます。

たいせつ

「15m 以上 20m 未満」のような区間(区切り)を**階級**といい、「5m」のような区間(区切り)の大きさを**階級の幅**(はば)といいます。階級ごとに数えたデータの個数を階級の**度数**といいます。

答え ❶ ｜組のソフトボール投げの記録

階級(m)	人数(人)
15以上～20未満	2
20　～25	
25　～30	
30　～35	
35　～40	
40　～45	｜
合計	16

❷ [　　] 人

❸ [　　] m 以上 [　　] m 未満

2 基本1 の 2 組の記録について次の問いに答えましょう。 教科書 92ページ 1

❶ 右の度数分布表を完成させましょう。

2 組のソフトボール投げの記録

階級(m)	人数(人)
15以上～20未満	
20　～25	
25　～30	
30　～35	
35　～40	
40　～45	
合計	

❷ 基本2 の度数分布表と❶の度数分布表を見て、｜組と 2 組の記録を比べます。

㋐ 35m 以上の人は、どちらが多いですか。

(　　　　)

㋑ 25m 未満の人は、どちらが多いですか。

(　　　　)

㋒ 25m 以上 30m 未満の人は、どちらが多いですか。

(　　　　)

㋓ 30m 以上 40m 未満の人は、どちらが多いですか。

(　　　　)

「20 以上」とは、ちょうど 20 か、20 より大きい数だよ。「25 未満」とは、25 より小さい数だったね。

ポイント データのちらばりのようすを表にまとめるとき、同じものを 2 回数えたり、数え忘(わす)れたりすることがないようにしましょう。

勉強した日　月　日

② 度数分布表と柱状グラフ ［その2］

基本のワーク

学習の目標
柱状グラフのかき方や、ちらばりのようすの調べ方を覚えよう！

教科書 94～97ページ　答え 11ページ

基本1 柱状グラフがかけますか

☆ 37ページの 基本2 の１組の度数分布表をもとにして、右のようなグラフをかきました。

❶ １組で、25m以上30m未満の人は、何人ですか。

❷ １組で、度数がいちばん大きい階級は、何m以上何m未満ですか。また、全体をもとにしたときの割合(わりあい)は、何％ですか。四捨五入(ししゃごにゅう)して小数第一位まで求めましょう。

❸ 37ページの ❷ の２組の度数分布表をもとにして、２組の柱状グラフをかきましょう。

１組のソフトボール投げの記録

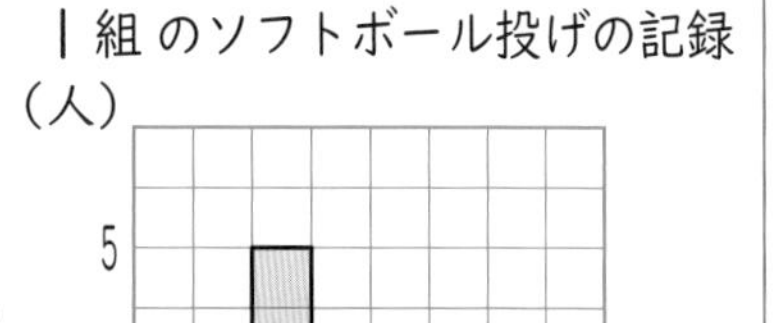

とき方 ❶ 横の軸(じく)の25～30の階級の、縦(たて)の軸のめもりは □ です。

❷ グラフから、度数がいちばん多いのは５人で、□m以上□m未満の階級です。

比べられる量÷もとにする量×100の式で求めます。１組の全体の人数は16人だから、□÷□×100＝31.25（3）

❸ 階級を表す数値を横、その階級に入る度数を縦とする長方形をかきます。

たいせつ
上のようなグラフを、**柱状グラフ**またはヒストグラムといいます。柱状グラフでは、横の軸は階級を示す数値で、縦の軸はその階級に入る度数を表しています。

答え ❶ □人

❷ □m以上□m未満

□％

❸ ２組のソフトボール投げの記録

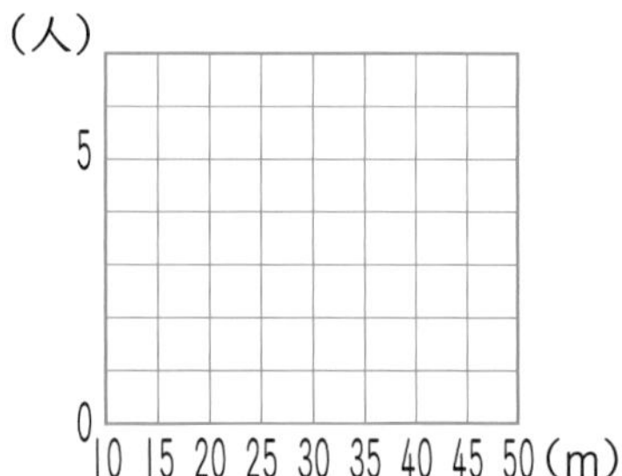

1 基本1 の２組の柱状グラフを見て答えましょう。 教科書 94ページ2

❶ ２組で、20m以上25m未満の人は、何人ですか。

（　　　　）

❷ ２組で、度数がいちばん大きい階級は、何m以上何m未満ですか。

（　　　　）

❸ ❷のとき、全体をもとにしたときの割合は、何％ですか。四捨五入して小数第一位まで求めましょう。

（　　　　）

ヒストグラムという言葉はギリシャ語のヒスト(すべてのものを直立にする)とグラマ(かいたり、記録したりする)がもとになっているといわれているよ。

2 右の度数分布表は、ともやさんのクラスの走り幅(はば)とびの記録です。　教科書 94ページ2

❶ 度数分布表をもとにして、柱状グラフをかきましょう。

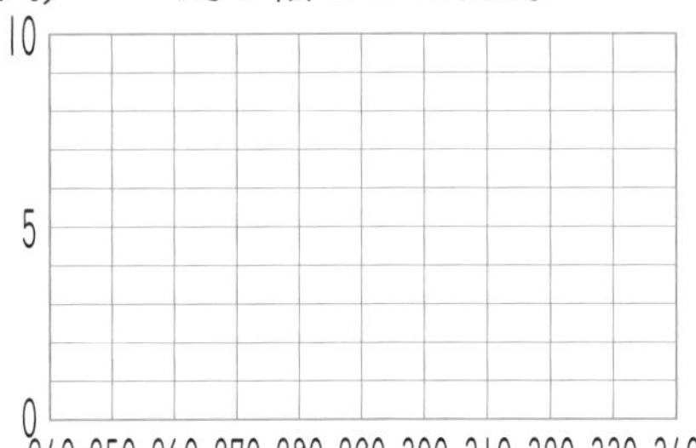

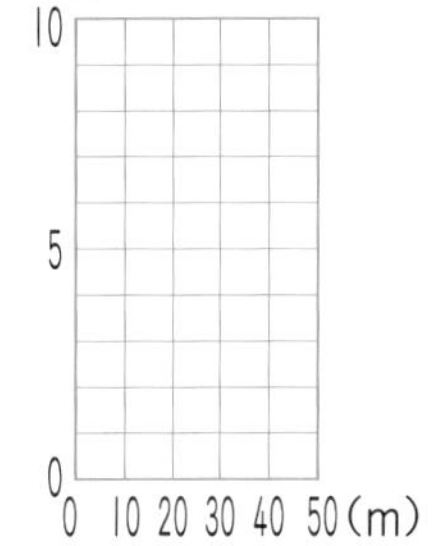

走り幅とびの記録

階級(cm)	人数(人)
250以上～260未満	3
260　～270	8
270　～280	3
280　～290	3
290　～300	4
300　～310	2
310　～320	0
320　～330	2
合計	25

❷ 度数がいちばん大きい階級は、何cm 以上何cm 未満ですか。

(　　　　　　　　　)

❸ 全体をもとにしたときの❷の階級の度数の割合は、何%ですか。

(　　　　　　　　　)

❹ 遠くにとんだ方から数えて 9 番目の人は、何cm 以上何cm 未満の階級に入りますか。

(　　　　　　　　　)

基本2 階級の幅を変えられますか

☆ 37ページの 基本2 の度数分布表の階級の幅を 10m に変えます。
❶ 空いているところをうめて、度数分布表を完成させましょう。
❷ 柱状グラフをかきましょう。

とき方 ❶ 階級の幅に注意して度数分布表を完成させます。
❷ 度数分布表から柱状グラフを完成させます。

答え ❶ 1組のソフトボール投げの記録

階級(m)	人数(人)
10以上～20未満	2
20　～30	
30　～40	
40　～50	
合計	16

❷ 1組のソフトボール投げの記録

(人) 10 / 5 / 0　0 10 20 30 40 50 (m)

3 37ページ**2**の表の階級の幅を 10m に変えます。　教科書 96～97ページ

❶ 度数分布表を完成させましょう。

2組のソフトボール投げの記録

階級(m)	人数(人)
10以上～20未満	
20　～30	
30　～40	
40　～50	
合計	

❷ 柱状グラフをかきましょう。

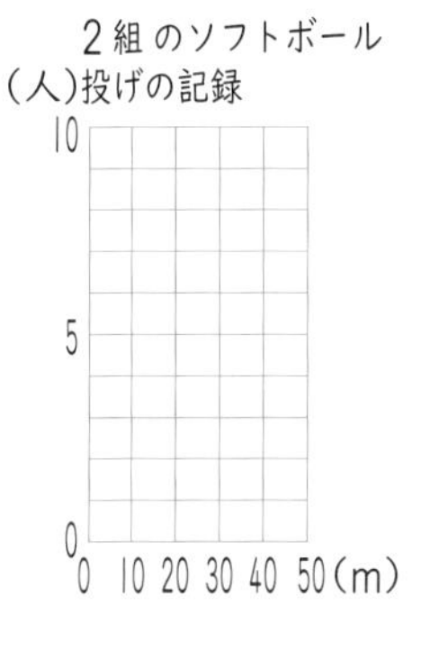

ポイント 資料を調べるのに、柱状グラフをかいたり、度数分布表にまとめたりすると、ちらばりのようすなどがよくわかります。

勉強した日 月 日

練習のワーク①

教科書 86～101ページ 答え 12ページ

できた数 /9問中

1 代表値 次の表はゆうきさんの組の新体力テストでの、上体起こしの記録です。

上体起こしの記録

番号	回数(回)	番号	回数(回)	番号	回数(回)	番号	回数(回)
1	11	6	17	11	24	16	22
2	15	7	15	12	26	17	26
3	21	8	24	13	27	18	20
4	22	9	13	14	29	19	22
5	10	10	28	15	22	20	23

❶ ドットプロットに表しましょう。

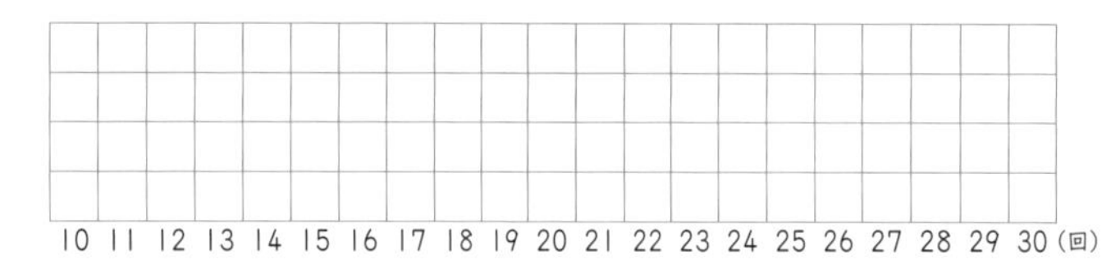

❷ 平均値(へいきんち)を求めましょう。 (　　　　)

❸ 最頻値(さいひんち)を求めましょう。 (　　　　)

❹ 中央値を求めましょう。 (　　　　)

2 度数分布表と柱状グラフ 右の度数分布表は、6年1組の社会のテストの結果を表しています。

❶ 80点の人はどの階級に入りますか。 (　　　　)

❷ 85点未満の人は何人ですか。 (　　　　)

❸ 90点以上の人の割合(わりあい)は、全体の何%ですか。 (　　　　)

❹ 点数が16番目に低い人はどの階級に入りますか。 (　　　　)

❺ 結果を、柱状グラフに表しましょう。

社会のテストの結果

得点(点)	人数(人)
70以上～75未満	5
75 ～ 80	7
80 ～ 85	2
85 ～ 90	4
90 ～ 95	9
95 ～100	3
合計	30

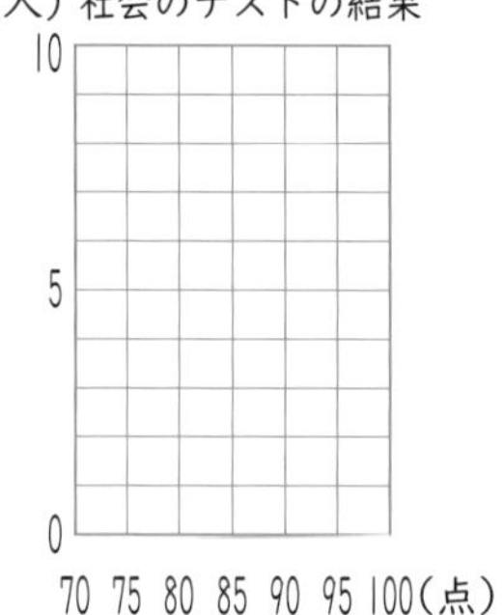

てびき

1 代表値

❶ 表の1人1人の記録を見て、●を打ちましょう。

さんこう ●をドットといい、ドットを打つことをプロットといいます。

❸ ドットプロットで、いちばん高く積み上がっている値(あたい)が最頻値となります。

❹ データの個数が偶数(ぐうすう)なので、データを大きさの順にならべかえたときにちょうど真ん中に位置する2つの値の平均値が中央値となります。

2 度数分布表と柱状グラフ

❶ 階級の「以上」「未満」に気をつけましょう。

❸ 90点以上の人の合計は、2つの階級の人数の合計になります。

柱状グラフの縦(たて)の軸(じく)は人数を表しているね！

できるナビ ドットプロット、度数分布表、柱状グラフといった、ちらばりのようすを表す表やグラフについての問題では、最後に数えもれがないかしっかり確認(かくにん)するようにしよう。

練習のワーク②

教科書 86～101ページ　答え 12ページ

できた数 /8問中

1 ちらばりの調べ方　次の表は、6年1組20人の下校にかかる時間を調べたものです。

下校にかかる時間

番号	時間(分)	番号	時間(分)	番号	時間(分)	番号	時間(分)
1	10	6	18	11	18	16	33
2	21	7	28	12	9	17	15
3	13	8	7	13	20	18	24
4	18	9	14	14	19	19	16
5	27	10	21	15	26	20	23

❶ 平均値を求めましょう。

(　　　)

❷ 右の度数分布表にまとめましょう。

下校にかかる時間

時間(分)	人数(人)
5以上～10未満	
10 ～15	
15 ～20	
20 ～25	
25 ～30	
30 ～35	
合計	20

❸ ❷の度数分布表をもとにして、柱状グラフをかきましょう。

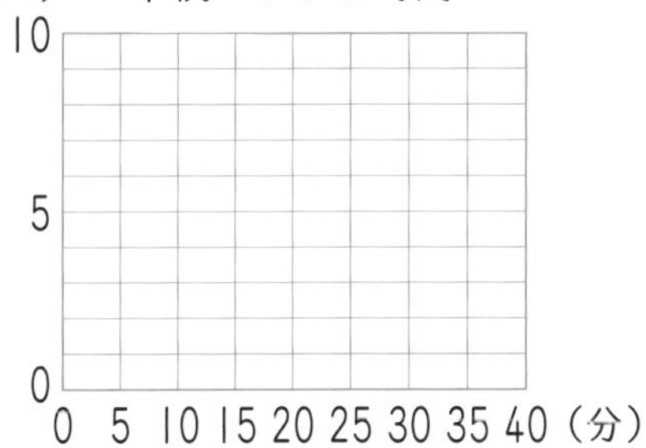

❹ 最頻値を求めましょう。

(　　　)

❺ 中央値を求めましょう。

(　　　)

❻ 度数が5人の階級は、何分以上何分未満ですか。

(　　　)

❼ 度数がいちばん大きい階級は、何分以上何分未満ですか。また、全体をもとにしたときのその階級の度数の割合は、何%ですか。

階級(　　　)
割合(　　　)

1 ちらばりの調べ方

❶ 平均値
＝データの値の合計
÷データの個数

❷ 「正」を書いて数えてから、それぞれの階級に入る数をまとめます。

下校にかかる時間が10分の人は、「10分以上15分未満」の階級に入るよ。

❸ 横の軸は階級を示す数値で、縦の軸はその階級に入る度数を表します。

ちゅうい
柱状グラフをかくときは、横にならぶ長方形どうしはくっつけます。

❻、❼ ❷の度数分布表や、❸の柱状グラフを見て考えましょう。

❼ 割合
＝比べられる量
÷もとにする量
です。百分率(%)で表すときは、100をかけます。

できるナビ　度数分布表にまとめるときは、データにチェックを入れながら、「正」を書いていくようにしよう。また、数を書いたあとに、合計の数を確かめるようにしよう。

勉強した日 月 日

まとめのテスト①

時間 20分

得点 /100点

教科書 86～101ページ　答え 12ページ

1 よく出る 6年1組と2組の上体起こしの記録を見て答えましょう。 1つ10〔100点〕

1組の上体起こしの記録

番号	回数(回)
1	18
2	16
3	8
4	23
5	27
6	12
7	10
8	17
9	18
10	20
11	25
12	23
13	9
14	28
15	24
16	19
17	20
18	23
19	19
20	21

2組の上体起こしの記録

番号	回数(回)
1	23
2	5
3	19
4	26
5	15
6	12
7	22
8	21
9	10
10	27
11	25
12	23
13	21
14	18
15	13
16	19
17	20
18	16
19	7

❶ 1組と2組の平均値（へいきんち）を求めましょう。

1組（　　　）
2組（　　　）

❷ 1組の最頻値（さいひんち）を求めましょう。

（　　　）

❸ 2組の中央値を求めましょう。

（　　　）

❹ 1組と2組の記録を、下の度数分布表にまとめましょう。

1組の上体起こしの記録

回数(回)	人数(人)
5以上～10未満	
10 ～15	
15 ～20	
20 ～25	
25 ～30	
合計	

2組の上体起こしの記録

回数(回)	人数(人)
5以上～10未満	
10 ～15	
15 ～20	
20 ～25	
25 ～30	
合計	

❺ 1組と2組の記録の柱状グラフをそれぞれかきましょう。

(人) 1組の上体起こしの記録

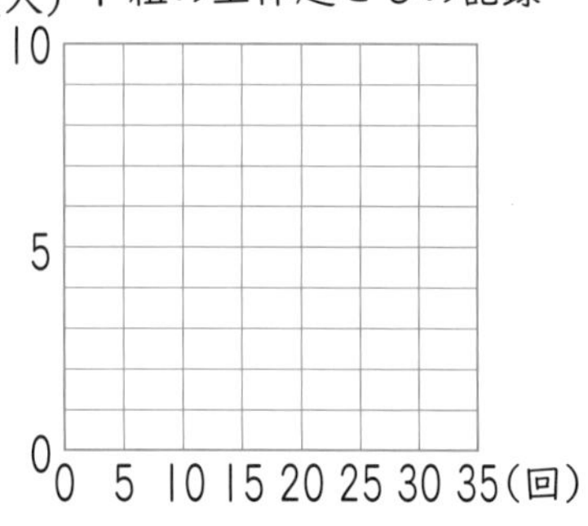

(人) 2組の上体起こしの記録

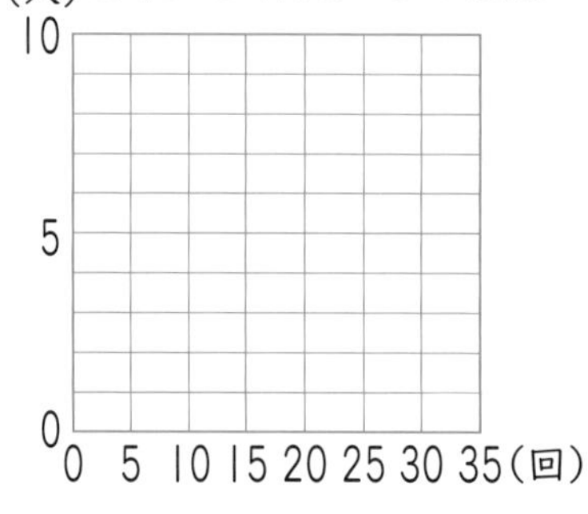

❻ 記録のよい方から数えて10番目の人は、それぞれ何回以上何回未満の階級に入りますか。

1組（　　　）
2組（　　　）

□ 最頻値、中央値、平均値がわかったかな？
□ 度数分布表にまとめたり柱状グラフをかいたりできたかな？

まとめのテスト②

教科書 86～101ページ　答え 13ページ

時間 20分　得点 /100点

1 右の表は、6年1組の1ぱんと2はんの50m走の結果です。　1つ8〔64点〕

1ぱんの記録

番号	記録(秒)
1	7.8
2	8.6
3	9.0
4	7.2
5	8.4
6	8.9
7	8.1
8	8.0
9	9.0
10	8.3
11	7.7
12	6.8
13	8.5
14	9.2
15	9.0
16	7.6

2はんの記録

番号	記録(秒)
1	7.0
2	8.4
3	8.6
4	7.5
5	9.2
6	8.9
7	7.2
8	8.0
9	8.5
10	8.5
11	9.0
12	8.0
13	8.8
14	7.8
15	8.5

❶ 1ぱん、2はんの最頻値、中央値をそれぞれ求めましょう。

1ぱん　最頻値（　　　）　中央値（　　　）

2はん　最頻値（　　　）　中央値（　　　）

❷ 1ぱん、2はんの50m走の記録のちらばりを、柱状グラフに表しましょう。

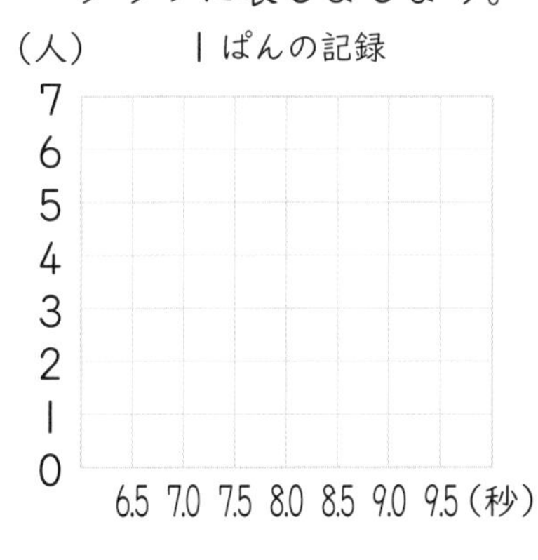

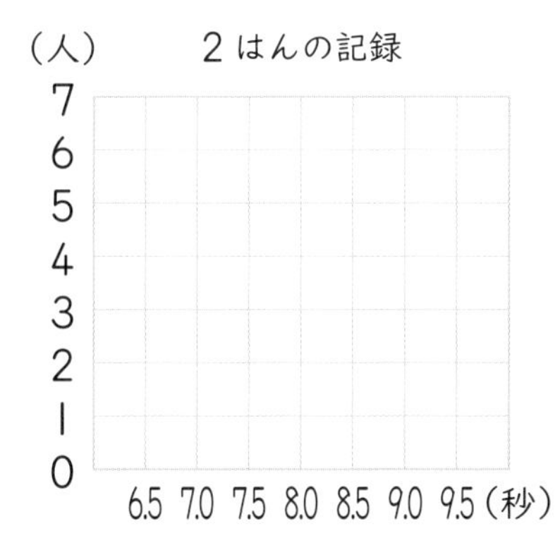

❸ 1ぱん、2はんそれぞれについて、全体をもとにしたときの、8.0秒以上8.5秒未満の階級の度数の割合は何％ですか。

1ぱん（　　　）　2はん（　　　）

2 よく出る 右の柱状グラフは、あるクラスの国語のテストの得点を整理したものです。　1つ12〔36点〕

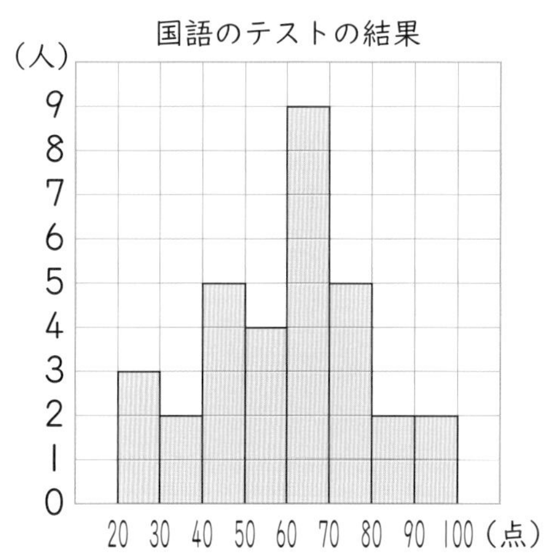

❶ 50点以上70点未満の人は何人いますか。

（　　　）

❷ 得点の低い方から数えて4番目の人は、何点以上何点未満の階級に入りますか。

（　　　）

❸ るみさんは72点でした。得点の高い方から数えて、何番目から何番目までにいますか。

（　　　）

チェック✓
□柱状グラフから、全体のちらばりのようすがわかったかな？
□柱状グラフから、データの特ちょうを比べることができたかな？

① ならべ方

学習の目標
ならべ方を、落ちや重なりがないように調べられるようになろう！

基本のワーク

教科書 106～110ページ　答え 13ページ

基本1 ならべ方を、落ちや重なりがないように数えられますか

☆ たけしさん、さち子さん、りょうさんの３人は１列にならんで登校します。全部で何通りのならび方がありますか。

とき方　まず、右のように、記号におきかえます。
次に、たけしさんが１番目に歩くことにした場合に、さち子さんとりょうさんの歩く順番を、表や図を使って調べます。

たけし…㋟
さち子…㋚
りょう…㋷

《1》　表をかきます。

１番目	２番目	３番目
㋟	㋚	㋷
㋟	□	□

《2》　図に表します。

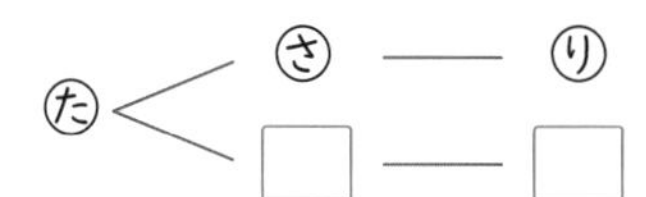

３人が、それぞれ１番目に歩くときのならび方の数を全部たせばいいね。

１番目に歩く人を、さち子さんやりょうさんにした場合のならび方も、□通りずつあるから、３人が１列にならんで登校するときのならび方は、全部で、□通りあります。

答え □通り

❶ [2]、[4]、[6]、[8]のカードが１枚(まい)ずつあります。この４枚のカードで４けたの整数を作ります。整数は全部で何通りできますか。

教科書 108ページ 1

(　　　　　)

基本2 いくつかを選んでならべるならべ方を調べられますか

☆ [1]、[2]、[3]、[4]のカードが１枚ずつあります。この４枚のカードから３枚を使って３けたの整数を作ります。整数は全部で何通りできますか。

とき方　百の位を[1]とした場合のならべ方を、表や図を使って調べます。

《1》　表をかきます。

百の位	十の位	一の位
1	2	3
1	2	4
1	3	2
1	□	□
1	□	□
1	□	3

《2》　図に表します。

百の位　十の位　一の位

1 ― 2 ＜ 3, 4
1 ― 3 ＜ 2, □
1 ― □ ＜ □, 3

百の位が[2]、[3]、[4]のときも、それぞれ□通りずつあるから、３けたの整数は□通りできます。

答え □通り

日本国内の多くの図書館では、「日本十進分類法」という方法に従(したが)って本を分類し、ならべているんだって。

2 しげるさん、なつきさん、あゆみさん、ゆうきさんの４人の学級委員で、委員長と副委員長を決めます。決め方は全部で何通りありますか。

教科書 109ページ 1

（　　　　　）

3 0、1、2、3のカードが１枚ずつあります。この４枚のカードから３枚を使って３けたの整数を作ります。整数は全部で何通りできますか。

教科書 109ページ 2

百の位に0をおいたら３けたの整数は作れないから…

（　　　　　）

基本 3 起こる場合が２つのもののならべ方を調べられますか

☆ バスケットボールで、シュートをします。３回続けて投げたときの結果は、全部で何通りありますか。

とき方 入った場合を○、入らなかった場合を×として、１回目が入った場合を、表や図を使って調べます。

《1》 表をかきます。

１回目	２回目	３回目
○	○	○
○	○	×
○	×	□
○	×	□

《2》 図に表します。

１回目　２回目　３回目

○ ─ ○ ─ □
　　　　 └ ×
　 └ □ ─ ○
　　　　 └ □

たいせつ
基本1や基本2とはちがい、基本3では、○○×や×××など、同じものを何回ならべてもかまいません。

１回目が入らなかった場合も□通りあるから、３回続けて投げたときのシュートの結果は全部で□通りあります。

答え □通り

4 十円玉を続けて３回投げます。このとき、表や裏（うら）が出る出方は全部で何通りありますか。

教科書 110ページ 1

（　　　　　）

5 ゆいさんは、毎朝パンかご飯を食べます。４日間では、全部で何通りの食べ方がありますか。

教科書 110ページ

（　　　　　）

ポイント ものをならべるならべ方の数を調べるとき、表や図を使って、落ちや重なりがないようにします。どの方法でもよいので、調べやすい方法で順序よく調べましょう。

勉強した日　月　日

② 組み合わせ方

基本のワーク

学習の目標
組み合わせ方を、落ちや重なりがないように調べよう！

教科書 111～113ページ　答え 14ページ

基本 1 組み合わせ方を、落ちや重なりがないように調べられますか

☆ 5つの組でサッカーの試合をします。どの組とも１回ずつ試合をすると、全部で何試合になりますか。

とき方 右のように、記号におきかえて、表や図を使って調べます。

1組…① 2組…② 3組…③ 4組…④ 5組…⑤

《1》 ならべ方を考えたときと同じように、図を利用して、同じ組み合わせの一方を消して考えます。

①─②、③、④、⑤
②─~~①~~、③、④、⑤
③─~~①~~、~~②~~、④、⑤
④─~~①~~、~~②~~、~~③~~、□
□─~~①~~、~~②~~、□、□

《2》 それぞれの組み合わせを、表に○をかいて表します。

	①	②	③	④	⑤
①		○	○	○	○
②			○	○	○
③				○	○
④					○
⑤					

《3》 それぞれの組み合わせを、線で結んで、図に表します。

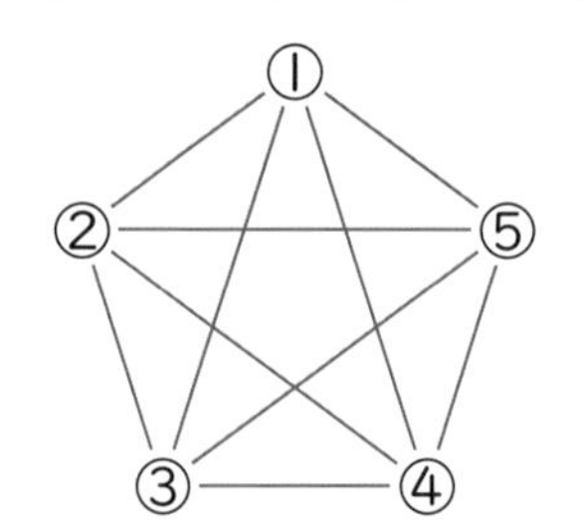

１組対２組と２組対１組は同じ試合だね。

答え □ 試合

1 A(エー)、B(ビー)、C(シー)、D(ディー)の４つのチームで野球の試合をします。どのチームとも１回ずつ試合をします。

教科書 111ページ1

❶ どんな組み合わせの試合がありますか。組み合わせを全部書き出しましょう。

（　　　　　　）

❷ 全部で何試合になりますか。

（　　　　）

2 6チームでバスケットボールの試合をします。どのチームとも１回ずつ試合をすると、全部で何試合になりますか。

教科書 112ページ1

（　　　　）

さんすうはかせ　いくつかのチームが、どのチームとも同じ回数ずつ試合をする方法を、リーグ戦、リーグ方式などというよ。

基本 2 2つ選ぶときの組み合わせ方を調べられますか

☆ ぶどう、もも、なし、バナナの中から2種類を買います。組み合わせは、全部で何通りありますか。

とき方 基本1 と同じように、記号におきかえて、表や図を使って調べます。

ぶどう…ぶ
もも　…も
なし　…な
バナナ…バ

《1》 同じ組み合わせはかかないようにして、図に表すこともできます。

ぶ─も、ぶ─な、ぶ─バ　　も─□、も─バ　　な─□

《2》 表をかきます。

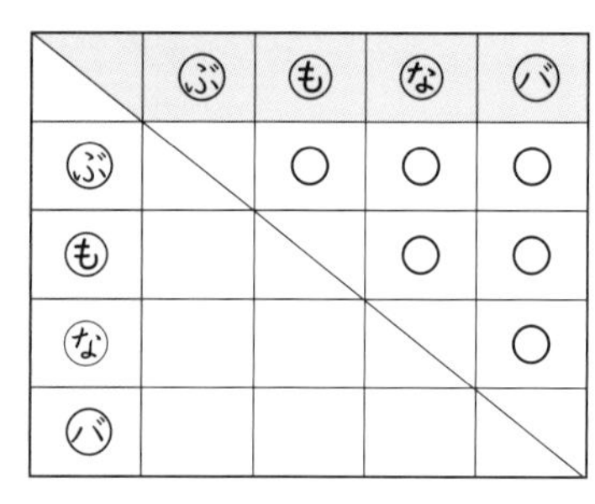

	ぶ	も	な	バ
ぶ		○	○	○
も			○	○
な				○
バ				

《3》 組み合わせを、線で結びます。

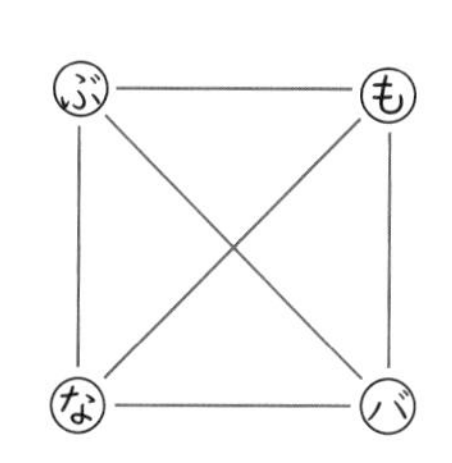

基本1 と同じように図や表を使って考えればいいね。

答え □通り

3 赤、青、黄、緑、白、茶の6種類の絵の具があります。この中から、2色を選んで使うとき、組み合わせは、全部で何通りありますか。

教科書 113ページ2

(　　　　　)

基本 3 3つ以上選ぶときの組み合わせ方を調べられますか

☆ めいなさん、しょうさん、よう子さん、はるきさん、ゆきさんの5人から、そうじ当番を4人選びます。選び方は、全部で何通りありますか。

とき方 基本2 と同じように、記号におきかえて、図を使って調べます。

めいな…め
しょう…し
よう子…よ
はるき…は
ゆき　…ゆ

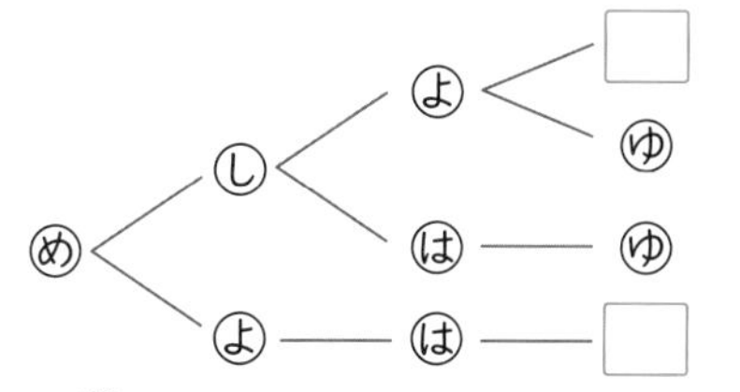

し──よ──は──□

答え □通り

ちゅうい
3つ以上を選んで組み合わせを考えるときは、基本1 と 基本2 の《2》の表や、《3》の図は使えません。

さんこう
残る1人を考えて、簡単(かんたん)に求めることもできます。

4 1、3、5、7のカードが1枚(まい)ずつあります。この4枚のカードから3枚を選んで和を求めます。和は全部で何通りありますか。

教科書 113ページ2

(　　　　　)

ポイント 組み合わせ方では、ならべ方とはちがって、順番のちがいを考えません。3つ以上を選ぶときの組み合わせ方は、落ちや重なりがでやすいので気をつけましょう。

勉強した日　月　日

練習のワーク①

教科書 106〜116ページ　答え 14ページ

できた数　/6問中

1 ならべ方　遊園地で、ジェットコースター、コーヒーカップ、メリーゴーラウンドに1回ずつ乗ります。乗る順番は、全部で何通りありますか。

(　　　)

2 ならべ方　[2]、[3]、[4]、[5]のカードが1枚(まい)ずつあります。このカードを4枚使って4けたの整数を作ります。

❶ 4けたの整数は全部で何通りできますか。

(　　　)

❷ 偶数(ぐうすう)は何通りできますか。

(　　　)

3 組み合わせ方　4チームでバレーボールの試合をします。どのチームとも1回ずつ試合をするとき、試合の数は全部で何試合になりますか。

(　　　)

4 組み合わせ方　アイスクリーム、チョコレート、ガム、あめ、クッキーの5種類のお菓子(かし)があります。この5種類の中から、2種類のお菓子を買うとき、組み合わせは、全部で何通りありますか。

(　　　)

5 組み合わせ方　1円、5円、10円、100円、500円の硬貨(こうか)が1個ずつあります。この5個の中から4個を選んで合計の金額を求めるとき、できる金額をすべて書き出しましょう。

(　　　)

てびき

1 **2** ならべ方
図や表を使って、順序よく調べましょう。

まず、1番目を決めて調べてみよう。

ヒント
2 ❷ 一の位が偶数である整数は偶数です。

3 **4** **5** 組み合わせ方
図や表を使って、順序よく調べましょう。組み合わせでは、順番を考えないことに気をつけましょう。

ヒント
5 硬貨4個の組み合わせ方を書き出してから、それぞれの金額を求めます。

図や表をかくときは、記号におきかえよう。

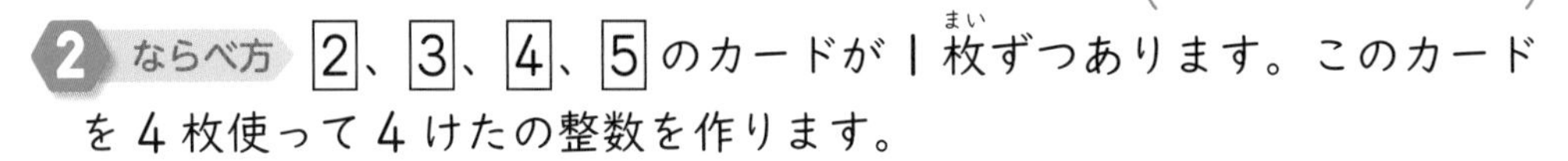

できるナビ　枝分かれの図は、どの問題にも使えるから、使い方に慣れておくと便利だよ。

練習のワーク②

教科書 106～116ページ　答え 15ページ

できた数　/6問中

1 ならべ方　右の図の㋐、㋑、㋒、㋓の４つの部分を、赤、青、黄、緑の４色すべてを使ってぬり分けます。ぬり方は全部で何通りありますか。

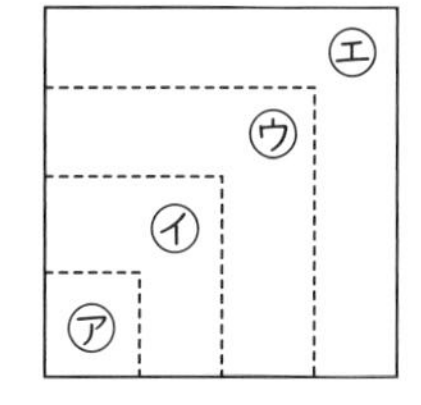

（　　　　）

2 ならべ方　[7]、[8]、[9]の３枚のカードがあります。

❶　２枚取り出して２けたの整数を作るとき、整数は全部で何通りできますか。

（　　　　）

❷　３枚のカードを使って３けたの整数を作るとき、大きい方から３番目の整数はいくつになりますか。

（　　　　）

3 ならべ方　コインを続けて３回投げます。このとき、表や裏（うら）の出方は全部で何通りありますか。

（　　　　）

4 組み合わせ方　７人でうでずもうをします。どの人とも１回ずつうでずもうをするとき、うでずもうの回数は、全部で何回になりますか。

（　　　　）

5 組み合わせ方　さとしさん、ゆうすけさん、あゆむさん、みほさん、くみ子さん、まきさんの６人の中から、２人の係を決めます。組み合わせは、全部で何通りありますか。

（　　　　）

1 ならべ方
図や表を使って、順序よく調べましょう。

2 ならべ方
❷　できる３けたの整数を大きい方から書き出してみましょう。

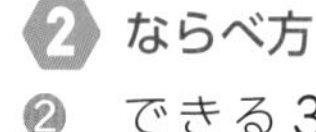

１番大きい数は987だよ。

3 ならべ方
コインの表と裏のように、同じものが何回も続けて出る場合もあります。

4 **5** 組み合わせ方
図や表を使って、順序よく調べましょう。

ちゅうい
組み合わせでは、順番のちがいは考えません。

できるナビ　落ちや重なりがないように調べるためにも、表や図はていねいにかこう。

勉強した日　月　日

まとめのテスト❶

時間 20分

得点　/100点

教科書 106~116ページ　答え 15ページ

1 右の図のような道路があります。A（エー）地点からB（ビー）地点への行き方は、全部で何通りありますか。〔16点〕

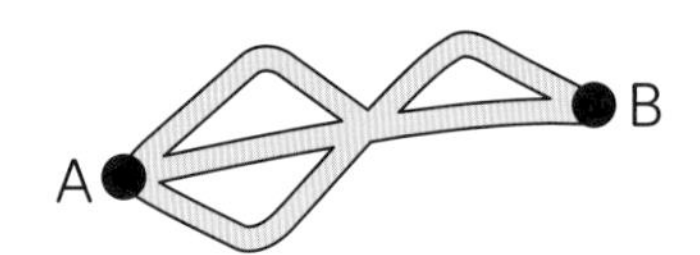

（　　　　）

2 よく出る [0]、[2]、[4]、[6] のカードが１枚（まい）ずつあります。　１つ12〔36点〕

❶ ４枚で４けたの整数を作ります。整数は全部で何通りできますか。

（　　　　）

❷ ４枚で４けたの整数を作るとき、小さい方から３番目の数はいくつになりますか。

（　　　　）

❸ ２枚取り出すとき、できる組み合わせをすべて書き出しましょう。

（　　　　）

チャレンジ！ **3** かずやさん、みゆきさん、たつやさん、まいさんの４人はリレーの選手です。かずやさんがまいさんにバトンをわたすように走る順番は、全部で何通りありますか。〔16点〕

（　　　　）

4 よく出る ５人がテニスの試合をします。どの人とも１回ずつ試合をします。試合の数は、全部で何試合になりますか。〔16点〕

（　　　　）

5 ゆう子さんは、国語、算数、理科、社会の４教科の中から、３教科の勉強をすることにしました。組み合わせは、全部で何通りありますか。〔16点〕

（　　　　）

□ 落ちや重なりがなく、ならべ方を数えることができたかな？
□ 組み合わせ方を数えることができたかな？

まとめのテスト②

時間 20分　得点 /100点

教科書 106～116ページ　答え 15ページ

1 右のような図をかきました。㋐、㋑、㋒の３つの部分を、赤、青、黄の３色すべてを使ってぬり分けます。ぬり方は全部で何通りありますか。〔15点〕

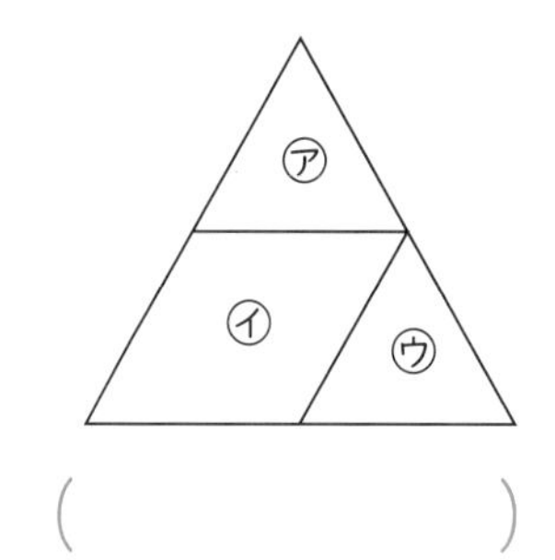

（　　　）

2 よく出る [2]、[4]、[6]、[7] の４枚のカードがあります。1つ14〔28点〕

❶ ３枚を使って３けたの整数を作るとき、整数は全部で何通りできますか。

（　　　）

❷ ４枚を使って４けたの整数を作るとき、整数は全部で何通りできますか。

（　　　）

3 A(エー)、B(ビー)、C(シー)、D(ディー)の４人が横１列にならんで写真をとります。1つ14〔42点〕

❶ Bを左はしにするとき、ならび方は全部で何通りありますか。

（　　　）

❷ CとDを両はしにするとき、ならび方は全部で何通りありますか。

（　　　）

❸ BとCをとなりどうしにするとき、ならび方は全部で何通りありますか。

（　　　）

4 りんご、みかん、いちごがたくさんあります。この中から４個を選ぶとき、どの種類の果物も少なくとも１個は選ぶことにすると、選び方は全部で何通りありますか。〔15点〕

（　　　）

ふろくの「計算練習ノート」24～26ページをやろう！

□組み合わせ方がわかったかな？
□ならべ方がわかったかな？

勉強した日 月 日

① 小数と分数の混じった計算 [その1]

基本のワーク

学習の目標・
小数と分数の混じった計算のしかたを覚えよう！

教科書 117〜119ページ　答え 16ページ

基本 1 小数と分数の混じったたし算やひき算ができますか

☆ 次の計算をしましょう。

❶ $0.4+\frac{3}{4}$　　❷ $0.5-\frac{1}{3}$

とき方 小数と分数の混じったたし算やひき算では、小数または、分数にそろえてから計算します。小数点以下の数字がずっと続くときは、分数にそろえて計算します。

❶ 《1》 小数にそろえると、

$\frac{3}{4}=\square$　　$0.4+\square=\square$

《2》 分数にそろえると、

$0.4=\frac{\square}{5}$　　$\frac{\square}{5}+\frac{3}{4}=\frac{\square}{20}+\frac{15}{20}=\square$

❷ 《1》 小数にそろえると、

$\frac{1}{3}=0.3333\cdots$　　$0.5-0.333=\square$

↓

0.333

正確には計算できない。

《2》 分数にそろえると、

$0.5=\frac{\square}{2}$　　$\frac{\square}{2}-\frac{1}{3}=\frac{\square}{6}-\frac{2}{6}=\square$

分数を小数で表すときは、$\frac{a}{b}=a\div b$ を利用するよ。
小数を分数で表すときは、$0.1=\frac{1}{10}$や、$0.01=\frac{1}{100}$を利用したね。

ちゅうい
❷は、$\frac{1}{3}$を小数にするとわりきれないので、分数にそろえて計算します。

答え ❶ 小数 □　分数 □　❷ □

1 次の計算をしましょう。 教科書 118ページ 2

❶ $0.3+\frac{1}{8}$　　❷ $\frac{1}{6}+0.7$　　❸ $\frac{2}{7}+0.25$

❹ $\frac{5}{8}-0.4$　　❺ $1\frac{5}{6}-0.6$　　❻ $\frac{1}{2}-0.36$

さんすうはかせ
現在使われている小数は、16〜17世紀ごろ、ジョン・ネイピアやシモン・ステヴィンといった人たちが完成したといわれているよ。

基本 2 整数、小数と分数の混じったかけ算とわり算ができますか

☆ 次の計算をしましょう。

❶ $\frac{3}{8}\div\frac{3}{4}\times\frac{9}{10}$　　❷ $9\times\frac{5}{6}\div6.3$

❶ 分数のかけ算とわり算の混じった式は、わる数を逆数に変えてかけ算だけの式にします。

$\frac{3}{8}\div\frac{3}{4}\times\frac{9}{10}=\frac{3}{8}\times\frac{\square}{\square}\times\frac{9}{10}=\frac{3\times\square\times9}{8\times\square\times10}=\square$

❷ 整数、小数と分数の混じったかけ算とわり算は、まず、整数と小数を分数になおして、わる数を逆数に変えてかけ算だけの式にします。

$9\times\frac{5}{6}\div6.3=\frac{9}{\square}\times\frac{5}{6}\div\frac{63}{\square}=\frac{9}{\square}\times\frac{5}{6}\times\frac{\square}{63}=\frac{9\times5\times\square}{\square\times6\times63}=\square$

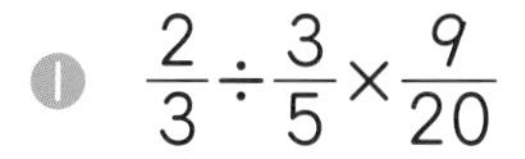

分数のかけ算とわり算の混じった式は、わる数を逆数に変えてかけると、かけ算だけの式になおせます。

2 次の計算をしましょう。 教科書 118ページ 2

❶ $\frac{2}{3}\div\frac{3}{5}\times\frac{9}{20}$　　❷ $0.9\times\frac{2}{5}\div0.12$

基本 3 長さが分数と小数で表される図形の面積がわかりますか

☆ 右の三角形の面積を求めましょう。

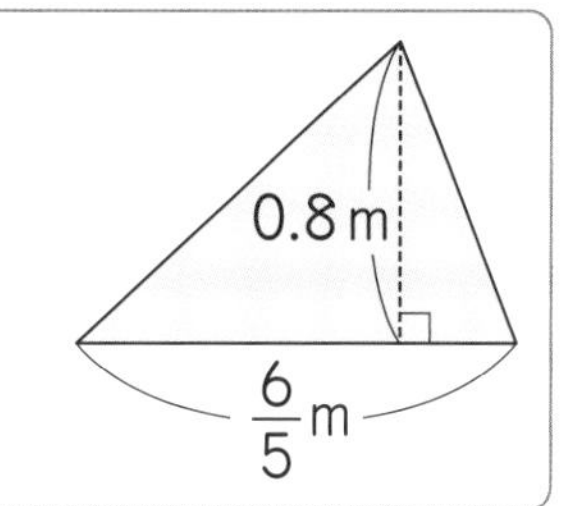

とき方　三角形の面積の公式の底辺×高さ÷2にあてはめて計算します。

$\frac{6}{5}\times0.8\div2=\frac{6}{5}\times\frac{\square}{10}\div\frac{2}{\square}=\frac{6}{5}\times\frac{\square}{10}\times\frac{\square}{2}$

$=\frac{6\times\square\times\square}{5\times10\times2}=\square$

答え $\square$ m^2

3 右のひし形の面積を求めましょう。 教科書 119ページ 1

式

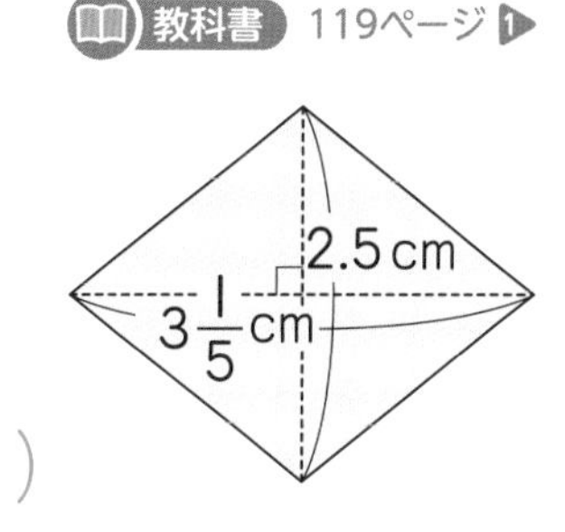

答え（　　　　　）

ポイント　分数のかけ算とわり算の混じった式で、わる数を逆数に変えてかけ算だけの式になおしたあと、と中で約分できるときは約分します。

勉強した日 月 日

① 小数と分数の混じった計算 [その2]
② いろいろな問題
基本のワーク

学習の目標
分数を使って、いろいろな問題の解き方を考えよう！

教科書 119〜121ページ　答え 17ページ

基本 1 小数や整数のかけ算とわり算が混じった計算ができますか

☆ 次の計算を、分数を使ってしましょう。

❶ 0.2×0.35÷0.28　　❷ 12÷9×6

とき方 小数や整数を分数になおして、わる数を逆数に変えてかけ算だけの式にします。

❶ $0.2\times0.35\div0.28=\frac{\square}{10}\times\frac{35}{100}\div\frac{\square}{100}=\frac{\square}{10}\times\frac{35}{100}\times\frac{100}{\square}$

$=\frac{\square\times35\times100}{10\times100\times\square}=\square$

❷ $12\div9\times6=\frac{12}{1}\div\frac{9}{1}\times\frac{6}{1}=\frac{12}{1}\times\square\times\frac{6}{1}=\frac{12\times6}{\square}=\square$

ちゅうい
❷は、12÷9×6＝12÷(9×6)＝12÷54 と計算してはいけません。

さんこう
❶を小数で計算すると、(0.2×0.35)÷0.28＝0.07÷0.28＝0.25 となります。筆算を 2 回するのでたいへんです。

答え ❶ □　❷ □

1 次の計算を、分数を使ってしましょう。　教科書 119ページ 3

❶ 0.6÷0.72×0.18　　❷ 35÷63×27

基本 2 どんな式になるかわかりますか

☆ お茶を 540mL 作るのに、お茶の葉を 7.2g 使いました。同じこさのお茶を 1000mL 作るには、何g のお茶の葉が必要ですか。

とき方 《1》 お茶の葉 1g で作れるお茶の量は、540÷7.2＝□(mL)

1000mL のお茶を作るのに必要なお茶の葉は、1000÷□＝□(g)

《2》 お茶 1mL 作るのに必要なお茶の葉は、7.2÷540＝□(g)

1000mL のお茶を作るのに必要なお茶の葉は、□×1000＝□(g)

商がわりきれないときは、分数で表そう。

さんこう
《2》の式は、7.2÷540×1000 として、いちどに計算することもできます。

答え □g

真分数の中で、分子が 1 である分数のことを、単位分数というんだって。整数の逆数は、単位分数になるね。

2 120km 進むのに 10.8L のガソリンを使う自動車があります。この自動車で 200km 進むのに、何L のガソリンが必要ですか。

教科書 120ページ 1

❶ 1L で何km 走るかを考えて計算しましょう。

式

答え（　　　　）

❷ 1km で何L 使うかを考えて計算しましょう。

式

答え（　　　　）

基本 3 小数を使った問題が解けますか

☆ 定価 900 円の本を 5% 引きで買いました。何円で買いましたか。

とき方 5% 引きだから、定価の 95% で買えます。

もとにする量×割合（わりあい）＝比べられる量だから、

900×(1−0.05)＝900×□＝□

答え □円

小数を分数になおして、$900\times\frac{95}{100}$ として計算することもできるね。

3 3000 円で仕入れた服に、15% の利益を加えて売ります。何円で売ることになりますか。

教科書 120ページ ▶1

式

答え（　　　　）

基本 4 分数を使った問題が解けますか

☆ 人の体の水分の量は体重の約 $\frac{2}{3}$ です。体重が 51kgの人の体には、水分は約何kgありますか。

とき方 $51\times\square=\frac{51\times\square}{1\times\square}=\square$

答え 約□kg

4 人の脳（のう）の重さは体重の約 $\frac{1}{45}$ です。体重が 63kg の人の脳は約何kg ですか。

教科書 120ページ ▶2

式

答え（　　　　）

ポイント 小数のかけ算とわり算の混じった計算は、分数にそろえて、かけ算だけの式になおしたら、まとめて計算できます。

練習のワーク①

教科書 117～123ページ　答え 17ページ

1 小数と分数の混じった計算の和差積商 次の小数と分数の組の和差積商を求めましょう。商は、左の数を右の数でわって求めましょう。

❶ $\frac{2}{3}$、0.4

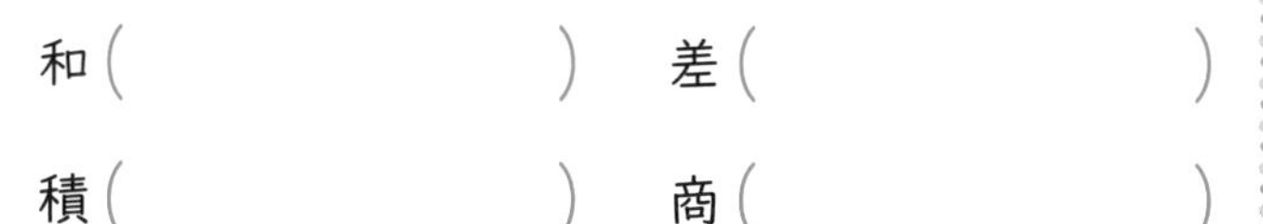

❷ 2.5、$1\frac{2}{3}$

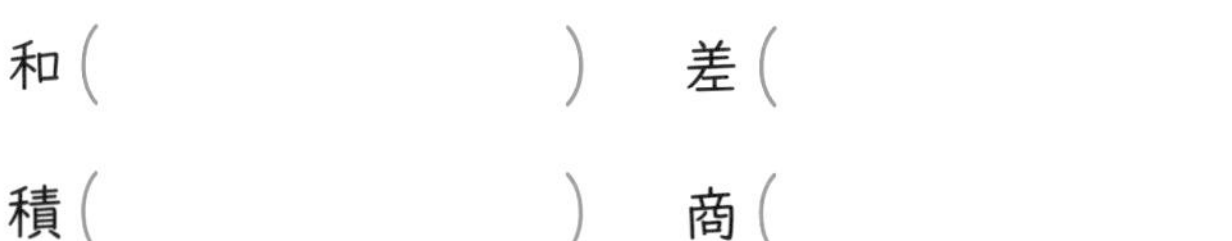

2 小数と分数の混じったたし算とひき算 次の計算をしましょう。

❶ $0.6+\frac{3}{8}$　　❷ $\frac{5}{6}-0.2$

3 小数と分数の混じったかけ算とわり算 分数を使って計算しましょう。

❶ $0.9\times\frac{7}{9}\div0.56$　　❷ $\frac{3}{5}\div0.75\times\frac{7}{16}$

4 小数と分数の計算・三角形の面積 右の三角形の面積を求めましょう。

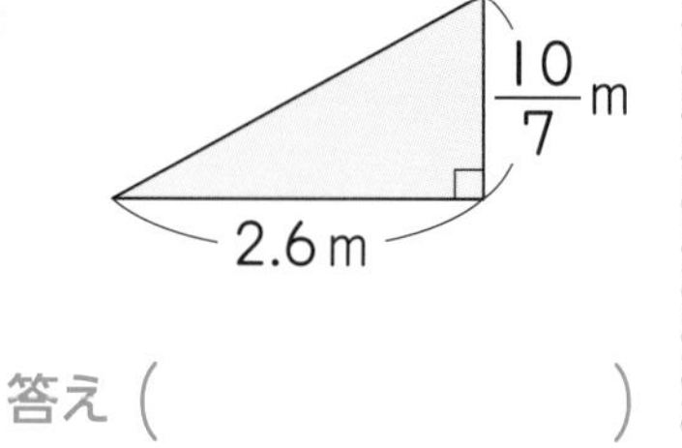

式

答え（　　　）

1 小数と分数の混じった計算の和差積商
小数と分数のどちらかにそろえて計算します。小数にそろえるとわりきれない場合があるので、分数にそろえるとよいでしょう。

2 小数と分数の混じったたし算とひき算
小数か分数のどちらかにそろえて計算します。

$\frac{5}{6}$は小数にするとわりきれないよ。

3 小数と分数の混じったかけ算とわり算
小数を分数になおして、わる数は逆数に変えてかけ算だけの式にします。

4 三角形の面積
底辺×高さ÷2の公式にあてはめて求めます。

小数の計算では、小数点の位置が正しいかどうかを確認しよう。分数の計算では、約分がきちんとされているかどうかを確認しよう。

練習のワーク②

教科書 117〜123ページ　答え 18ページ

できた数　/13問中

1 小数と分数の混じった計算の和差積商　次の小数と分数の組の和差積商を求めましょう。商は、左の数を右の数でわって求めましょう。

❶ 0.8、$\frac{1}{6}$

和（　　）　差（　　）

積（　　）　商（　　）

❷ $2\frac{5}{6}$、2.4

和（　　）　差（　　）

積（　　）　商（　　）

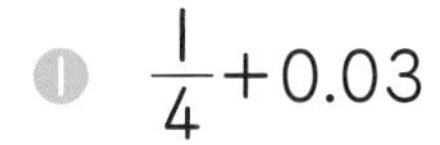

2 小数と分数の混じったたし算とひき算　次の計算をしましょう。

❶ $\frac{1}{4}+0.03$　　❷ $\frac{8}{9}-0.4$

3 分数を使った計算　次の計算を、分数を使ってしましょう。

❶ $42\div28\times12$　　❷ $0.7\div0.56\div0.8$

4 小数と分数の計算・文章題　6cmで4.2gの針金（はりがね）があります。この針金80cmの重さは何gですか。

式

答え（　　）

てびき

1 小数と分数の混じった計算の和差積商

帯分数のたし算とひき算は、整数どうし、分数どうしを計算し、かけ算とわり算は仮分数になおして計算するとよいでしょう。

2 小数と分数の混じったたし算とひき算

分数を小数にするときは、$\frac{a}{b}=a\div b$ を使います。
小数を分数にするときは、

$0.1=\frac{1}{10}$、

$0.01=\frac{1}{100}$

を使います。

3 分数を使った計算

整数は、分母が1の分数にします。

4 文章題

まず、1cmあたりの重さ、または、1gあたりの長さを求めます。

できるナビ　小数の計算は、筆算を使おう。分数のかけ算は、分母どうし、分子どうしをまとめて計算して、と中で約分ができるときは約分しよう。

まとめのテスト①

時間 20分

得点 /100点

教科書 117～123ページ　答え 18ページ

1 次の小数と分数の組の和差積商を求めましょう。商は、左の数を右の数でわって求めましょう。 1つ6〔24点〕

3.5、$2\frac{1}{2}$

和（　　　　）　差（　　　　）

積（　　　　）　商（　　　　）

2 次の計算をしましょう。 1つ8〔24点〕

❶ $0.6-\frac{1}{2}$　❷ $\frac{1}{5}+3.2$　❸ $0.26-\frac{1}{5}$

3 よく出る 次の計算を、分数を使ってしましょう。 1つ8〔32点〕

❶ $0.8\times\frac{3}{7}\div0.12$　❷ $\frac{7}{15}\div0.63\times\frac{3}{4}$

❸ $24\div60\times45$　❹ $\frac{3}{16}\div0.75\div0.4$

4 定価 4600 円のシャツを 35％ 引きで買いました。何円で買いましたか。 1つ5〔10点〕

式

答え（　　　　）

5 面積が 8 cm^2 の、右のようなひし形があります。もう 1 本の対角線の長さは、何 cm ですか。 1つ5〔10点〕

式

$4\frac{4}{7}$cm

答え（　　　　）

□ 小数と分数の和差積商を求めることができたかな？
□ 小数と分数の混じった計算を分数の計算を使って解くことができたかな？

勉強した日　月　日

まとめのテスト②

教科書 117～123ページ　答え 19ページ

時間 20分　得点 /100点

1 よく出る 次の計算をしましょう。 1つ6〔18点〕

❶ $0.7+\frac{5}{6}$　❷ $\frac{4}{5}-0.32$　❸ $1.25-\frac{4}{9}$

2 よく出る 次の計算を、分数を使ってしましょう。 1つ8〔32点〕

❶ $1.5\div7\times\frac{3}{7}$　❷ $0.35\div\frac{7}{8}\div15$

❸ $1.2\times3.5\div0.8$　❹ $32\div12\times18\div42$

3 面積が 10.5cm^2 で、底辺の長さが $4\frac{2}{3}$cm の平行四辺形があります。この平行四辺形の高さは何cmですか。 1つ8〔16点〕

式

答え（　　　　）

4 ある小麦粉のたんぱく質の量は、重さの $\frac{2}{15}$ です。この小麦粉 4.5kg にふくまれるたんぱく質は何kgですか。 1つ8〔16点〕

式

答え（　　　　）

5 15km を走るのに $\frac{6}{5}$L のガソリンを使う自動車があります。この自動車が 32.5km を走るのに必要なガソリンは何Lですか。 1つ9〔18点〕

式

答え（　　　　）

ふろくの「計算練習ノート」16ページをやろう！

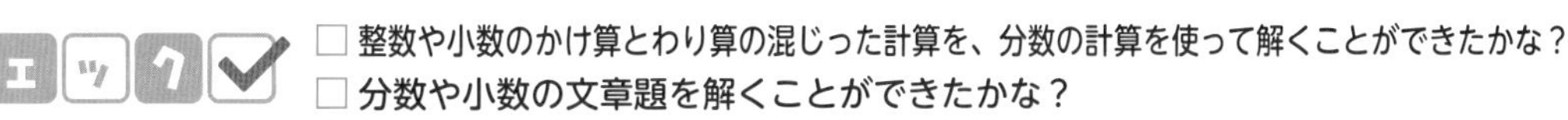

勉強した日 月 日

学びのワーク ソフトボール投げ

教科書 126～127ページ 答え 19ページ

基本1 倍を分数で表せますか

☆ あおいさんたちがソフトボール投げの記録を測ったところ、平均は16mでした。
あおいさんの記録は20mでした。20mは平均の何倍ですか。

とき方 比べられる量÷もとにする量＝倍です。

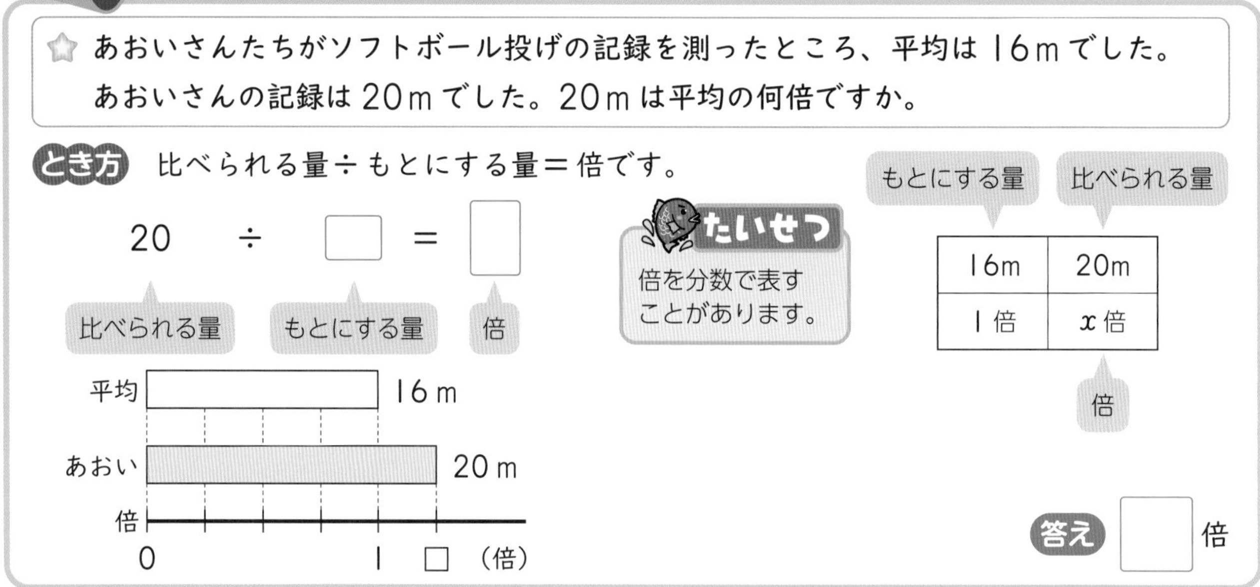

答え □ 倍

1 基本1で、かずきさんの記録は、28mでした。28mは平均の何倍ですか。

教科書 126ページ1

式

答え（　　　　）

2 基本1で、さらさんの記録は12mでした。12mは平均の何倍ですか。

教科書 126ページ1

式

答え（　　　　）

3 次の□にあてはまる数を、分数で求めましょう。

教科書 126ページ1

❶ 20mは、15mの□倍。

❷ 26cmは、22cmの□倍。

❸ 15gは、10gの□倍。

❹ 32kgは、36kgの□倍。

さんすうはかせ 英語で$\frac{1}{2}$のことをハーフ(half)、$\frac{1}{4}$のことをクウォーター（quarter)というよ。

基本2 比べられる量を求められますか

☆ けいたさんのクラスの上体起こしの平均は 24 回です。けいたさんの記録は平均の $\frac{5}{4}$ 倍にあたります。けいたさんの記録は何回ですか。

とき方 もとにする量×倍＝比べられる量です。

□ × □ ＝ □

もとにする量　倍　比べられる量

けいたさんの記録を x 回とすると、$24 \times \frac{5}{4} = x$ と書けるよ。

答え □ 回

4 □にあてはまる数を求めましょう。　教科書 127ページ 1

❶ 50 回の $\frac{6}{5}$ 倍は、□回。　❷ 52 kg の $\frac{3}{4}$ 倍は、□kg。

基本3 もとにする量を求められますか

☆ はやとさんの立ちはばとびの記録は 160 cm でした。はやとさんのとんだきょりは、ほのかさんの $\frac{8}{7}$ 倍です。ほのかさんの立ちはばとびの記録は、何 cm ですか。

とき方 ほのかさんのきょりを x cm とすると、

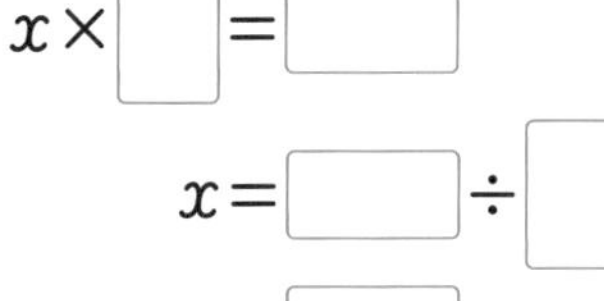

$x \times$ □ ＝ □

$x =$ □ ÷ □

$x =$ □

分数でわる計算は、わる数を逆数に変えてかけ算にしたね。

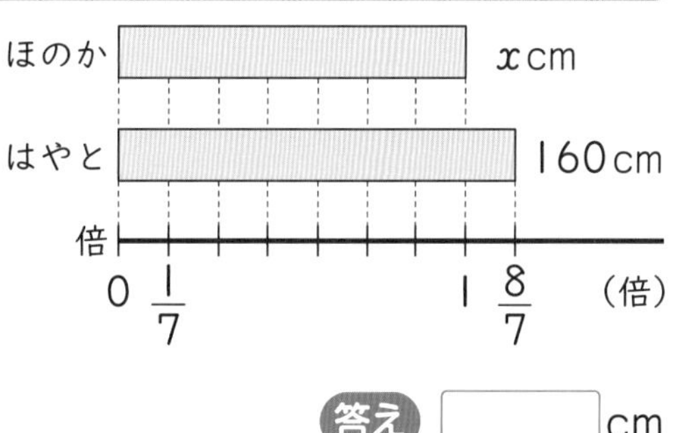

答え □ cm

5 基本3 で、はやとさんのとんだきょりは、はるさんの $\frac{5}{4}$ 倍です。はるさんの立ちはばとびの記録は何 cm ですか。はるさんのきょりを x cm として求めましょう。　教科書 127ページ 1

式

答え（　　　　）

6 □にあてはまる数を求めましょう。　教科書 127ページ 1

❶ □kg の $\frac{2}{5}$ 倍は、26 kg。　❷ □m の $\frac{6}{5}$ 倍は、54 m。

ポイント 求める量を x として、もとにする量×倍＝比べられる量の式を書いて考えると、まちがいが少なくなります。

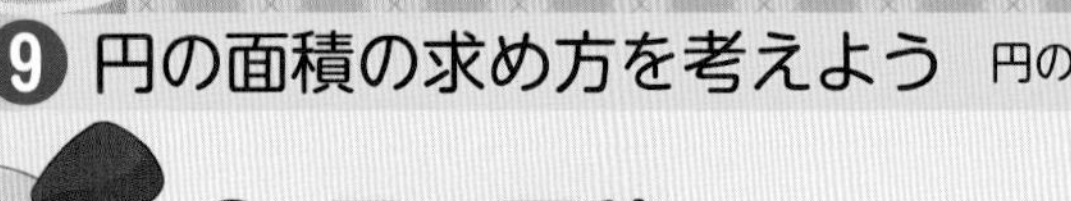

勉強した日 月 日

① 円の面積
② 円の面積を求める公式
基本のワーク

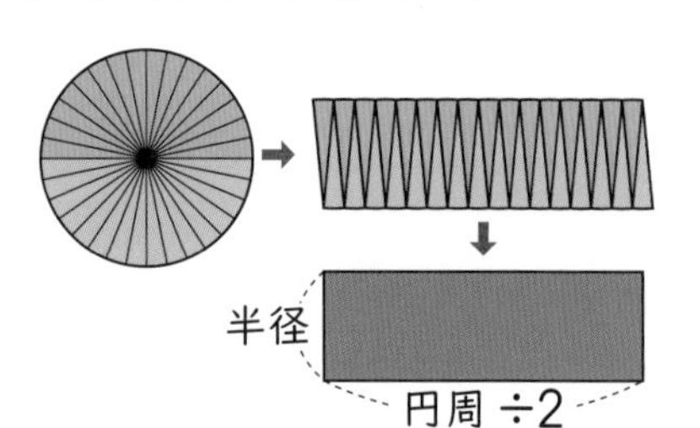

教科書 128～133ページ　答え 20ページ

基本 1 円の面積の求め方がわかりますか

☆ 半径4cmの円の面積を求めましょう。

とき方 円を半径で細かく等分してならべかえて、長方形に変形して、円の面積を求める公式を作ります。

長方形の面積＝縦(たて)×横

円の面積＝半径×円周÷2
＝半径×直径×3.14÷2
＝半径×直径÷2×3.14
＝半径×□×3.14

□×□×3.14＝□

答え □ cm^2

半径
円周÷2

円の面積＝半径×半径×3.14

1 次の半径の円の面積を求めましょう。 教科書 133ページ2

❶ 9cm

式

答え（　　　）

❷ 11cm

式

答え（　　　）

基本 2 円の面積が求められますか

☆ 次の図の面積を求めましょう。

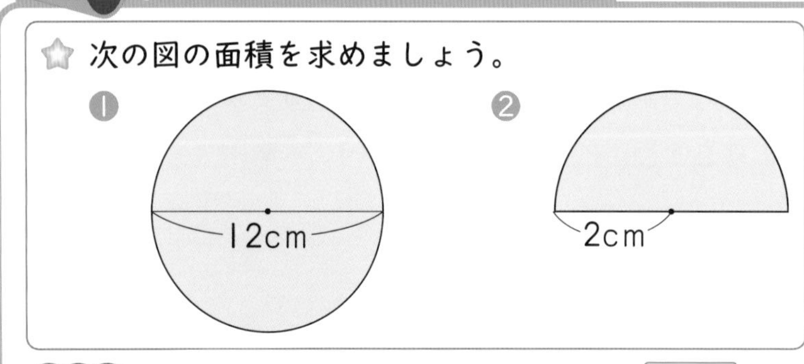

とき方 ❶ 直径が12cmだから、半径は□cmです。

□×□×3.14＝□

❷ 半径2cmの円の面積の半分です。2×2×3.14÷□＝□

答え ❶ □ cm^2 ❷ □ cm^2

さんすうはかせ　円周率は、3.141592…とかぎりなく続く数だけど、10万けた以上を暗記している人がいるんだって。

2 次の図の面積を求めましょう。　教科書 133ページ1

❶ 8cm

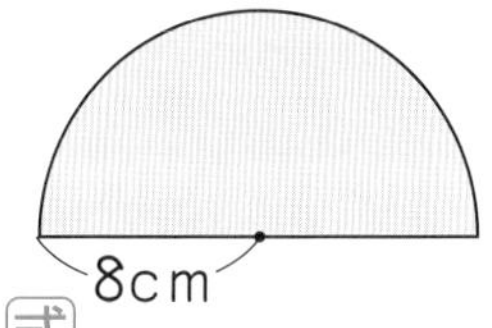

式

答え（　　　　）

❷ 2cm

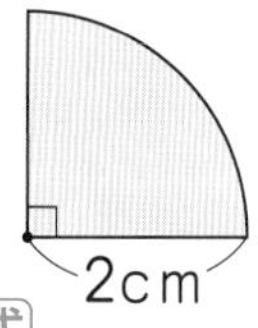

式

答え（　　　　）

基本3 円周の長さから円の半径の長さと面積を求められますか

☆ 円周の長さが 56.52cm の円の半径の長さと面積を求めましょう。

とき方 円周＝直径×3.14 だから、直径＝円周÷3.14 となるので、

半径＝円周÷3.14÷2
　　　（直径）

半径の長さは、56.52÷3.14÷2＝□

面積は、□×□×3.14＝□

答え 半径 □ cm　面積 □ cm^2

3 円周の長さが 94.2cm の円の半径の長さと面積を求めましょう。　教科書 133ページ2

式

答え 半径（　　　　）　面積（　　　　）

4 直径 3cm の円㋐と、直径 6cm の円㋑があります。　教科書 133ページ3

❶ それぞれの円周の長さ、円の面積を求めましょう。

㋐ 3cm　㋑ 6cm

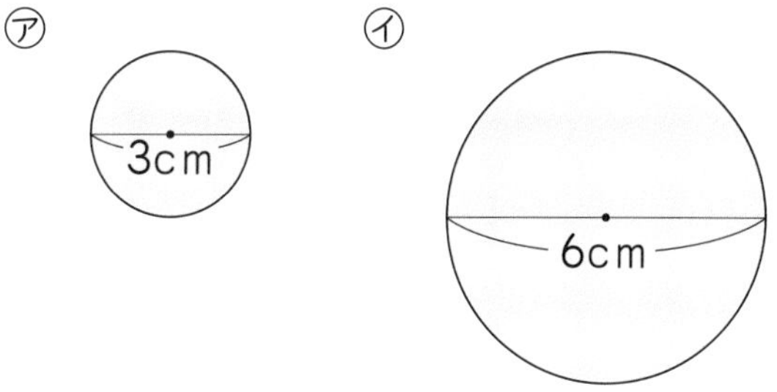

式

答え ㋐ 円周の長さ（　　　　）　円の面積（　　　　）
　　 ㋑ 円周の長さ（　　　　）　円の面積（　　　　）

❷ ㋑の円周の長さは㋐の円周の長さの何倍になっていますか。

式

答え（　　　　）

❸ ㋑の面積は㋐の面積の何倍になっていますか。

式

答え（　　　　）

ポイント 円周＝直径×3.14、円の面積＝半径×半径×3.14 です。この 2 つの式は、しっかりと覚えておきましょう。

勉強した日　　月　　日

③ いろいろな面積
④ およその面積
基本のワーク

学習の目標
曲線のあるいろいろな形の面積や、およその面積を求めよう！

教科書 134～138ページ　答え 20ページ

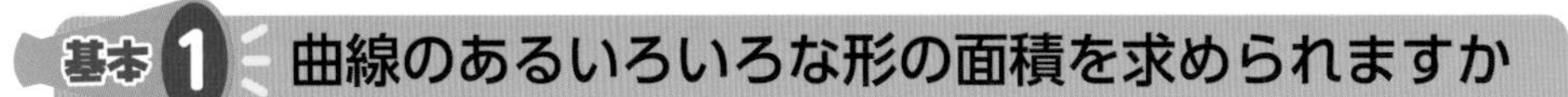

基本 1 曲線のあるいろいろな形の面積を求められますか

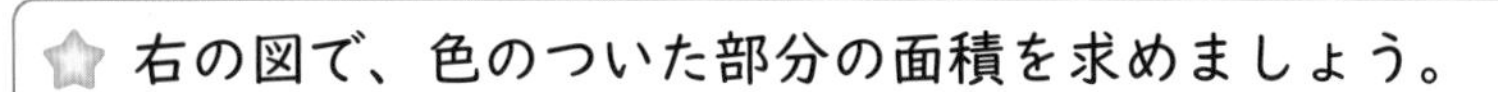

☆ 右の図で、色のついた部分の面積を求めましょう。

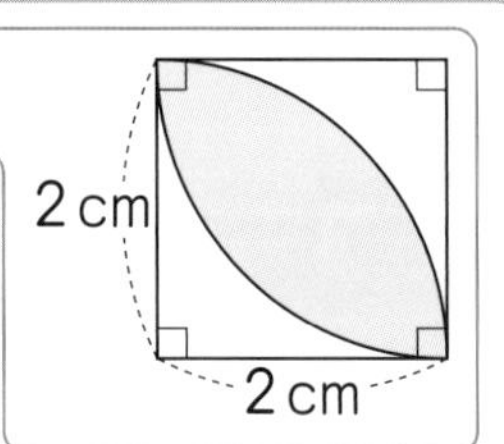

とき方 右の図のように、色のついた部分を半分にしたうちの１つの面積を考えると、

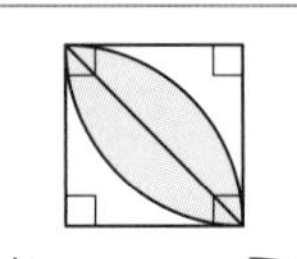

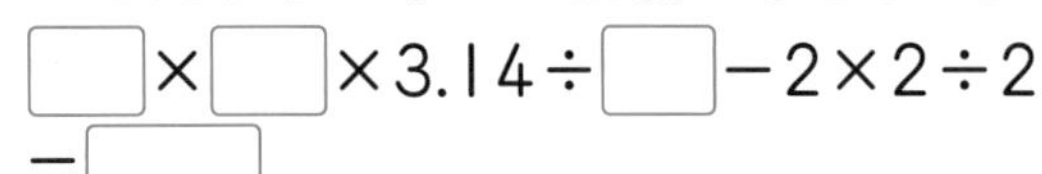

□×□×3.14÷□−2×2÷2

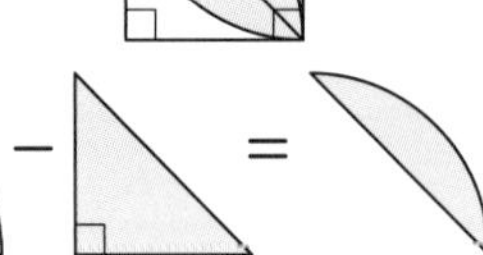

＝□

これが２つ分だから、

□×2＝□

答え □ cm^2

1 右の図で、色のついた部分の面積を求めましょう。

教科書 134ページ 1

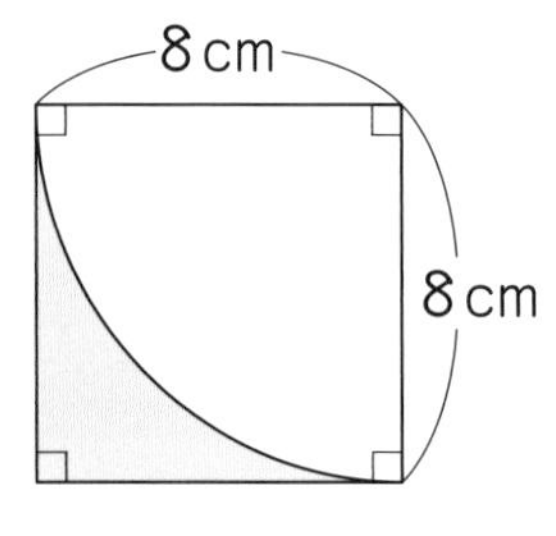

式

答え（　　　　　）

2 次の図で、色のついた部分の面積を求めましょう。

教科書 135ページ 1

❶

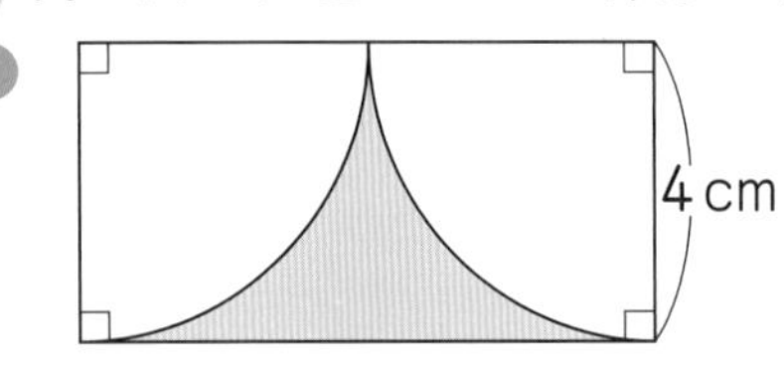

式

答え（　　　　　）

❷

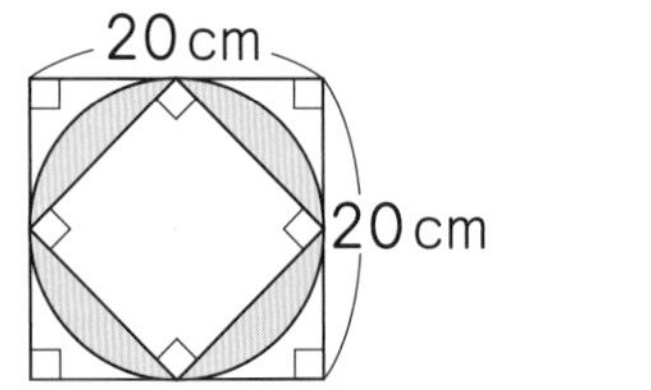
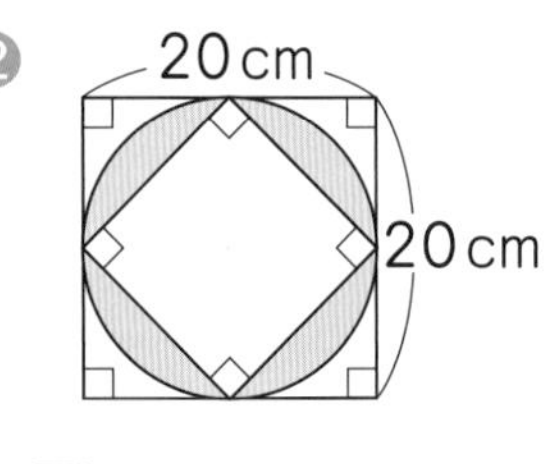

式

答え（　　　　　）

❸

8cm
8cm

式

答え（　　　　　）

❹

6cm　3cm

式

答え（　　　　　）

さんすうはかせ 円周率をπ（パイ）という文字で表すことがあるよ。中学校で習う数学では、πを使って円周の長さや円の面積を計算するよ。

基本 2 おやその面積を求められますか

☆ 次の葉のおよその面積を求めます。

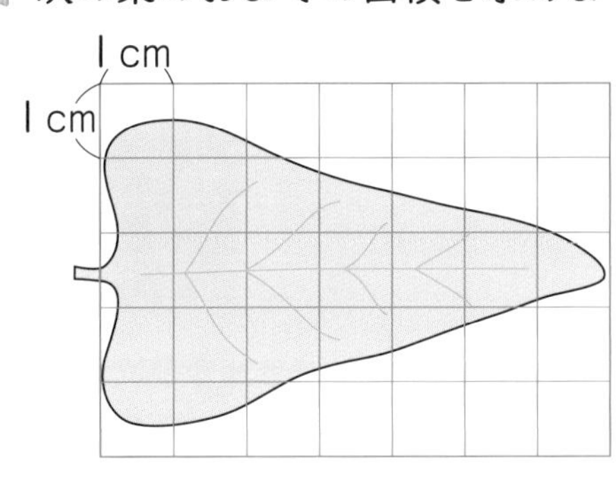

❶ 右の図で、青い方眼□を $1cm^2$、まわりの線が通っている赤い方眼▨を $0.5cm^2$ と考えて、葉の面積を求めましょう。

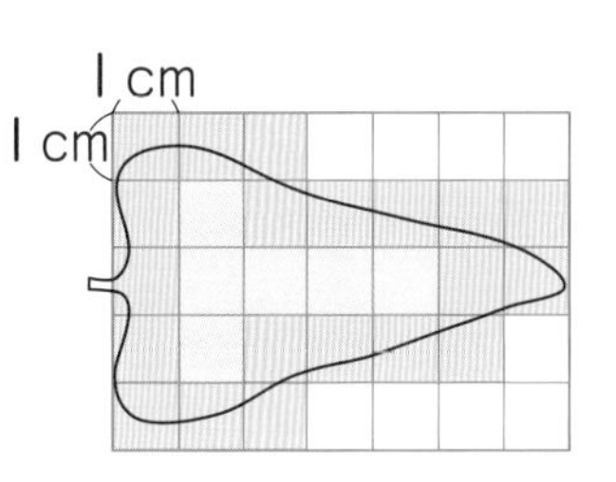

❷ 葉の形を右の図のような三角形とみて、面積を求めましょう。

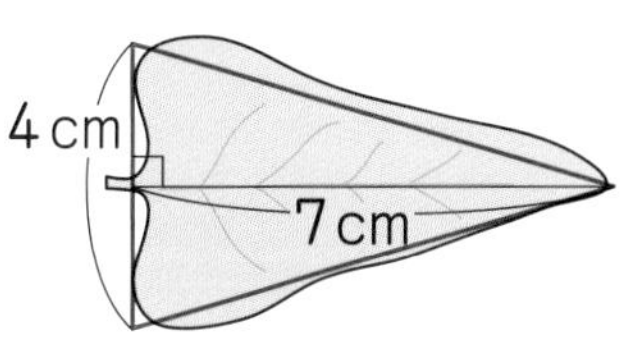

とき方 ❶ 青い方眼□は6個…$6cm^2$

赤い方眼▨は20個…0.5×□

6+0.5×□=□

❷ 底辺の長さが4cm、高さが7cmの三角形とみて、

4×7÷2=□

ちゅうい
およその面積は、求め方によって答えにちがいがあります。

答え ❶ 約□cm^2 ❷ 約□cm^2

3 次の図は、山梨県にある山中湖です。 教科書 138ページ 2

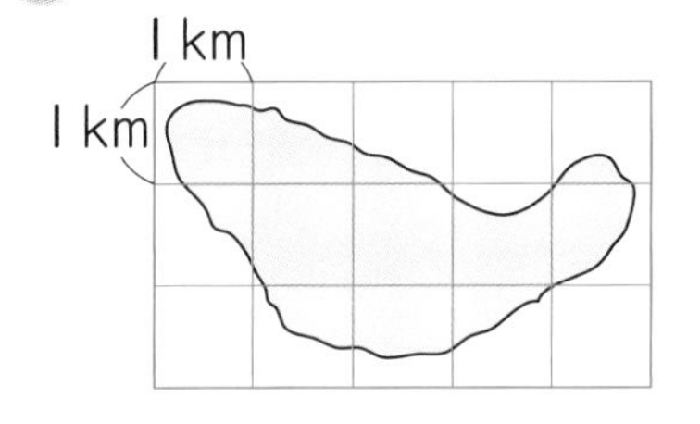

❶ 山中湖の形を台形とみて、およその面積を求めましょう。

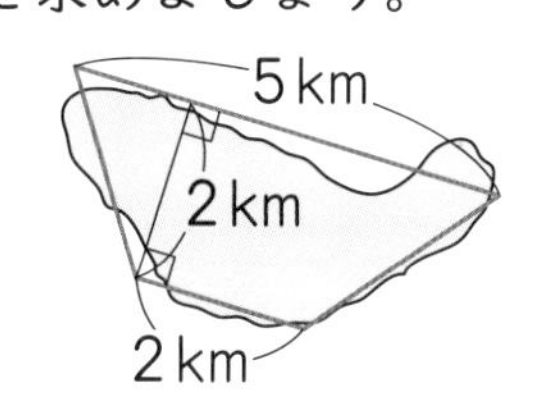

式

答え（　　　）

❷ 山中湖の形を三角形とみて、およその面積を求めましょう。

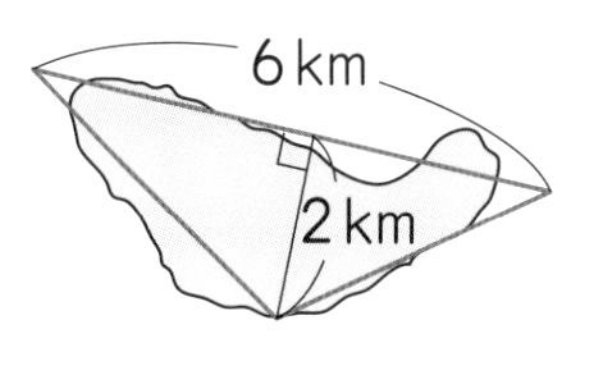

式

答え（　　　）

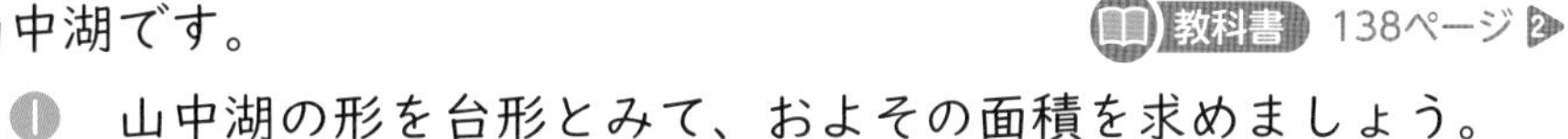

公式を使って求めよう。

❸ 山中湖の実際の面積は、約 $6.6km^2$ です。❶と❷の求め方のどちらが実際の面積に近いですか。

（　　　）

4 右の図のような運動場があります。この運動場を円とみて、およその面積を求めましょう。 教科書 137ページ 1

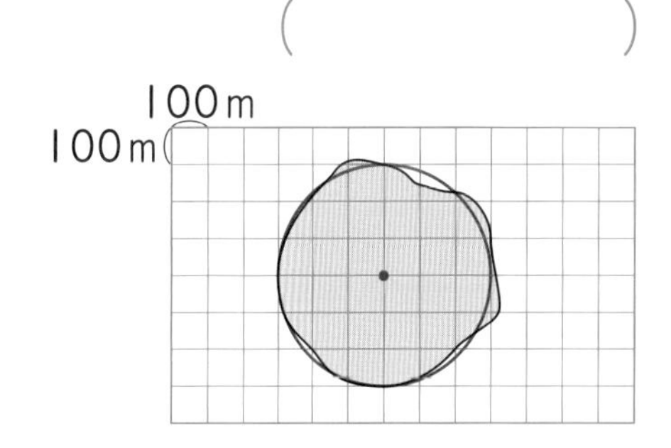

式

答え（　　　）

ポイント およその面積を求めるときは、長方形、三角形、円など、面積の求め方がわかっている図形におきかえて計算します。

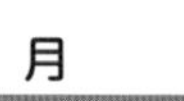

勉強した日 月 日

練習のワーク①

教科書 128～142ページ　答え 20ページ

できた数 /8問中

1 円の面積 次の円の面積を求めましょう。

❶ 半径 10 cm の円。

式

答え（　　）

❷ 直径 14 cm の円。

式

答え（　　）

2 円周の長さと円の面積 次の円の半径の長さと面積を求めましょう。

❶ 円周の長さが 50.24 cm の円。

式

答え 半径（　　） 面積（　　）

❷ 円周の長さが 37.68 cm の円。

式

答え 半径（　　） 面積（　　）

3 いろいろな形の面積 右の図で、色のついた部分の面積を求めましょう。

式

答え（　　）

4 およその面積 右の図のような湖があります。この湖を三角形とみて、およその面積を求めましょう。

式

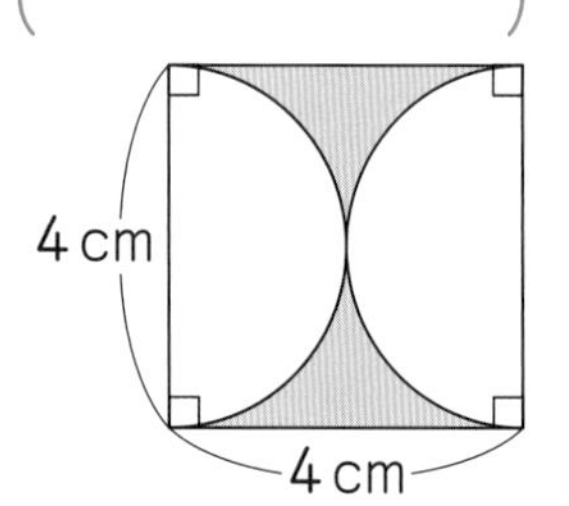

答え（　　）

てびき

1 円の面積

円の面積
＝半径×半径
×3.14

2 円周の長さと円の面積

半径の長さは、円周÷3.14÷2 で求められます。

円周の長さがわかれば半径の長さがわかるよ。

3 いろいろな形の面積

正方形の中に円を直径で切った図形が 2 つ入っています。

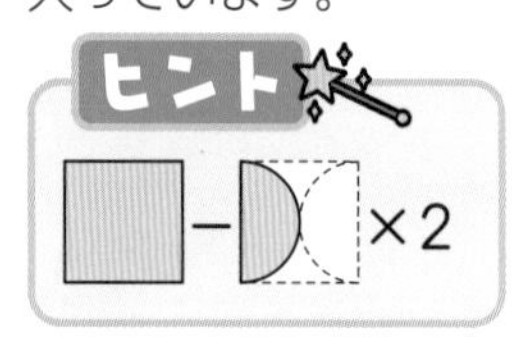

4 およその面積

底辺が 6 km、高さが 6 km の三角形とみて、三角形の面積の公式を使います。

できるナビ 小数の計算は筆算を使って、小数点の位置に気をつけよう。

練習のワーク②

教科書 128〜142ページ　答え 21ページ

できた数 /7問中

1 円の面積　直径 10cm の円㋐と直径 20cm の円㋑があります。

❶ それぞれの面積を求めましょう。

式

答え ㋐（　　　）　㋑（　　　）

❷ ㋑の面積は、㋐の面積の何倍になっていますか。

式

答え（　　　）

2 円の面積のちがい　右の図のように、中心が同じ、半径が 7cm の円と 8cm の円があります。面積のちがいは何cm^2ですか。

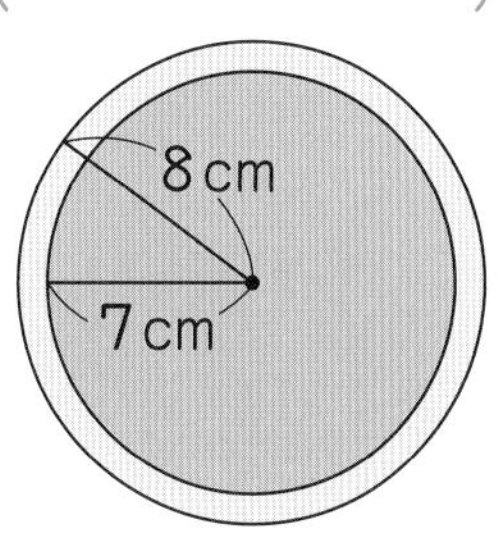

式

答え（　　　）

3 いろいろな形の面積　次の図で、色のついた部分の面積を求めましょう。

❶

4cm 6cm

式

答え（　　　）

❷

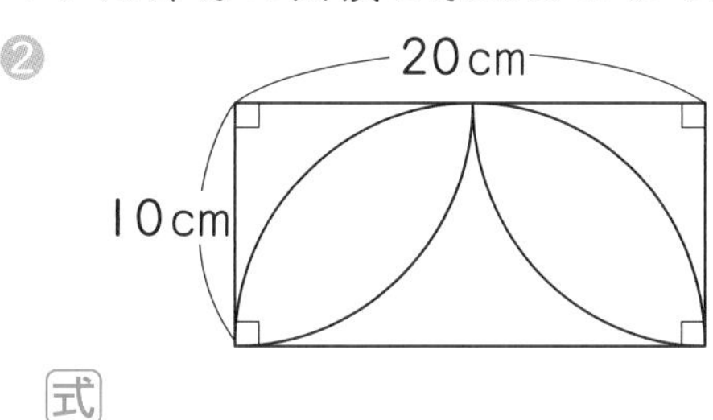

式

答え（　　　）

4 およその面積　次のような形をした木の葉があります。まわりの線が通っている方眼は 0.5cm^2と考えて、方眼の数を数えて、木の葉のおよその面積を求めましょう。

式

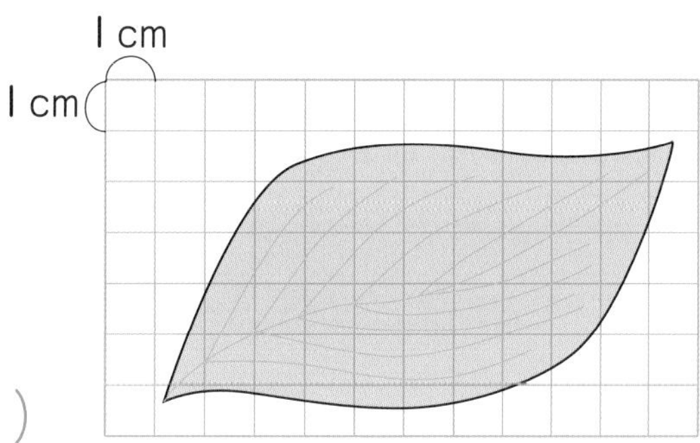

答え（　　　）

てびき

1 円の面積

ちゅうい　直径÷2で半径の長さを求めてから公式にあてはめましょう。

2 円の面積のちがい

大きい円の面積から小さい円の面積をひきます。

3 いろいろな形の面積

ヒント　❶ 半径 6cm の円の$\frac{1}{2}$から、半径 4cm の円の$\frac{1}{2}$をのぞいた図形です。

❷ （図）−（図）＝（図）として求めた面積を4倍します。

4 およその面積

まわりの線が通っている方眼と、通っていない方眼に分けて数えます。

できるナビ　円の面積の$\frac{1}{2}$や$\frac{1}{4}$を求めるときに、÷2 や÷4 を忘れないようにしよう。

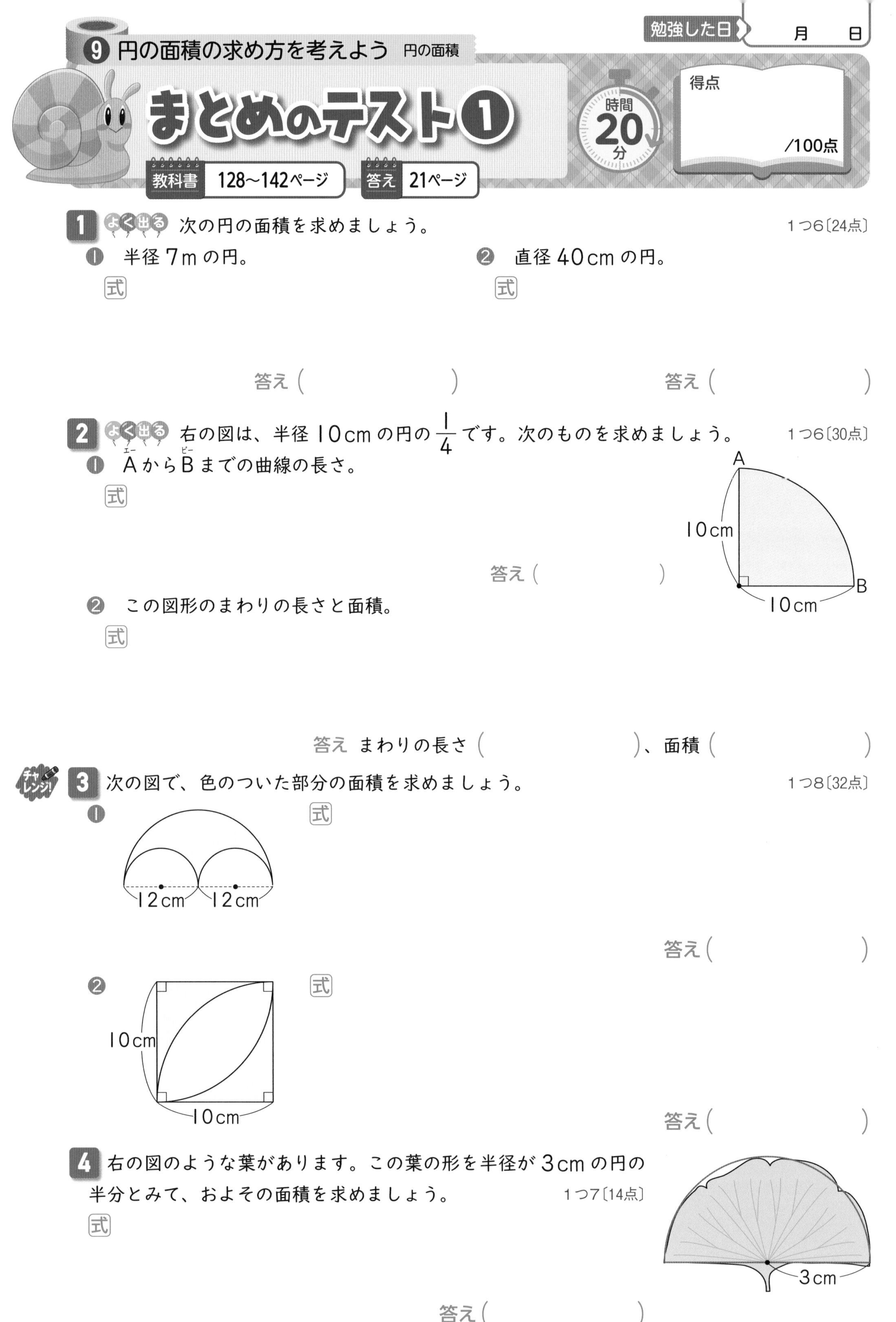

勉強した日 月 日

まとめのテスト①

時間20分

得点 /100点

教科書 128～142ページ　答え 21ページ

1 よく出る 次の円の面積を求めましょう。 1つ6〔24点〕

❶ 半径７ｍの円。

式

答え（　　　　　）

❷ 直径40cmの円。

式

答え（　　　　　）

2 よく出る 右の図は、半径10cmの円の$\frac{1}{4}$です。次のものを求めましょう。 1つ6〔30点〕

❶ A（エー）からB（ビー）までの曲線の長さ。

式

答え（　　　　　）

❷ この図形のまわりの長さと面積。

式

答え まわりの長さ（　　　　　）、面積（　　　　　）

チャレンジ! **3** 次の図で、色のついた部分の面積を求めましょう。 1つ8〔32点〕

❶

式

答え（　　　　　）

❷

式

答え（　　　　　）

4 右の図のような葉があります。この葉の形を半径が3cmの円の半分とみて、およその面積を求めましょう。 1つ7〔14点〕

式

答え（　　　　　）

チェック
□円の面積の公式を使うことができたかな？
□およその面積を求めることができたかな？

勉強した日 月 日

まとめのテスト②

教科書 128～142ページ　答え 21ページ

時間 20分　得点 /100点

1 よく出る 次の図の面積を求めましょう。 1つ5〔20点〕

❶ 式

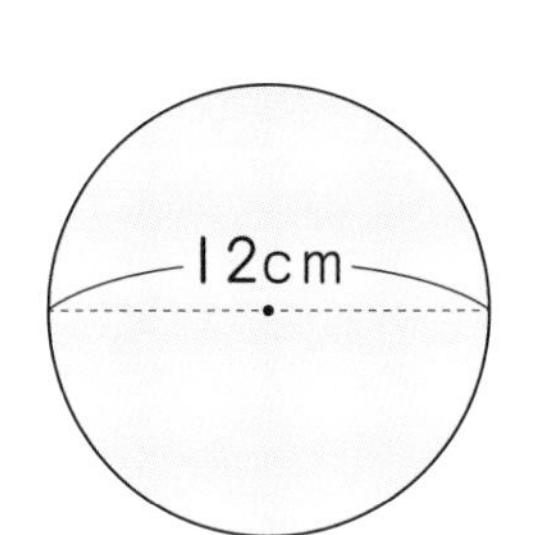

答え（　　　　）

❷ 式

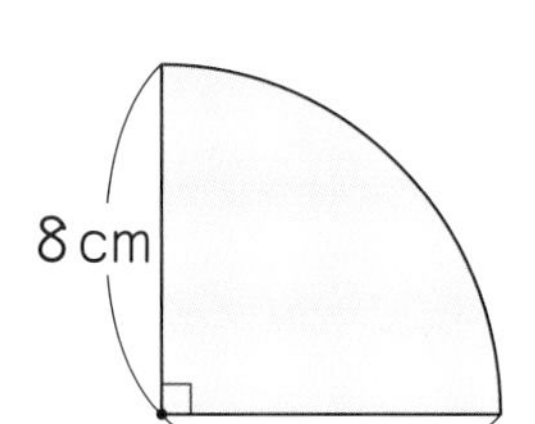

答え（　　　　）

2 円周 43.96cm の円の直径の長さと面積を求めましょう。 1つ8〔24点〕

式

答え 直径（　　　　）、面積（　　　　）

3 よく出る 次の図の色のついた部分の面積を求めましょう。 1つ7〔56点〕

❶

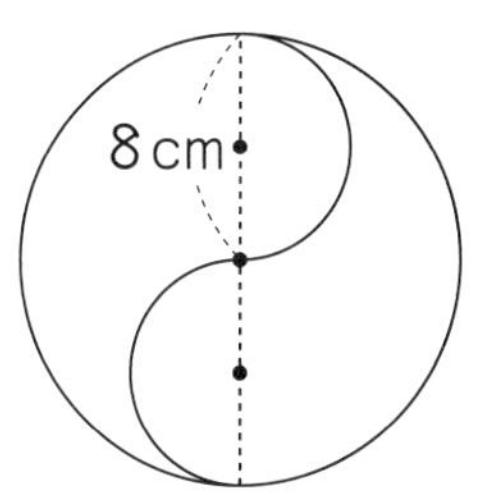

式

答え（　　　　）

❷

12cm
12cm

式

答え（　　　　）

❸

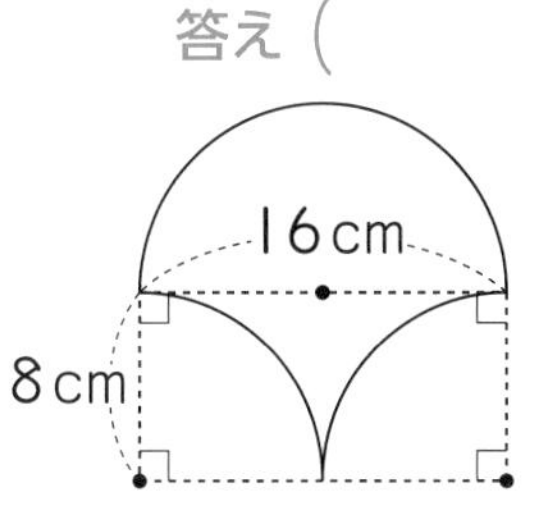

式

答え（　　　　）

❹

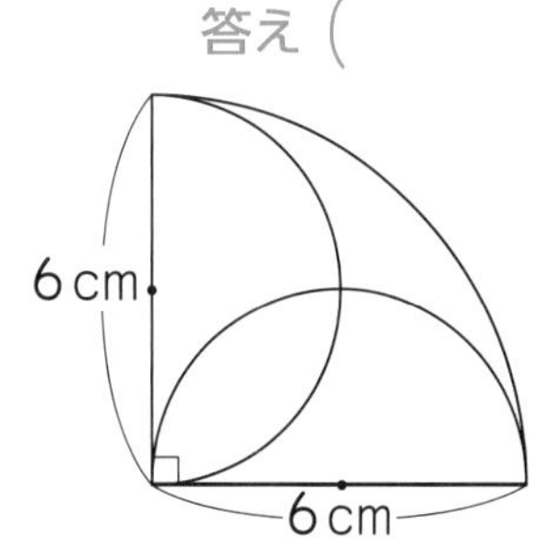

式

答え（　　　　）

ふろくの「計算練習ノート」17～18ページをやろう！

□円周の長さから、直径や面積を求めることができたかな？
□くふうして面積を求めることができたかな？

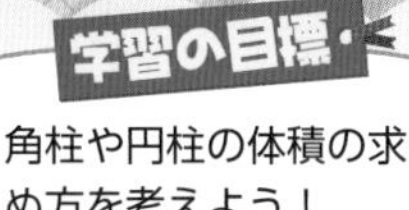

① 角柱の体積
② 円柱の体積
基本のワーク

学習の目標・
角柱や円柱の体積の求め方を考えよう！

教科書 143～148ページ　答え 22ページ

基本 1 四角柱(直方体)の体積が求められますか

☆ 右の四角柱(直方体)について、次の問いに答えましょう。
❶ 底面積を求めましょう。
❷ 体積を求めましょう。

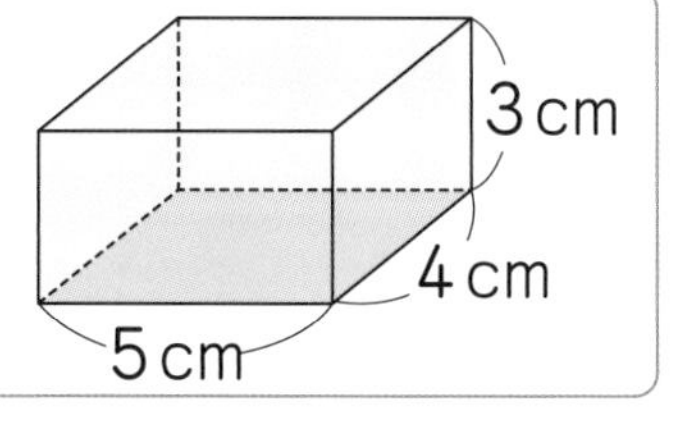

とき方 ❶ 底面の面積を、［　　］といいます。
底面は長方形だから、4×5＝［　　］
❷ 縦(たて)×［　　］×［　　］＝直方体の体積だから、
底面積×［　　］＝四角柱の体積と表せます。
これに、❶で求めた底面積をあてはめると、
［　　］×3＝［　　］

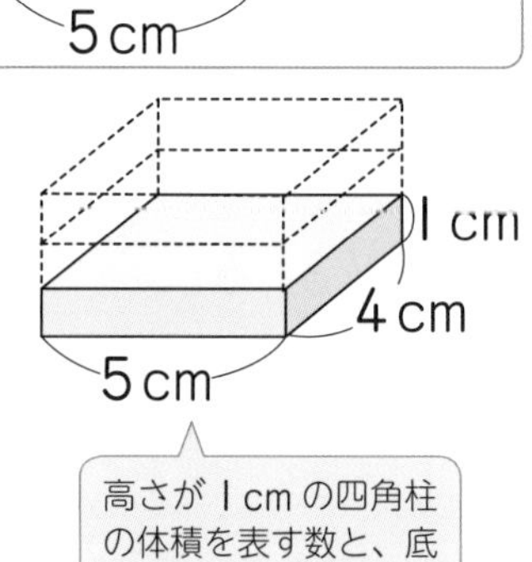

答え ❶ ［　　］cm^2　❷ ［　　］cm^3

1 右の四角柱の体積を求めましょう。　教科書 144ページ1

式

答え（　　　　）

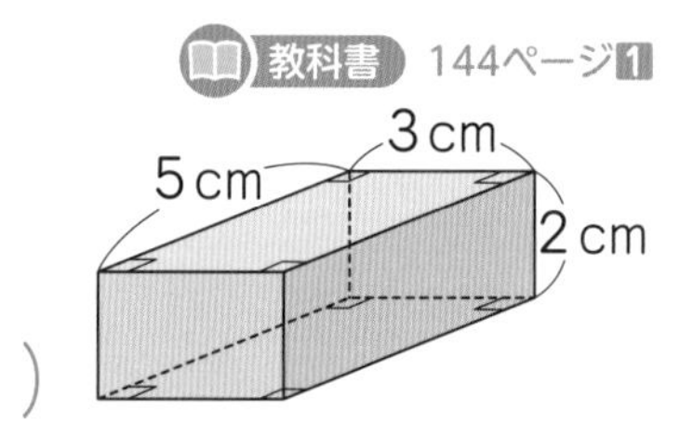

基本 2 角柱の体積が求められますか

たいせつ
角柱の体積＝底面積×高さ

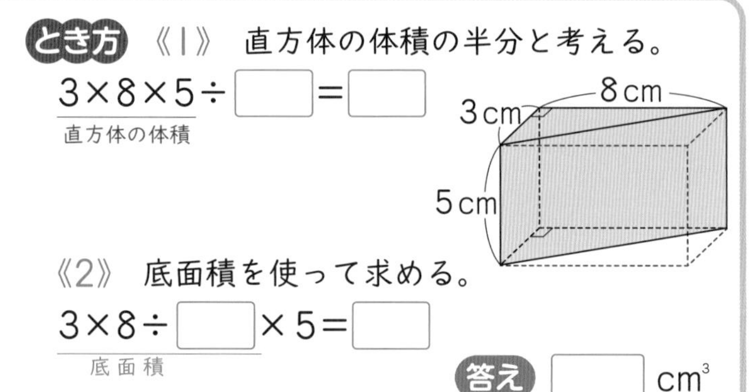

とき方 《1》 直方体の体積の半分と考える。
3×8×5÷［　　］＝［　　］
（直方体の体積）

《2》 底面積を使って求める。
3×8÷［　　］×5＝［　　］
（底面積）

答え ［　　］cm^3

2 右のような、底面が台形の角柱があります。この角柱の体積を求めましょう。
教科書 145ページ1

式

答え（　　　　）

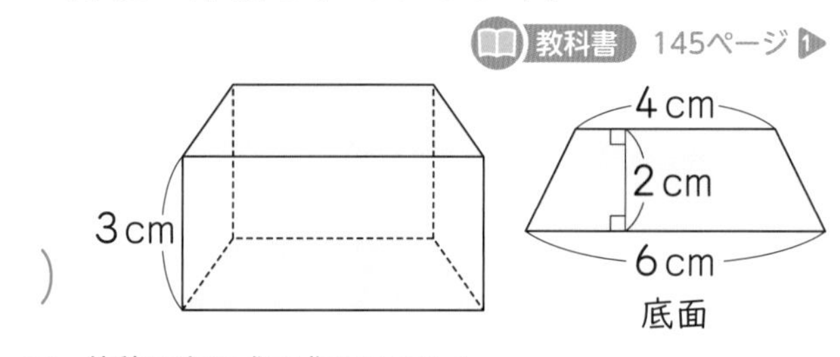

はってん さんすうはかせ
先のとがった立体をすい体といって、体積は次の式で求められるよ。
すい体の体積＝底面積×高さ×$\frac{1}{3}$

基本 3 円柱の体積が求められますか

☆ 次の円柱の体積を求めましょう。

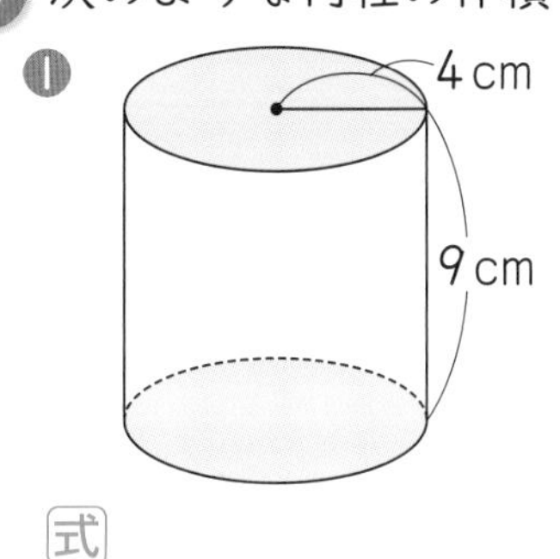

とき方 円柱の体積は、次の公式で求められます。

円柱の体積＝□×高さ

3×□×3.14×4＝□

答え □ cm^3

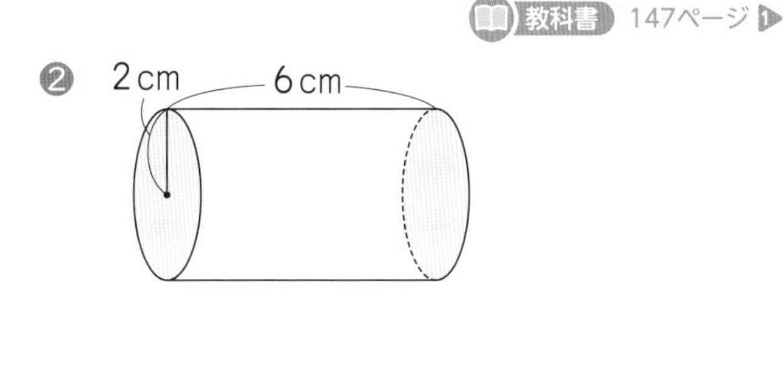

3 次のような円柱の体積を求めましょう。

教科書 147ページ 1

❶

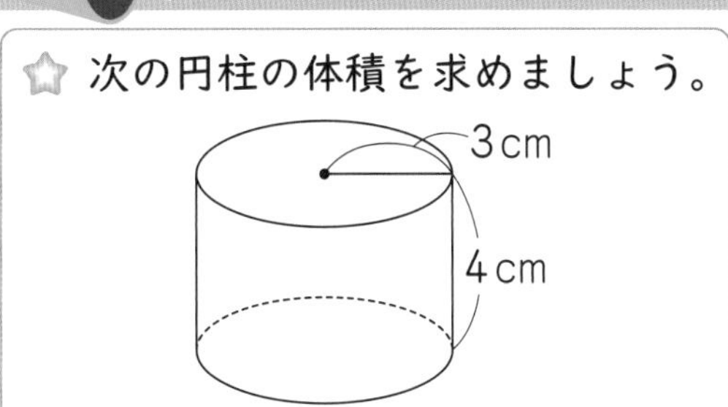

式

答え（　　　　　）

❷

式

答え（　　　　　）

基本 4 すい体の体積が求められますか

☆ 右のような底面が正方形の四角すいがあります。

❶ 底面積を求めましょう。

❷ 体積を求めましょう。

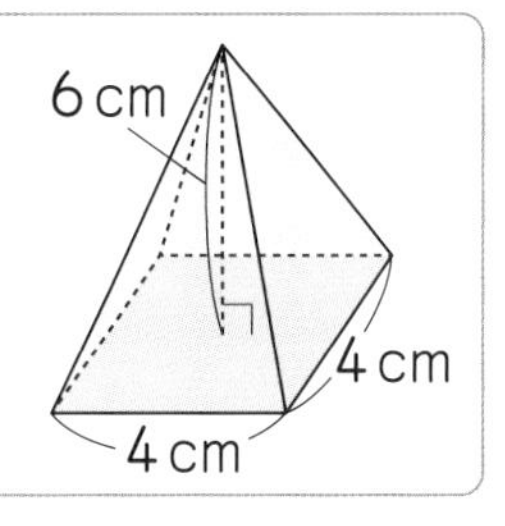

とき方 ❶ 底面は正方形だから、4×4＝□

❷ すい体の体積＝底面積×高さ×$\frac{1}{□}$で求められます。

これに、❶の底面積をあてはめると、

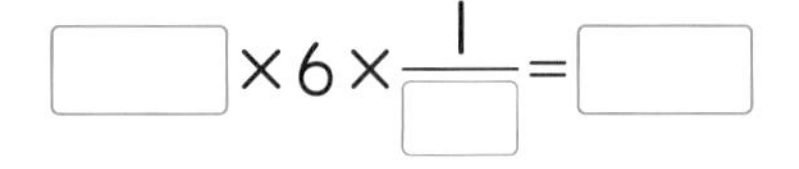

□×6×$\frac{1}{□}$＝□

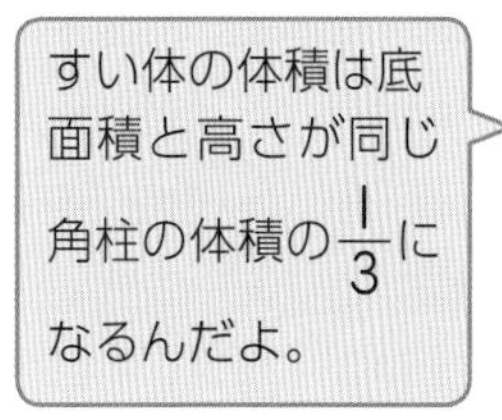

答え ❶ □ cm^2 ❷ □ cm^3

4 右のような立体の体積を求めましょう。

教科書 148ページ

式

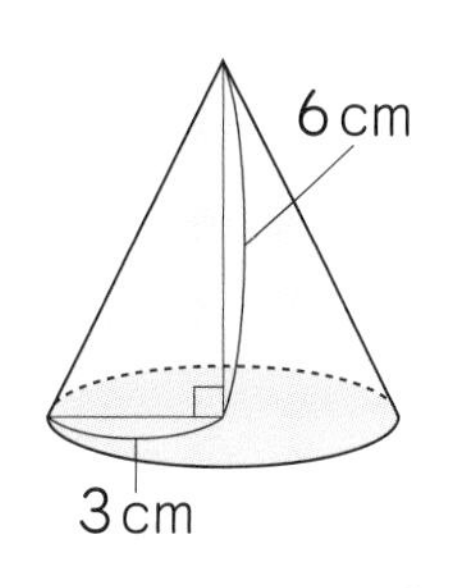

答え（　　　　　）

ポイント 角柱と円柱の体積を求める公式は、どちらも、底面積×高さです。立体の向きを変えたりして、底面がどこになるか見つけられるようにしましょう。

③ いろいろな形の体積

基本のワーク

学習の目標
くふうして体積を求めたり、およその体積を求めたりしよう！

教科書　149〜150ページ　答え　22ページ

基本 1　くふうして体積を求められますか

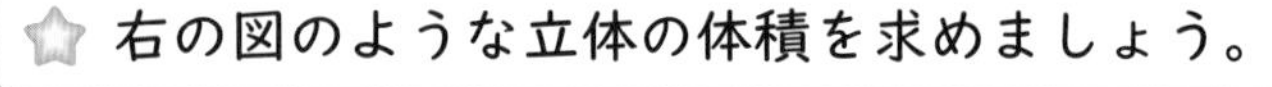

☆ 右の図のような立体の体積を求めましょう。

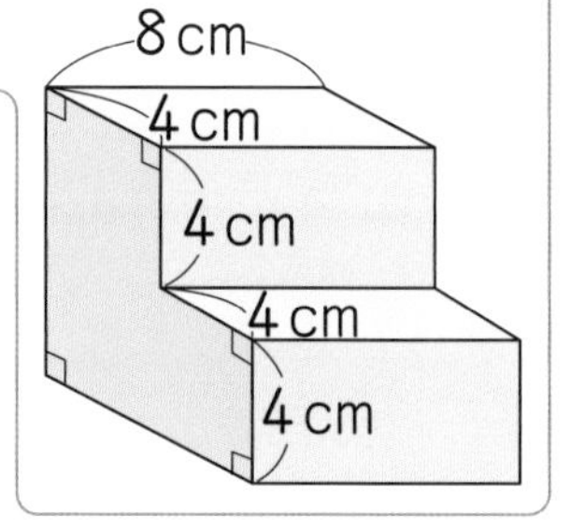

とき方 《1》 右の図のように、2つの四角柱に分けて考えます。

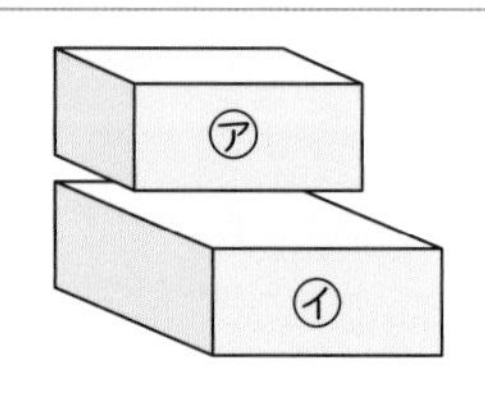

㋐の体積＝4×8×4＝□

㋑の体積＝8×8×4＝□

㋐の体積＋㋑の体積＝□＋□＝□

《2》 右の図㋒を底面とする角柱とみて、底面積を求めます。

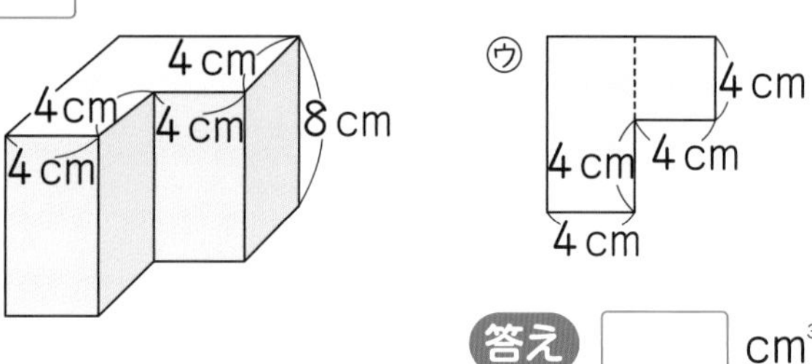

㋒の面積＝8×4＋4×4＝□

底面積×高さの公式にあてはめると、

□×8＝□

答え □ cm³

1 次のような立体の体積を求めましょう。　教科書 150ページ 1

❶

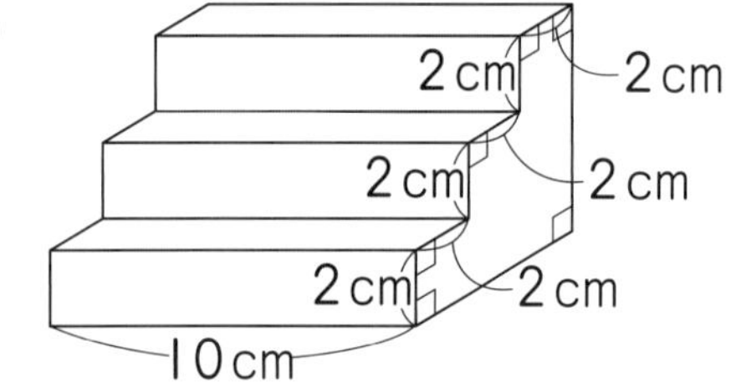

式

答え（　　　　　）

❷

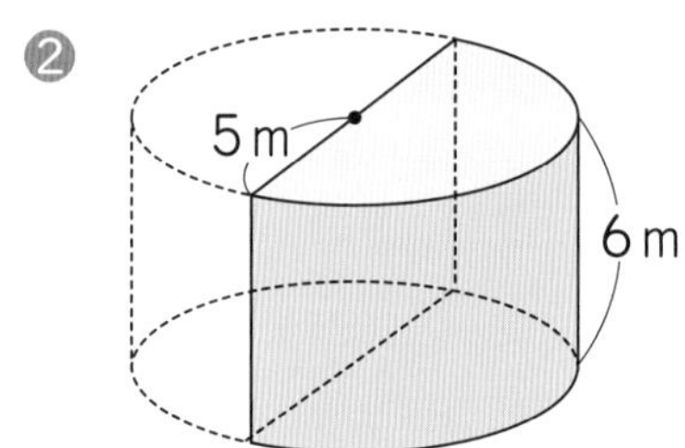

式

答え（　　　　　）

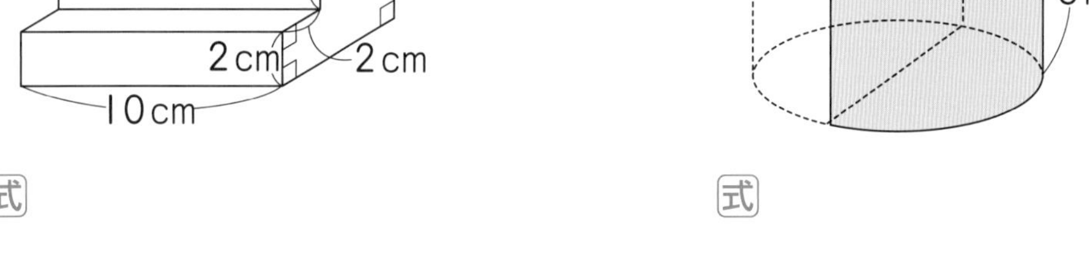

❸

2 cm

8 cm

式

答え（　　　　　）

❹

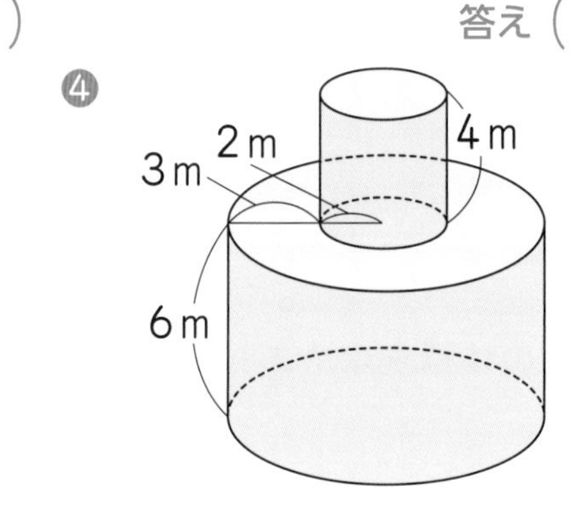

式

答え（　　　　　）

体積のことをVolumeの頭文字をとってVで表すことがあるよ。

基本 2 およその容積が求められますか

☆ 右のような入れ物を底面が台形の四角柱とみて、およその容積を求めましょう。

60cm
35cm
50cm
40cm

とき方 底面が、上底 60cm、下底 40cm、高さが 35cm の台形とみて計算します。

底面積は、

(□ + □)× □ ÷2= □

だから、容積は、

□ × □ = □ 　**答え** 約 □ cm^3

内側の体積のことを容積というんだったね。

2 右のような浴そうを底面が台形の四角柱とみて、およその容積を求めましょう。

教科書 150ページ 2

式

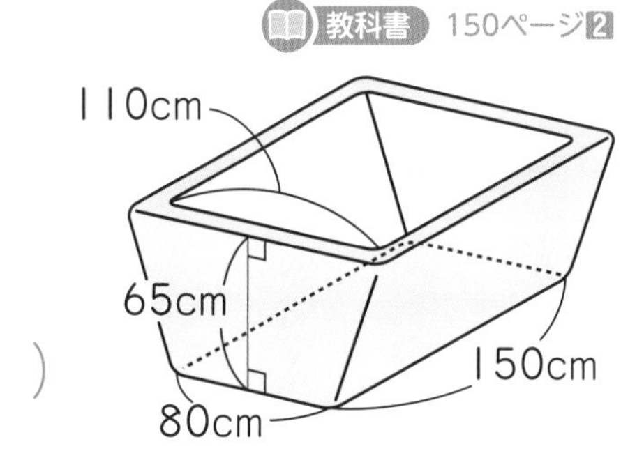

答え (　　　　　)

基本 3 およその体積が求められますか

☆ 右のようなビンを円柱とみて、およその体積を求めましょう。

8cm
10cm

とき方 底面が半径 4cm の円で、高さが 10cm の円柱とみて計算します。

底面積は、

□ × □ ×3.14= □

だから、体積は、

□ × □ = □

答え 約 □ cm^3

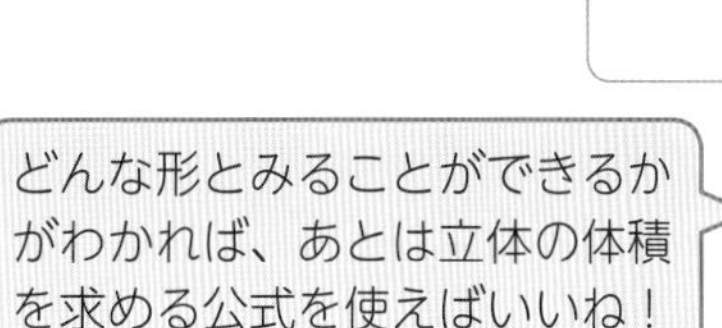

3 右のような形をしたゴミ箱を四角柱とみて、およその体積を求めましょう。

教科書 150ページ 1

式

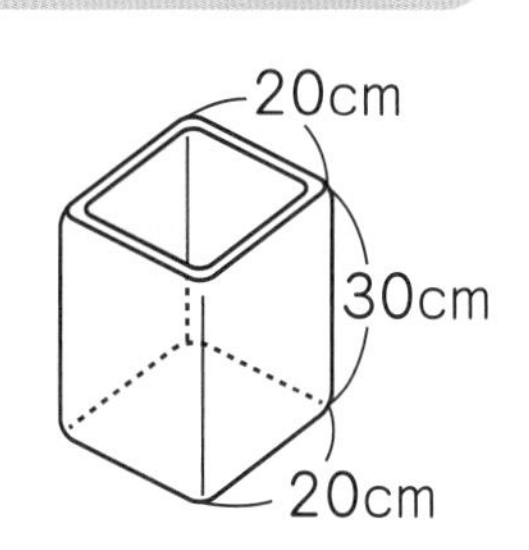

答え (　　　　　)

4 右のようなかばんを直方体とみて、およその体積を求めましょう。

教科書 150ページ 1

式

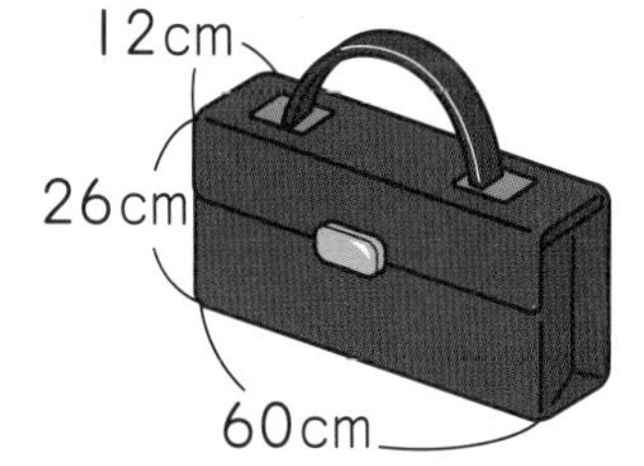

答え (　　　　　)

ポイント およその体積を求めるときは、四角柱、円柱など、体積の求め方がわかっている図形におきかえて計算します。

勉強した日 月 日

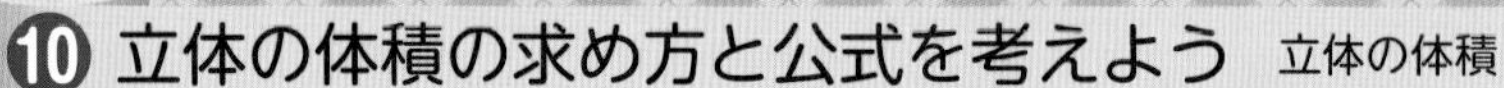

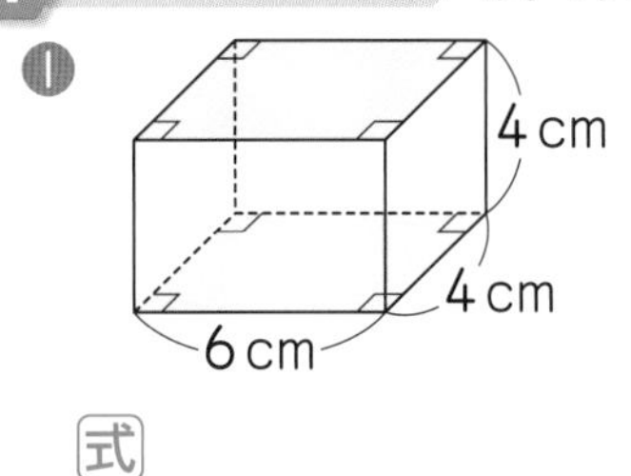

練習のワーク

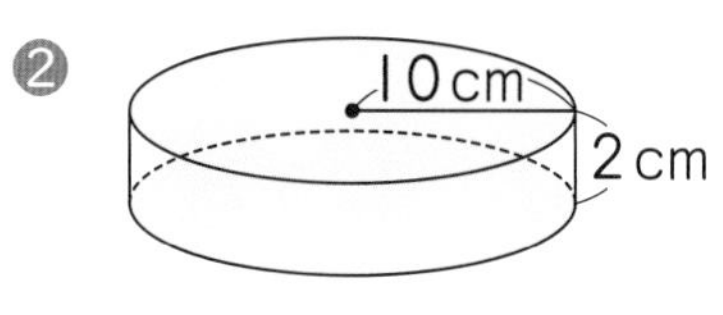

教科書 143〜153ページ　答え 22ページ

できた数 /7問中

1 角柱と円柱の体積 次の角柱や円柱の体積を求めましょう。

❶
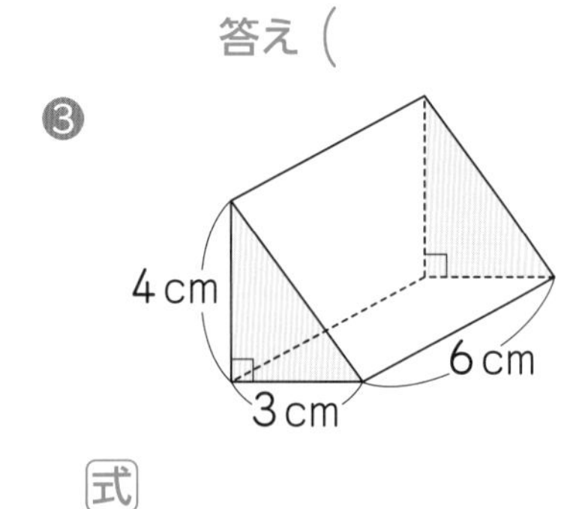

式

答え（　　　）

❷
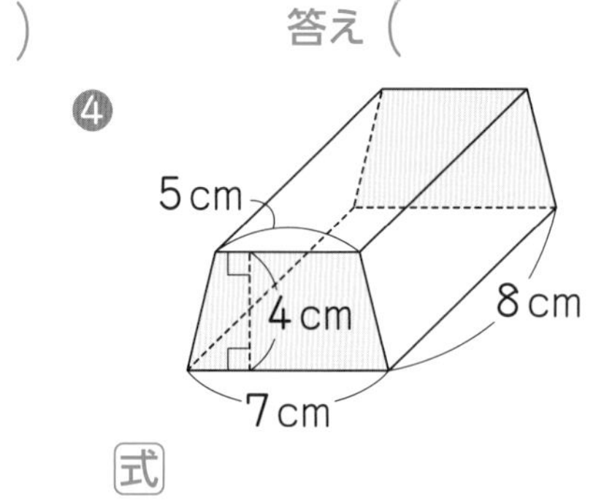

式

答え（　　　）

❸

式

答え（　　　）

❹

式

答え（　　　）

2 いろいろな立体の体積 次の立体の体積を求めましょう。

❶
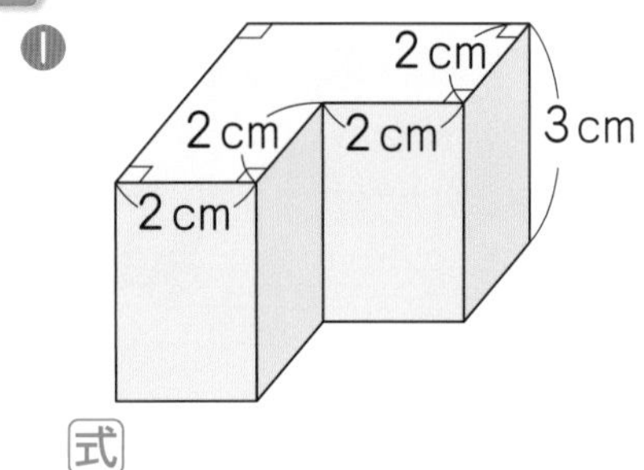

式

答え（　　　）

❷
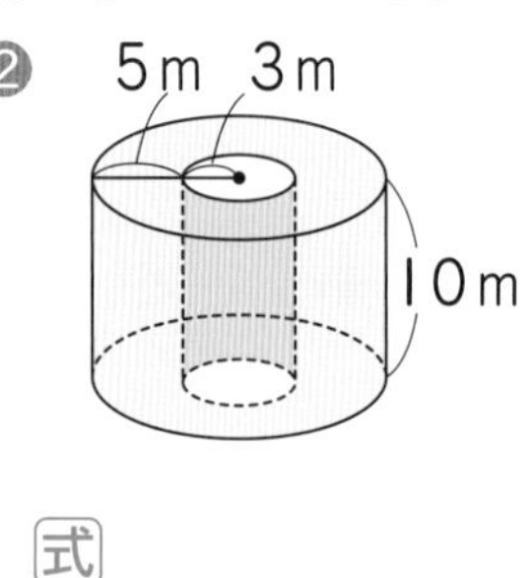

式

答え（　　　）

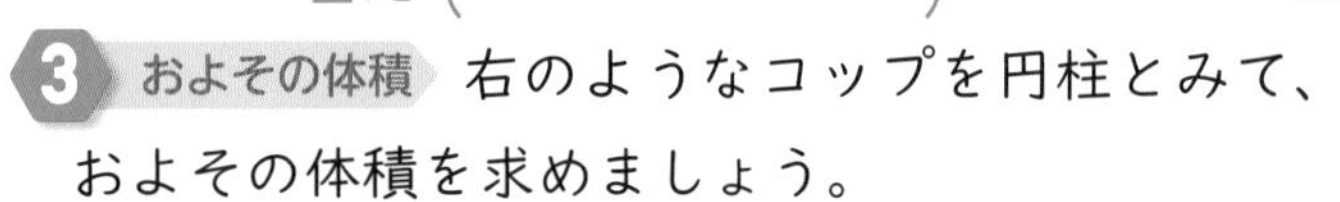

3 およその体積 右のようなコップを円柱とみて、およその体積を求めましょう。

式

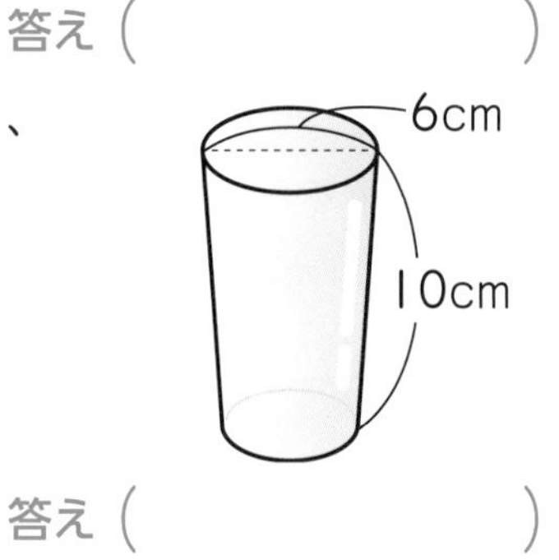

答え（　　　）

1 角柱と円柱の体積

角柱、円柱の体積
＝底面積×高さ

❸は、底面が三角形の角柱です。
❹は、底面が台形の角柱です。

2 いろいろな立体の体積

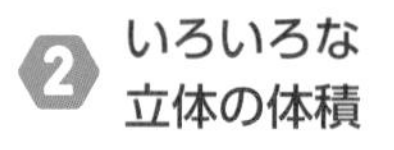

❶ 底面の形を下のようにみると、体積は、底面積×高さで求められます。

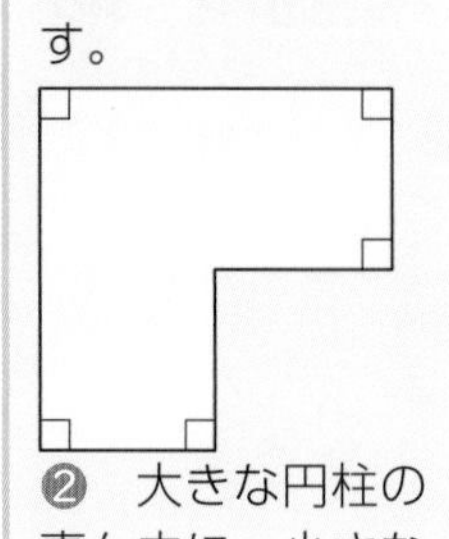

❷ 大きな円柱の真ん中に、小さな円柱の穴(あな)があいている立体です。

3 およその体積
円柱とみて体積を求めます。

できるナビ 角柱や円柱の２つの底面は平行で、合同な形になっているよ。底面を見つけるときに、確認(かくにん)しよう。

まとめのテスト

時間20分　得点　/100点

教科書 143～153ページ　答え 22ページ

1  次の立体の体積を求めましょう。　1つ8〔64点〕

❶

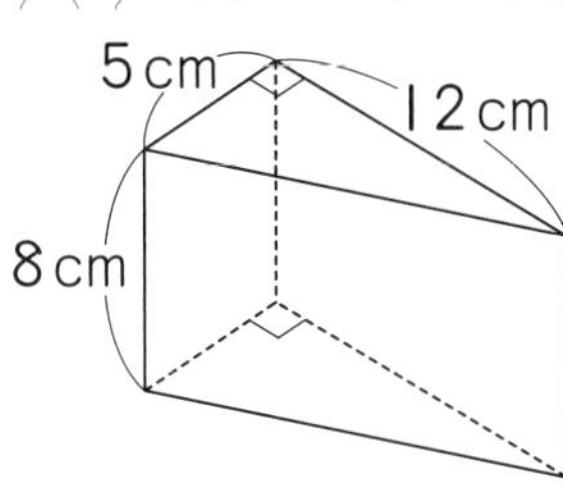

式

答え（　　　）

❷

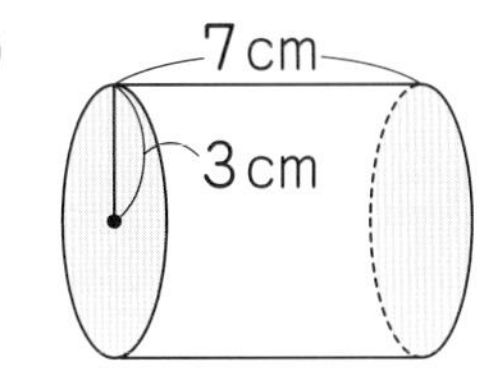

式

答え（　　　）

❸

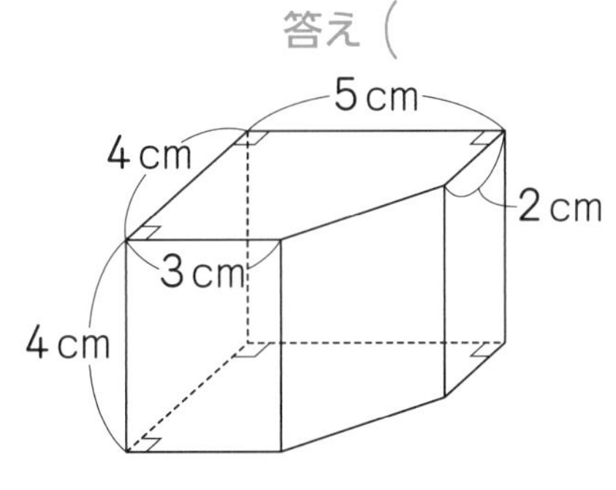

式

答え（　　　）

❹

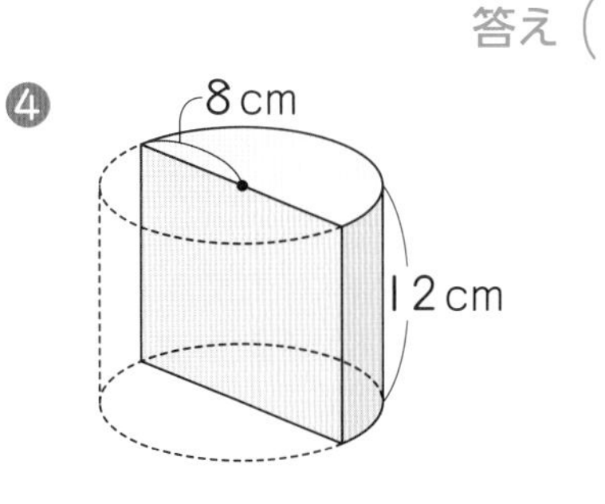

式

答え（　　　）

2 右の図１のように、三角柱の形をした容器に水が入っています。この容器の向きを変えて、図２のように置くと、水の深さが2cmになりました。　1つ9〔36点〕

❶ 水の体積を求めましょう。容器の厚さは考えないものとします。

式

答え（　　　）

❷ 図１のように置いたとき、水の深さは何cmですか。

式

答え（　　　）

図１

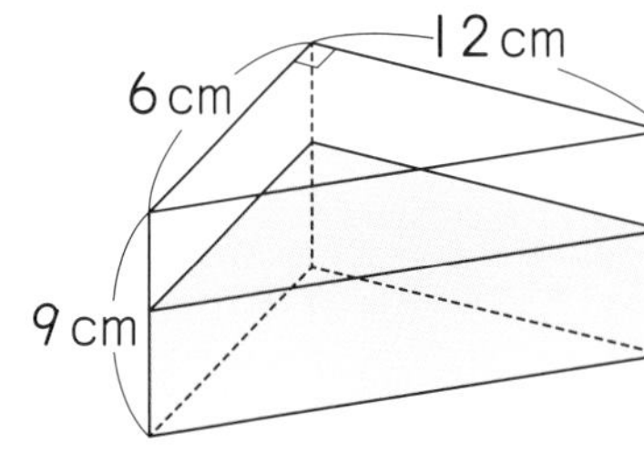

図２

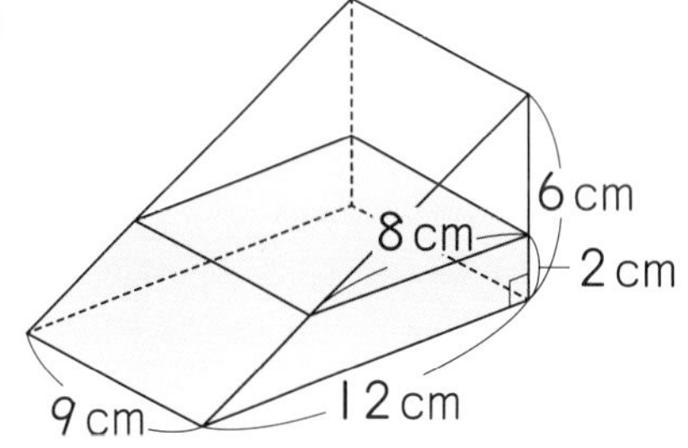

ふろくの「計算練習ノート」21ページをやろう！

チェック
□角柱や円柱の体積を求めることができたかな？
□くふうして立体の体積を求めることができたかな？

① 比と比の値
② 等しい比 [その1]
基本のワーク

学習の目標
比の表し方や比の値を知り、等しい比について考えよう！

教科書 158〜162ページ　答え 23ページ

基本 1 割合を比と比の値で表せますか

☆ 縦(たて)の長さが 2m、横の長さが 5m の長方形の畑の、縦の長さと横の長さの割合(わりあい)を比と比の値(あたい)で表しましょう。

とき方 縦の長さを 2 としたとき、横の長さが 5 であることを、「：」の記号を使って、2：□ と表し、「二対五」と読みます。このような割合の表し方を、□ といいます。
比が a：b(エー ビー)で表されるとき、a を b でわった商を □ といいます。比が、2：□ だから、
比の値は、2÷□＝□

a：b の比の値は、a が b の何倍かを表す数になるけど、単位はつけないよ。

答え 比 □：□　比の値 □

1 次の割合を比と比の値で表しましょう。 教科書 160ページ 1

❶ 酢(す) 9mL と油 3mL の量。

比（　　　　）　比の値（　　　　）

❷ 1ぱん 5 人と 2 はん 6 人の人数。

比（　　　　）　比の値（　　　　）

❸ 時速 40km の自動車と時速 35km のバイクの速さ。

比（　　　　）　比の値（　　　　）

基本 2 2つの比が等しいことの意味がわかりますか

☆ 右のように、マヨネーズとみそを使って、ソースを作ります。次の㋐、㋑のうち、右の表と同じこさのソースはどちらですか。

㋐ マヨネーズ小さじ 14 はいとみそ小さじ 2 はい
㋑ マヨネーズ小さじ 18 はいとみそ小さじ 3 ばい

マヨネーズ	みそ
小さじ6つ	小さじ1つ

（小さじの絵）は小さじ 1 ぱい分

とき方 表から、マヨネーズとみその比は 6：1 だから、比の値は、6÷1＝6
㋐のマヨネーズとみその比は 14：2 だから、比の値は、14÷□＝□
㋑のマヨネーズとみその比は 18：3 だから、比の値は、18÷□＝□

たいせつ
3：1 と 6：2 のように比の値が等しいとき、2 つの比は等しいといい、次のように書きます。
3：1＝6：2

比の値が等しいほうが、同じこさのソースといえるね。

答え □

黄金比(おうごんひ)と呼(よ)ばれる、もっとも美しいとされる比があるよ。その比は約 5：8 で、名刺(めいし)やカードなどの縦の長さと横の長さの比に使われることが多いよ。

2 紅茶と牛乳を混ぜてミルクティーを作ります。次の㋐～㋒のうち、同じこさのミルクティーになるのはどれとどれですか。 教科書 161ページ 1

㋐ 紅茶 50mL と牛乳 30mL。

㋑ 紅茶 400mL と牛乳 320mL。

㋒ 紅茶 5 カップと牛乳 4 カップ。

（　　　　）

基本 3 等しい比を見つけられますか

☆ 次の比の中で、8：12 と等しい比はどれですか。

㋐ 24：36　㋑ 24：30　㋒ 2：5　㋓ 2：3

とき方 《1》 比 $a:b$ の、a と b に同じ数をかけたり、a と b を同じ数でわったりして考えます。

8：12＝(8×3)：(12×□)
　　＝24：□

8：12＝(8÷4)：(12÷□)
　　＝2：□

×3　8：12＝24：36　×3

÷4　8：12＝2：3　÷4

8に3をかけるから、12にも3をかければいいね。

《2》 比の値を求めてみつけます。

8：12の比の値は、8÷12＝□

㋐～㋓の比の値を求めると、

㋐ 24÷36＝□　㋑ 24÷30＝□　㋒ 2÷5＝□　㋓ 2÷3＝□

たいせつ
比 $a:b$ の a と b に同じ数をかけてできる比も、a と b を同じ数でわってできる比も、$a:b$ と等しくなります。

答え □、□

3 □にあてはまる数を書きましょう。 教科書 162ページ 2

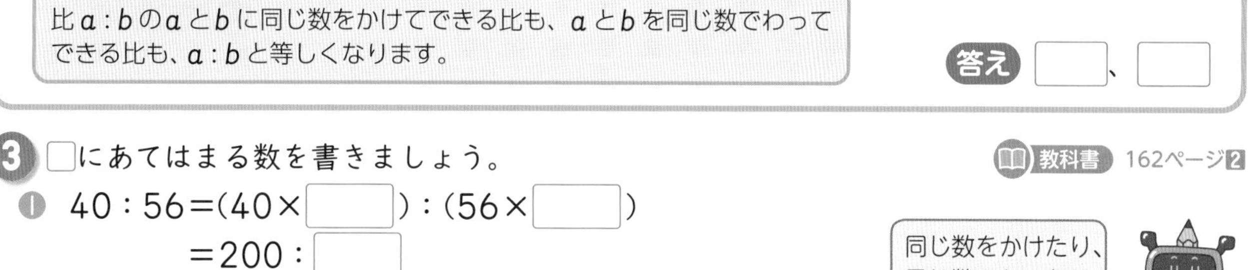

❶ 40：56＝(40×□)：(56×□)
　　＝200：□

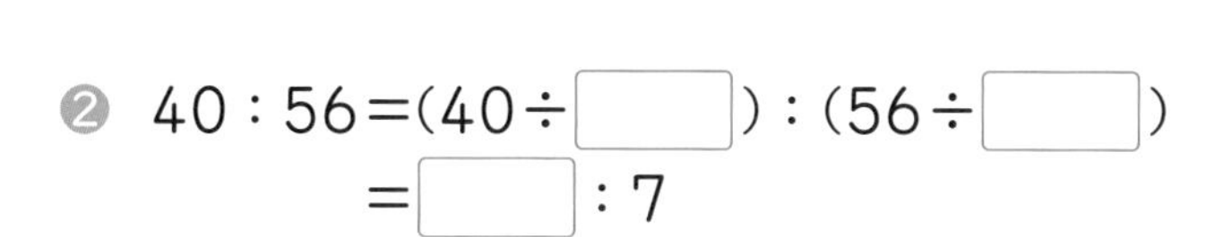

❷ 40：56＝(40÷□)：(56÷□)
　　＝□：7

4 次の比の中で、6：10 と等しい比はどれですか。 教科書 162ページ 1

㋐ 9：15　㋑ 4：8　㋒ 3：5

㋓ 10：6　㋔ 2：3　㋕ 16：20

（　　　　）

5 4：20 と等しい比を、3 つ書きましょう。 教科書 162ページ 2

（　　　　　　　　）

$a:b$ と等しい比は、比の値が $a÷b$ の商と等しい比です。また、a と b に同じ数をかけてできる比、a と b を同じ数でわってできる比も、$a:b$ と等しくなります。

勉強した日 月 日

② 等しい比 [その2]

基本のワーク

学習の目標・
等しい比の作り方や比を簡単にする方法を考えよう！

教科書 163～164ページ　答え 23ページ

基本1 等しい比を作れますか

☆ 3人分のコーヒー牛乳（ぎゅうにゅう）を作るのに、コーヒー180mL と牛乳210mL を混ぜます。

❶ 牛乳が420mL あるとき、同じこさのコーヒー牛乳を作るには、コーヒーを何mL 用意したらよいですか。

❷ コーヒーが60mL あるとき、同じこさのコーヒー牛乳を作るには、牛乳を何mL 用意したらよいですか。

とき方 同じこさにするには、比が等しくなるようにします。

❶ コーヒーを x（エックス）mL 混ぜるとすると、

$180:210=x:420$

$x=180\times$ □

$=$ □

$180:210=x:420$（×2、×2）

❷ 牛乳を x mL 混ぜるとすると、

$180:210=60:x$

$x=210\div$ □

$=$ □

$180:210=60:x$（÷3、÷3）

答え ❶ □mL ❷ □mL

1 x にあてはまる数を求めましょう。 教科書 163ページ 2

❶ $3:4=6:x$ （　　　　）

❷ $5:8=x:40$ （　　　　）

❸ $12:x=4:9$ （　　　　）

❹ $x:20=7:4$ （　　　　）

基本2 比を簡単にできますか

☆ 18:24 と等しい比で、できるだけ小さい整数の比を求めましょう。

とき方 18と24を、最大公約数でわります。

$18:24=(18\div$ □$):(24\div$ □$)$

$=$ □ $:$ □

たいせつ
比の値（あたい）を変えないで、比をできるだけ小さい整数の比になおすことを、比を簡単（かんたん）にするといいます。

18 : 24 =(18 ÷ 2) : (24 ÷ 2)
=9 : 12=(9 ÷ 3) : (12 ÷ 3)
=3 : 4 とすることもできるけど、6でわったほうが、いちどに簡単にできるね。

答え □ : □

地球の陸地と海の面積の比は、約3：7になっているよ。

2 次の比を簡単にしましょう。　　📖教科書 164ページ 2▶

❶ 12：9　　　　　　❷ 64：24

（　　　　）　（　　　　）

❸ 14：28　　　　　　❹ 25：75

（　　　　）　（　　　　）

2つの数を最大公約数でわると、いちどで簡単な比にできるよ。

基本3 小数や分数の比を簡単にできますか

☆ 次の比を簡単にしましょう。

❶ 4.2：4.9　　　　❷ $\frac{5}{6}:\frac{9}{10}$

とき方 ❶ まず、小数を整数にします。

$4.2:4.9=(4.2\times10):(4.9\times10)$

$=42:\square$ ）同じ数でわる

$=\square:\square$

❷ まず、通分します。

$\frac{5}{6}:\frac{9}{10}=\frac{25}{30}:\frac{27}{30}$

$=\left(\frac{25}{30}\times30\right):\left(\frac{27}{30}\times\square\right)$

$=\square:\square$

さんこう

❷は、分母の6と10の最小公倍数の30をかけて、$\left(\frac{5}{6}\times30\right):\left(\frac{9}{10}\times30\right)$として簡単にすることもできます。

答え ❶ □：□　❷ □：□

3 次の比を簡単にしましょう。　　📖教科書 164ページ 2▶

❶ 1.5：2.5　　❷ 2.4：1.8　　❸ 0.6：2.3

（　　　）（　　　）（　　　）

❹ $\frac{5}{7}:\frac{3}{8}$　　❺ $\frac{2}{9}:\frac{5}{6}$　　❻ $\frac{7}{12}:\frac{3}{8}$

（　　　）（　　　）（　　　）

4 お茶2Lとジュース$1\frac{2}{3}$Lの比を簡単にしましょう。　　📖教科書 164ページ 2▶

（　　　　）

2と$1\frac{2}{3}$をどちらも仮分数になおして考えよう。

ポイント 小数の比を簡単にするときは、まず、小数に10、100、…をかけて整数になおします。そのあとで、同じ数でわれるかどうかを考えましょう。

勉強した日 月 日

③ 比の利用

基本のワーク

学習の目標
比を利用して、長さを求めたり、比で分けたりしよう！

教科書 165～166ページ　答え 23ページ

基本1 比を利用して、木の高さを求められますか

☆ 高さが2mの棒(ぼう)をまっすぐに立てたときのかげの長さは1mでした。このとき、かげの長さが4mの木の高さは、何mですか。

とき方 棒の長さ：棒のかげの長さ　と、木の高さ：木のかげの長さ　は、同じ時刻(じこく)に測ると等しくなります。
木の高さを x(エックス) mとして、比が等しい式を書き、x にあてはまる数を求めます。

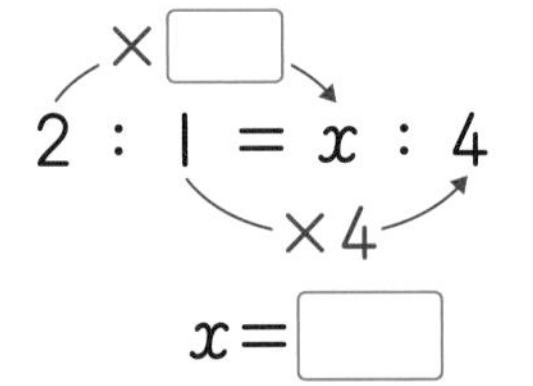

x＝□　　答え □m

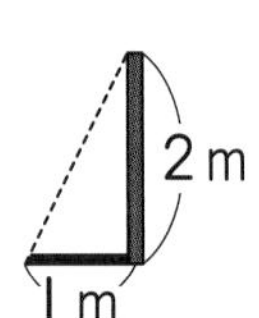

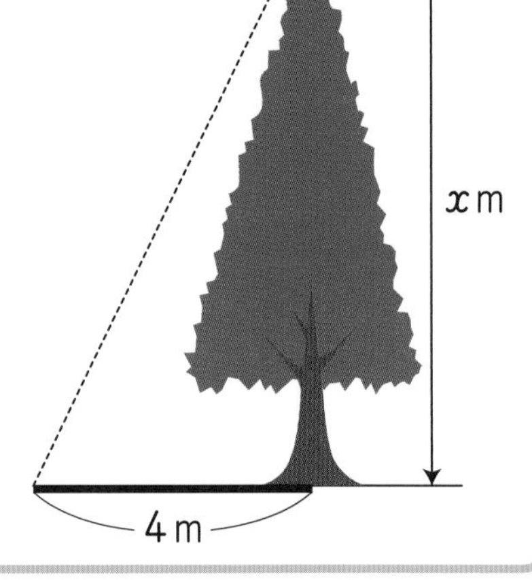

1 基本1のとき、別の木のかげの長さは6mでした。この木の高さは何mですか。

教科書 165ページ1

（　　　　）

2 長さが0.6mの棒をまっすぐに立てたときのかげの長さは1.4mです。このとき、かげの長さが14mの木の高さを x mとして求めます。

教科書 165ページ1

❶ 棒の長さ：棒のかげの長さを簡単(かんたん)な比になおしてから、比が等しい式を書いて求めましょう。

式

答え（　　　　）

❷ 次の□にあてはまる数を書いて求めましょう。

×□
0.6：1.4＝x：14　　x＝□
×□

（　　　　）

3 たかしさんの身長は150cmです。たかしさんとお父さんが、同時にかげの長さを測ったところ、たかしさんのかげは200cm、お父さんのかげは240cmでした。お父さんの身長は何cmですか。

教科書 165ページ1

（　　　　）

さんすうはかせ　わり算の記号「÷」のかわりに、「：」を使う国もあるんだって。

基本 2 比で分けることができますか

☆ 100枚(まい)の色紙を、姉と妹で、枚数の比が3：2になるように分けます。それぞれ何枚になりますか。

(100枚　□枚　□枚　姉3　妹2　全体)

とき方 《1》 姉の分と全体との比を使って、姉の枚数を求めます。全体は3＋2で、5になるから、姉の色紙の枚数を x 枚とすると、

$3：5＝x：100$　（×□、×20）　$x=$□

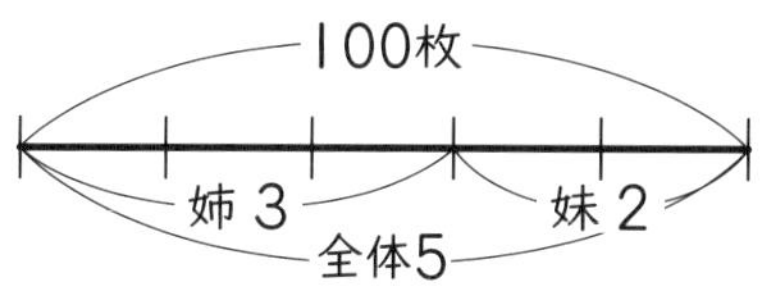

妹の分も同じように考えます。妹の色紙の枚数を y(ワイ) 枚とすると、

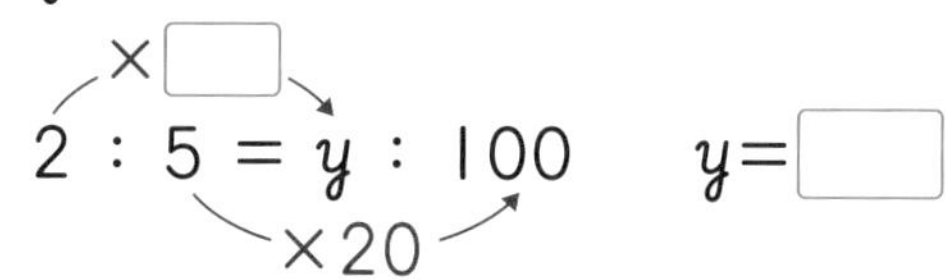
$2：5＝y：100$　（×□、×20）　$y=$□

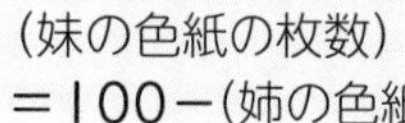

《2》 全体を1と考えて、姉の分はどれだけにあたるかを考えます。

姉の分…全体の $\frac{3}{5}$　$100\times\frac{3}{5}=$□

妹の分も同じように考えると、

妹の分…全体の $\frac{2}{5}$　$100\times\frac{2}{5}=$□

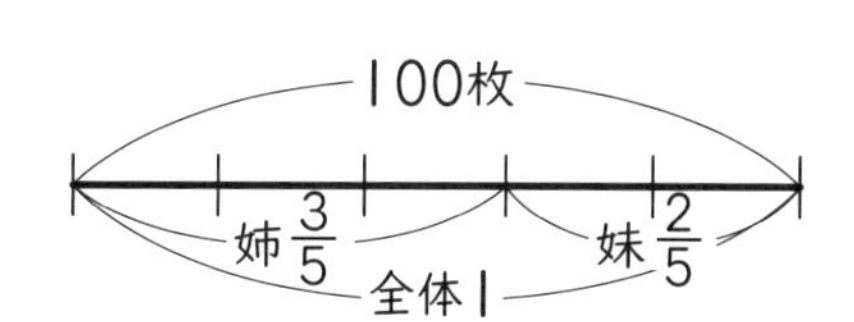

答え 姉□枚、妹□枚

4 24本のえん筆を、兄と弟で、本数の比が5：3になるように分けます。それぞれ何本になりますか。 教科書 166ページ2

式

答え 兄（　　　）弟（　　　）

5 6年生56人のうち、東町に住んでいる人と、西町に住んでいる人の人数の比は3：4です。それぞれ何人いますか。 教科書 166ページ2

式

答え 東町（　　　）西町（　　　）

6 ミルクティーを390mL作ります。牛乳(ぎゅうにゅう)と紅茶を6：7の比になるように混ぜるとき、牛乳は何mL必要ですか。 教科書 166ページ1

式

答え（　　　）

ポイント 比で分ける問題では、全体をいくつと考えるかが大切になります。また、1つの数量を求めたら、もう1つの数量は、ひき算で求めることもできます。

勉強した日　月　日

練習のワーク

教科書 158〜169ページ　答え 24ページ

できた数　/13問中

1 比と比の値　次の割合を比と比の値で表しましょう。

❶ 6mのリボンと2mのひもの長さ。

比（　　　）　比の値（　　　）

❷ 大人7人と子ども4人の人数。

比（　　　）　比の値（　　　）

2 等しい比　次の比の中で、6：8と等しい比はどれですか。

㋐ 15：18　㋑ 24：32　㋒ 3：4　㋓ 4：6

（　　　）

3 等しい比　x にあてはまる数を求めましょう。

❶ 5：8＝x：56　　❷ 16：x＝4：9

（　　　）　（　　　）

4 比を簡単にする　次の比を簡単にしましょう。

❶ 9：6　　❷ 18：30

（　　　）　（　　　）

❸ 1.5：2.4　　❹ $\frac{3}{4}$：$\frac{1}{5}$

（　　　）　（　　　）

5 比の利用　1.2mの棒をまっすぐに立てたときのかげの長さは1.6mでした。このとき、かげの長さが12mの木の高さは、何mですか。

（　　　）

6 比で分ける　30個のあめを、姉と弟で、個数の比が8：7になるように分けます。姉の分は何個になりますか。

式

答え（　　　）

1 比と比の値
比は、「:」の記号を使って表します。
a：b の比の値は、$a \div b$ の商です。

2 等しい比
比の値が等しい比を見つけます。

3 等しい比
a：b の、a と b に同じ数をかけても、a と b を同じ数でわっても比は等しくなります。

4 比を簡単にする
比の値を変えないで、できるだけ小さい整数の比になおします。

ヒント
❸は、まず、×10をします。❹は、まず、通分します。

5 比の利用
棒の長さ：棒のかげの長さ＝木の高さ：木のかげの長さ　です。

6 比で分ける
全体を1と考えて姉のもらう個数の割合を考えます。または、姉の分と全体との比を使って式をつくります。

できるナビ
小数で表された比は、10倍、100倍、…して整数になおそう。
分数で表された比は、通分して分母と同じ数を両方にかけよう。

まとめのテスト

時間 20分

得点 /100点

教科書 158〜169ページ　答え 24ページ

1 次の割合を比と比の値で表しましょう。 1つ5〔20点〕

❶ 10枚(まい)と12枚の枚数。

比（　　　　）

比の値（　　　　）

❷ 40dL と 5dL の体積。

比（　　　　）

比の値（　　　　）

2 よく出る x にあてはまる数を求めましょう。 1つ7〔28点〕

❶ $4:9=x:27$

（　　　　）

❷ $6:7=48:x$

（　　　　）

❸ $45:x=9:10$

（　　　　）

❹ $x:14=5:2$

（　　　　）

3 よく出る 次の比を簡単にしましょう。 1つ8〔24点〕

❶ $35:63$

（　　　　）

❷ $0.8:3.2$

（　　　　）

❸ $\frac{5}{8}:\frac{3}{10}$

（　　　　）

4 右のように、大きさのちがう2枚の三角定規が、いちばん小さいかどで重なっています。DE(ディーイー)の長さを求めましょう。〔10点〕

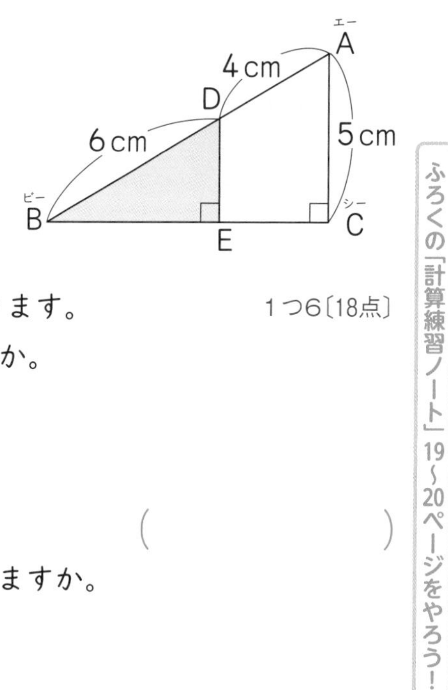

（　　　　）

5 縦(たて)の長さと横の長さの比が、4：5になるように長方形をかきます。 1つ6〔18点〕

❶ 縦の長さを12cmにすると、横の長さは何cmになりますか。

（　　　　）

❷ まわりの長さを36cmにすると、縦の長さは何cmになりますか。

式

答え（　　　　）

ふろくの「計算練習ノート」19〜20ページをやろう！

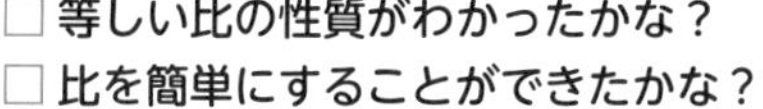

□等しい比の性質がわかったかな？
□比を簡単にすることができたかな？

勉強した日 月 日

① 図形の拡大図・縮図
② 拡大図と縮図のかき方 [その1]

学習の目標・
拡大図、縮図の性質やかき方を覚えよう！

教科書 170〜175ページ　答え 25ページ

基本1 拡大図、縮図の性質がわかりますか

☆ 右の図の㋑は、㋐の拡大図(かくだいず)です。辺の長さや角の大きさを測って答えましょう。

❶ 辺BCと辺FGの長さの簡単(かんたん)な比を求めましょう。また、辺FGの長さは、辺BCの長さの何倍ですか。

❷ 直線EGの長さは、直線ACの長さの何倍ですか。

❸ 角Dと大きさの等しい角は、どの角ですか。

❹ ㋐は、㋑の何分の１の縮図(しゅくず)ですか。

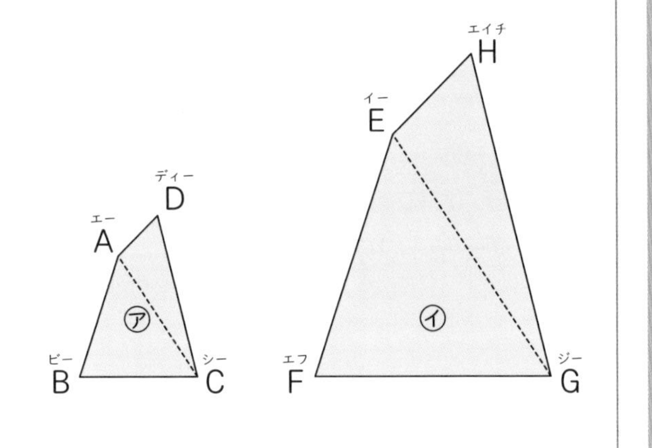

とき方 対応する角の大きさがそれぞれ等しく、対応する辺の長さの比がすべて等しくなるようにのばした図を□といい、縮(ちぢ)めた図を□といいます。拡大図、縮図では、対応する辺の長さの比はすべて等しく、対応する角の大きさも等しくなっています。

❶ 辺BC：辺FG＝1.5：3＝□：□
　辺FG÷辺BC＝3÷1.5＝□

❷ 対応する直線の長さの比はすべて等しくなります。

❸ 対応する角の大きさは等しくなります。

2つの図形が合同のときは、対応する2つの辺の長さの比は１：１になるよ。

答え ❶ □：□、□倍　❷ □倍　❸ 角□　❹ □の縮図

1 下の図の㋐〜㋕について、次の問題に答えましょう。　教科書 174ページ 1

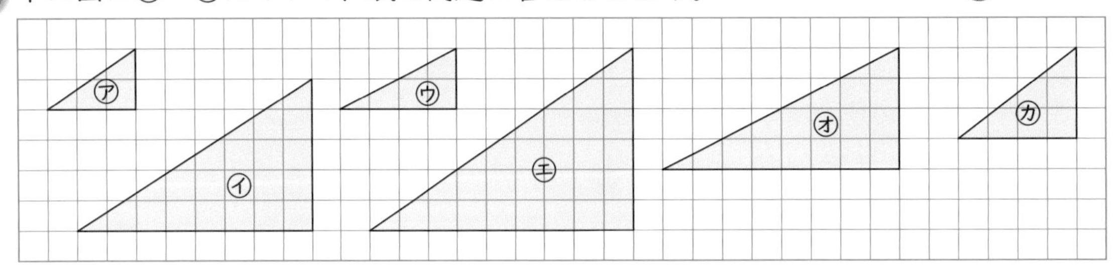

❶ ㋐の拡大図はどれですか。また、それは何倍の拡大図ですか。

（　　　　、　　　　）

❷ ㋔の縮図はどれですか。また、それは何分の一の縮図ですか。

（　　　　、　　　　）

A4やA3など、コピー用紙は、たがいに拡大図、縮図の関係になっているよ。

基本 2 方眼を使って、拡大図や縮図がかけますか

☆ 右のような四角形ABCDがあります。

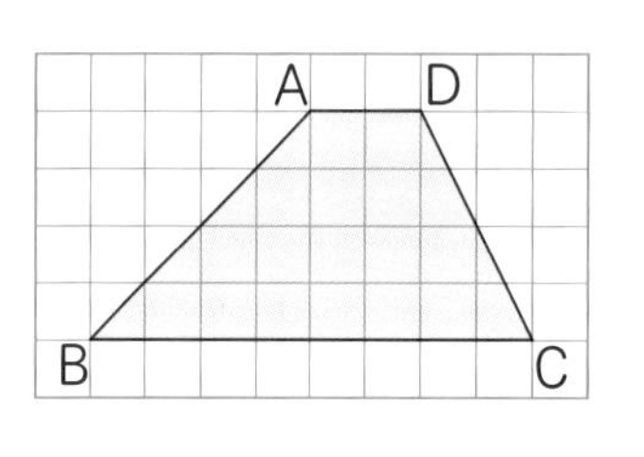

❶ 四角形ABCDを2倍に拡大した四角形EFGHをかきましょう。

❷ 四角形ABCDを$\frac{1}{2}$に縮小した四角形IJKL（アイジェーケーエル）をかきましょう。

とき方 方眼のますの数を数えて、対応する点の位置を決めます。辺BCの長さは8ます分、点Aは点Bから右に4ます分、上に4ます分の位置、辺ADの長さは2ます分です。

❶ 方眼のますの数が2倍になるようにします。辺FGの長さは16ます分、点Eは点Fから右に［　　］ます分、上に［　　］ます分の位置、辺EHの長さは［　　］ます分にします。

❷ 方眼のますの数が$\frac{1}{2}$になるようにします。辺JKの長さは4ます分、点Iは点Jから右に［　　］ます分、上に［　　］ます分の位置、辺ILの長さは［　　］ます分にします。

答え ❶ F ❷

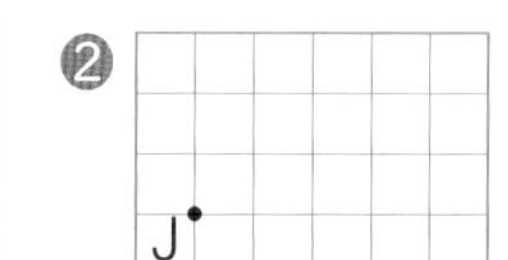

2 右のような三角形ABCがあります。

❶ 三角形ABCを2倍に拡大した三角形DEFをかきましょう。

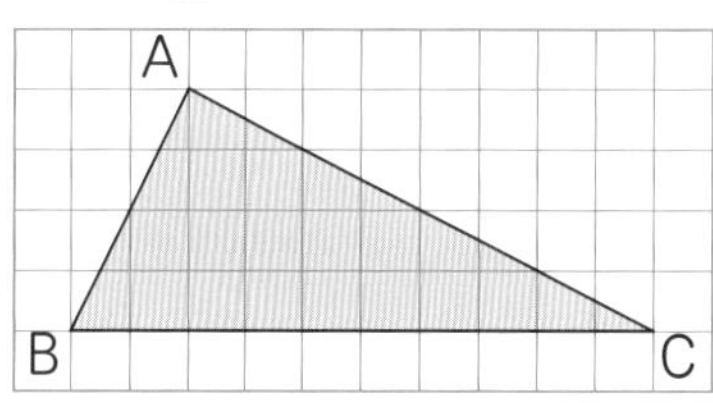

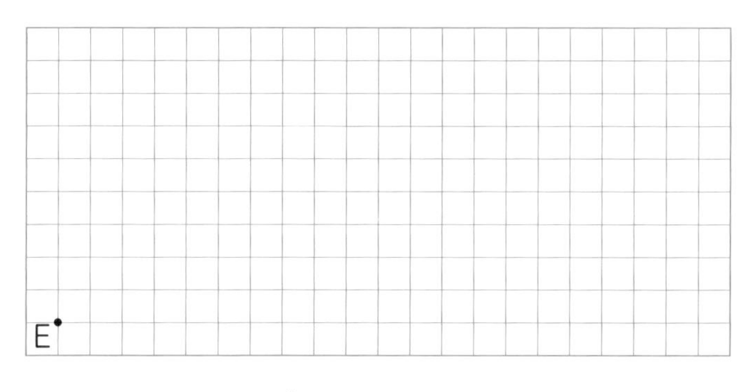

❷ 三角形ABCを$\frac{1}{2}$に縮小した三角形GHIをかきましょう。

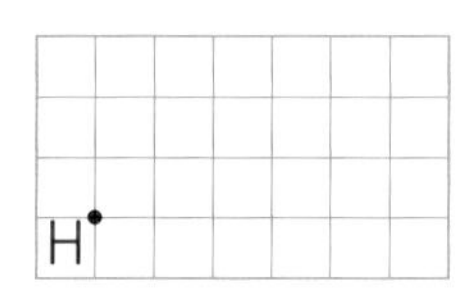

三角形の底辺と高さをそれぞれ$\frac{1}{2}$にしてかくよ。

拡大図や縮図をかいたら、対応する辺の長さや角の大きさを確かめよう。

ポイント 方眼を使って拡大図や縮図をかくとき、ななめの直線の長さは、方眼のますの数を縦いくつ、横いくつと数えて調べます。

勉強した日 月 日

② 拡大図と縮図のかき方 [その2]

基本のワーク

学習の目標
拡大図や縮図のかき方を考えよう！

教科書 176～180ページ　答え 25ページ

基本 1 辺の長さや角の大きさを使って、拡大図や縮図がかけますか

☆ 次の三角形ABC（エービーシー）を3倍に拡大（かくだい）した三角形DEF（ディーイーエフ）をかきましょう。

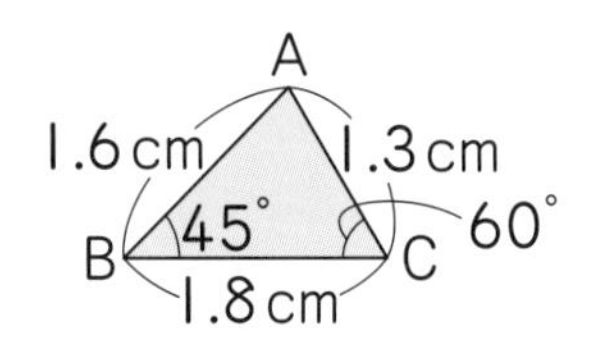

答え

とき方 次の3つのかき方があります。

《1》 3つの辺の長さをそれぞれ ☐ 倍にした長さを使ってかきます。

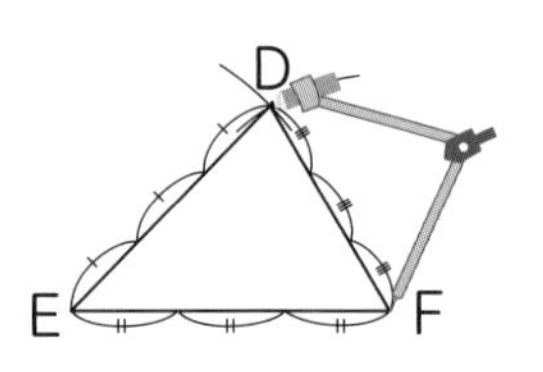

《2》 2つの辺の長さを、それぞれ ☐ 倍にした長さと、その間の角の大きさを使ってかきます。

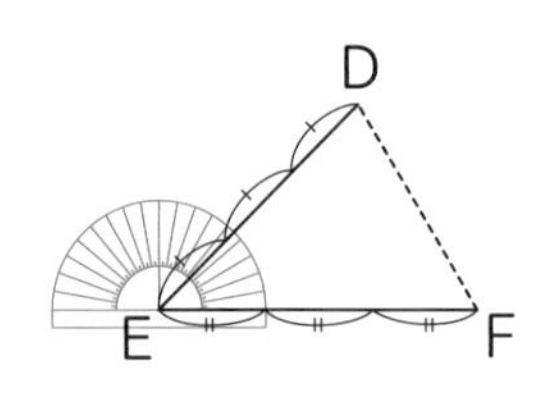

《3》 1つの辺の長さを ☐ 倍にした長さと、その両はしの2つの角の大きさを使ってかきます。

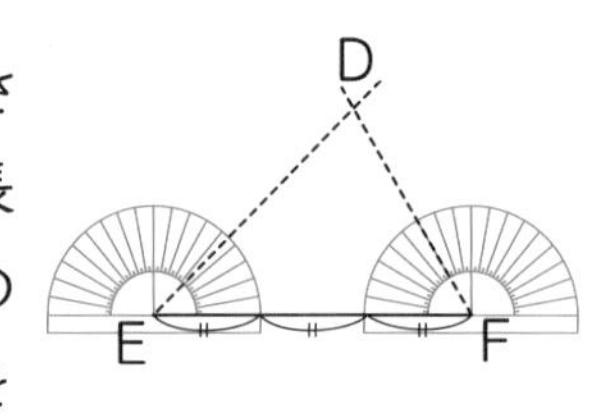

合同な三角形のかき方が使えるんだね。

1 右の三角形の2倍の拡大図と、$\frac{1}{2}$の縮図（しゅくず）をかきましょう。

教科書 176ページ2 178ページ3

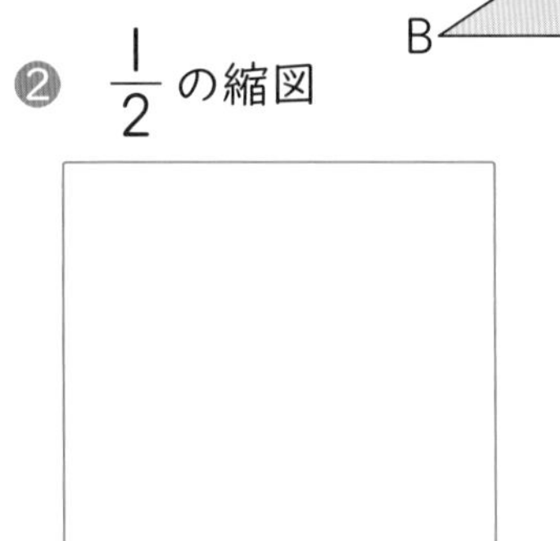

❶ 2倍の拡大図

❷ $\frac{1}{2}$の縮図

$\frac{1}{2}$の縮図は、辺の長さを$\frac{1}{2}$にして、拡大図と同じようにかくよ。

さんすうはかせ 2倍に拡大した図形の面積は、(2×2=)4倍、3倍に拡大した図形の面積は(3 × 3=)9倍になっているよ。

基本 2　Ｉつの点を中心にして、拡大図や縮図がかけますか

☆ 次の問いに答えましょう。

❶　点Bを中心にして、右の三角形ABCを２倍に拡大した三角形DBEをかきましょう。

❷　三角形の中にある点Fを中心にして、右の三角形を２倍に拡大した三角形GHI（ジーエイチアイ）をかきましょう。

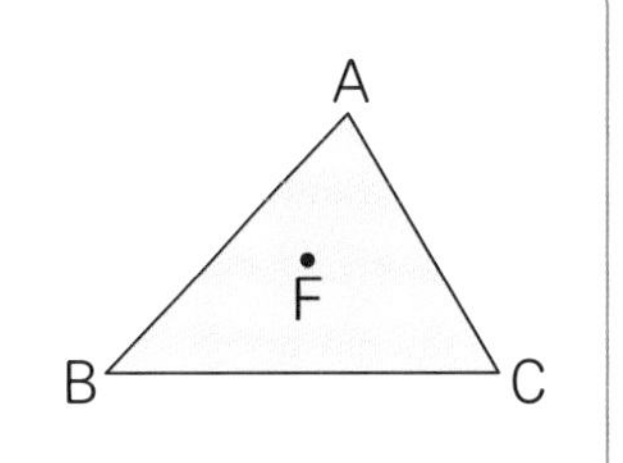

とき方　対応する直線の長さの比が等しいことを利用します。

Ｉつの点と頂点（ちょうてん）を結ぶ直線を利用して拡大図や縮図をかくとき、もとにする点を中心といいます。

❶　直線BAをのばして、点Aに対応する点［　　］をかき、直線BCをのばして、点Cに対応する点［　　］をかきます。

❷　直線FAをのばして、点Aに対応する点［　　］をかきます。ほかの点も同じようにしてかきます。

答え　❶

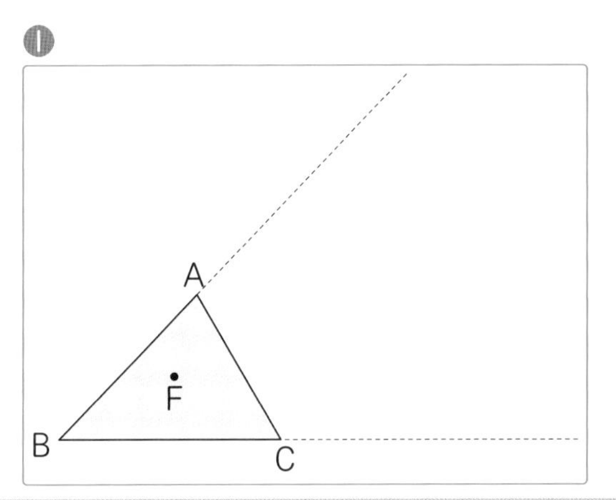

❷

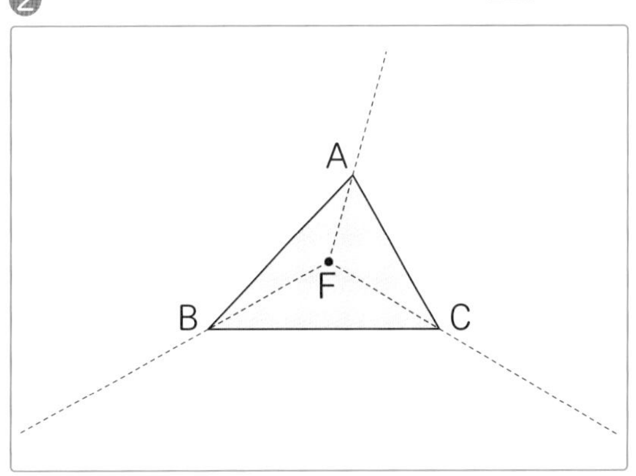

2　次の四角形ABCDで、点Eを中心にして、２倍に拡大した四角形FGHIをかきましょう。また、$\frac{1}{2}$に縮小した四角形JKLM（ジェーケーエルエム）をかきましょう。

教科書　180ページ１

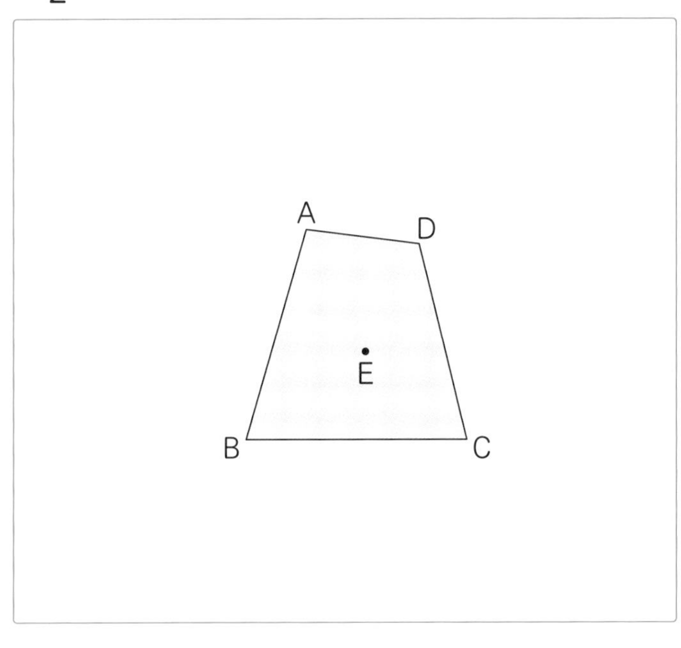

ポイント　三角形の拡大図や縮図は、《１》3つの辺の長さ、《２》2つの辺の長さとその間の角の大きさ、《３》Ｉつの辺の長さとその両はしの２つの角の大きさのどれかを使ってかくことができます。

勉強した日　月　日

③ 縮図の利用

基本のワーク

学習の目標
縮尺の使い方を覚え、縮図を利用して、実際の長さを求めよう！

教科書 181～182ページ　答え 26ページ

基本 1 縮尺から実際の長さが求められますか

☆ 右の図は、図書館と公民館の縮図(しゅくず)です。

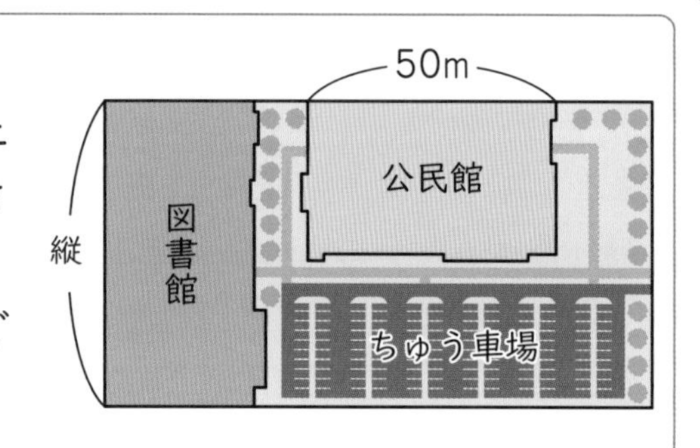

❶ 公民館の実際の横の長さ 50m は、縮図の上では何cm何mmですか。それは、実際の長さの何分の一になっていますか。

❷ 縮図の上で 1cm の長さは、実際には何mですか。

❸ 図書館の実際の縦(たて)の長さは、何mですか。

とき方 ❶ 縮図の公民館の横の長さを測ると、2cm5mm。長さの単位をcmにそろえて計算すると、

□ ÷ 5000 = $\frac{1}{□}$

❷ 縮図の上での長さは、実際の長さの $\frac{1}{2000}$ なので、縮図の上で 1cm の長さの実際の長さは、$1 \times 2000 = 2000$(cm)=□(m)

❸ 縮図の上で縦の長さは 3cm だから、$3 \times 2000 = 6000$(cm)=□(m)

答え ❶ □cm □mm、$\frac{1}{□}$　❷ □m　❸ □m

たいせつ

実際の長さを縮(ちぢ)めた割合(わりあい)を、縮尺(しゅくしゃく)といいます。縮尺には、次の3つの表し方があります。

㋐ $\frac{1}{2000}$　㋑ 1：2000　㋒ 0　20　40　60m

㋒は、1cm が 20m であることを表しています。

1 右の図は、遊園地の縮図です。

教科書 181ページ1

❶ 縮尺何分の一の縮図ですか。

(　　　　　　)

❷ 遊園地の実際の縦の長さは、何mですか。

(　　　　　　)

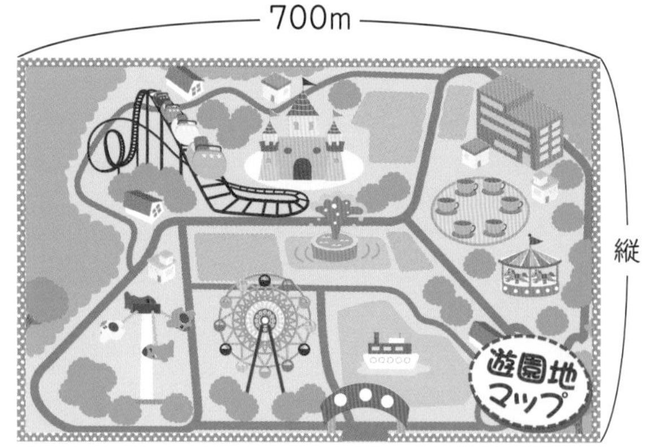

拡大図(かくだいず)や縮図をかくための道具に、パンタグラフというものがあるよ。あまり使われなくなったようだけどね。

基本 2 縮図をかいて実際の長さを求められますか

☆ 右の図のような川のはばを求めます。

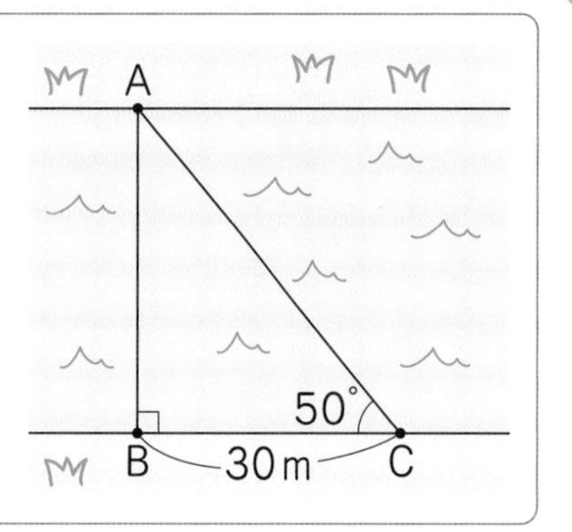

❶ 直角三角形ABC（エービーシー）の $\frac{1}{1000}$ の縮図をかきましょう。

❷ ❶でかいた縮図の辺ABの長さを測り、実際の川のはばを求めましょう。

とき方 ❶ [1] 直線BCの長さを求めて、直線BCを引きます。

30m＝3000cmなので、直線BCの長さは、

$3000\times\frac{1}{1000}=$ □ (cm)

[2] 点Bを通って、直線BCに □ な直線を引きます。

[3] 角Cを □ °にとり、点Aを決めます。

[4] 直角三角形ABCをかきます。

❷ 縮図の辺ABの長さを測ると、3.6cmなので、実際の川のはばは、

□ ×1000＝ □ (cm)＝ □ (m)

答え

❶

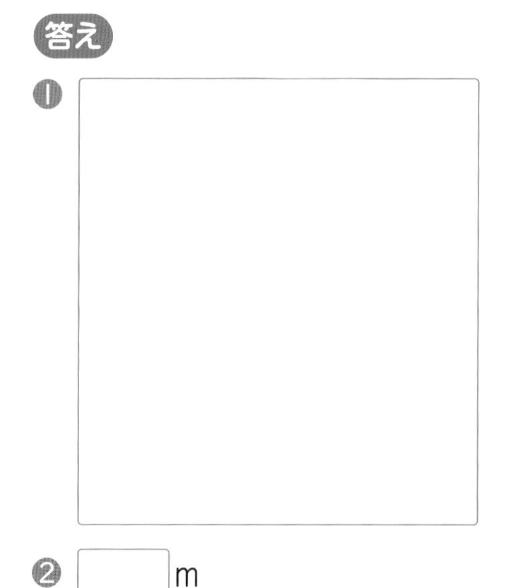

❷ □ m

2 右の図のような街灯があります。 教科書 182ページ 1▶ 2▶

❶ 右の直角三角形ABCの $\frac{1}{100}$ の縮図をかきましょう。

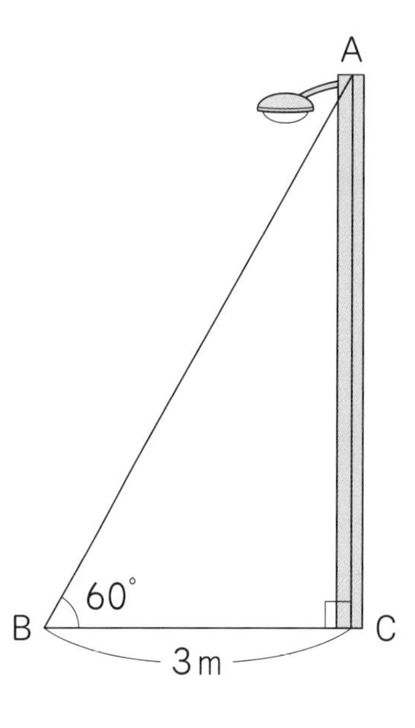

基本2と同じ方法でかいていこう。

❷ 街灯の高さは何mですか。❶でかいた縮図を利用して求めましょう。

（　　　　）

ポイント 縮図を利用して実際の長さを求める問題では、長さの単位に気をつけましょう。

勉強した日　月　日

練習のワーク

教科書 170〜185ページ　答え 26ページ

できた数　/6問中

1 拡大図と縮図 次の図を見て答えましょう。

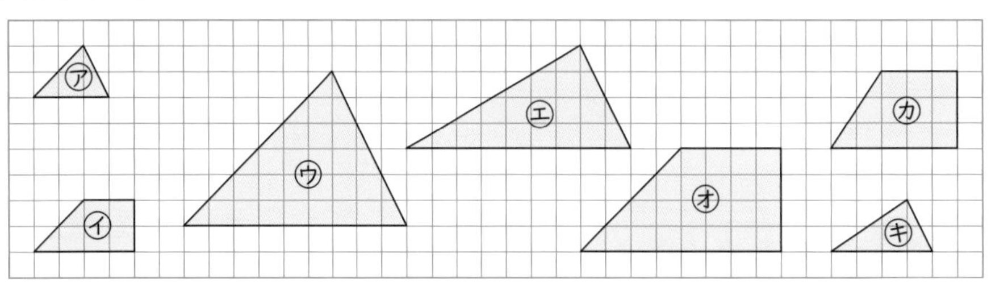

❶ ㋐の拡大図(かくだいず)はどれですか。また、それは何倍の拡大図ですか。

（　　　、　　　）

❷ ㋔の縮図(しゅくず)はどれですか。また、それは何分の一の縮図ですか。

（　　　、　　　）

2 拡大図と縮図のかき方 右の三角形ABC(エービーシー)の2倍の拡大図と$\frac{1}{2}$の縮図をかきましょう。

❶ 2倍の拡大図

❷ $\frac{1}{2}$の縮図

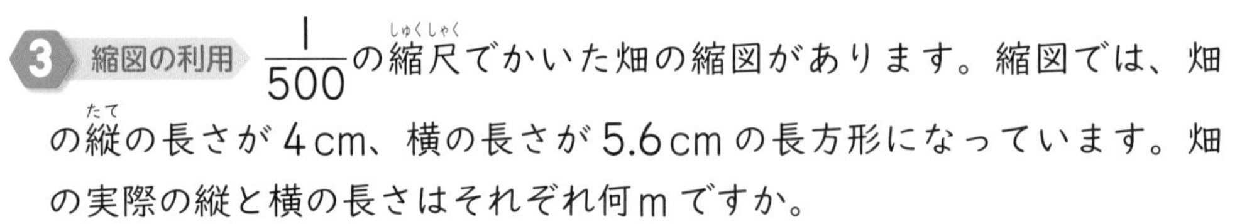

3 縮図の利用 $\frac{1}{500}$の縮尺(しゅくしゃく)でかいた畑の縮図があります。縮図では、畑の縦(たて)の長さが4cm、横の長さが5.6cmの長方形になっています。畑の実際の縦と横の長さはそれぞれ何mですか。

縦（　　　）　横（　　　）

1 拡大図と縮図
拡大図、縮図では、対応する辺の長さの比はすべて等しく、対応する角の大きさも等しくなっています。

方眼のますの数の比を、簡単(かんたん)な比になおすと、比べられるよ。

2 拡大図と縮図のかき方
三角形の2倍の拡大図のかき方は、次の3つです。
《1》 3つの辺の長さをそれぞれ2倍にした長さを使う。
《2》 2つの辺の長さをそれぞれ2倍にした長さと、その間の角の大きさを使う。
《3》 1つの辺の長さを2倍にした長さと、その両はしの2つの角の大きさを使う。

3 縮図の利用
実際の長さの$\frac{1}{500}$が4cmと5.6cmです。

できるナビ　拡大図で辺の長さを決めるときは、定規で長さを測って拡大したときの長さを計算するよ。2倍、3倍、…の拡大図をかくときにはコンパスを使ってもいいね。

まとめのテスト

教科書 170～185ページ　答え 26ページ

1 よく出る 右の四角形㋑は四角形㋐の拡大図です。　1つ8〔40点〕

❶ 角F（エフ）の大きさは何度ですか。

（　　　　　）

❷ 辺BCと辺FG（ジー）の長さの簡単な比を求めましょう。

（　　　　　）

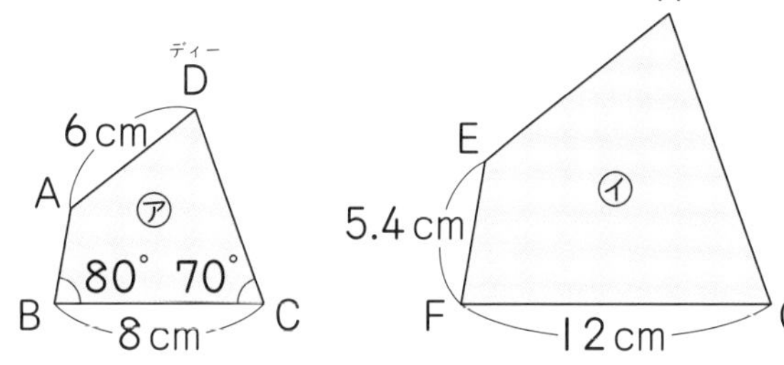

❸ ㋑は㋐の何倍の拡大図ですか。

（　　　　　）

❹ 辺EH（イーエイチ）、辺ABの長さは、それぞれ何cmですか。

辺EH（　　　　　）　辺AB（　　　　　）

2 点Bを中心にして、右の三角形ABCの2倍の拡大図DBEをかきましょう。また、$\frac{1}{2}$の縮図FBGをかきましょう。　1つ10〔20点〕

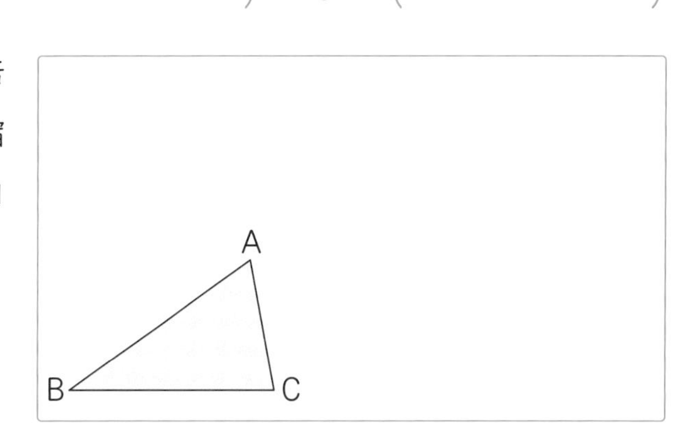

3 $\frac{1}{200}$の縮尺でかいた花だんの縮図があります。縮図では、花だんの縦の長さが4.5cm、横の長さが7cmの長方形になっています。花だんの実際の縦と横の長さはそれぞれ何mですか。　1つ10〔20点〕

縦（　　　　　）　横（　　　　　）

4 次の図のようなビルの高さは何mですか。$\frac{1}{1000}$の縮図をかいて、高さを求めましょう。　1つ10〔20点〕

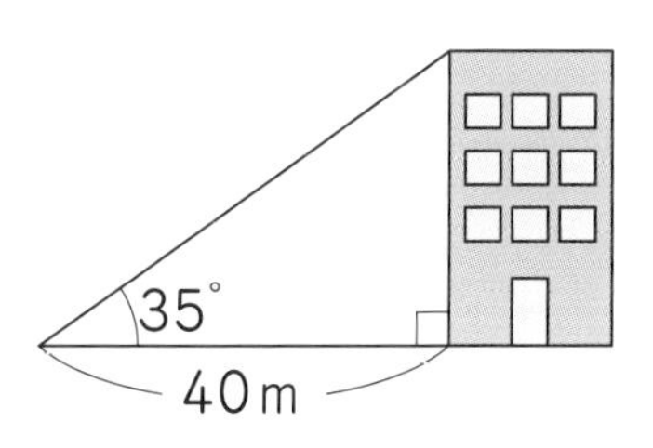

高さ（　　　　　）

チェック
□拡大図や縮図の性質がわかったかな？
□拡大図や縮図をかくことができたかな？

勉強した日　月　日

① 比例
基本のワーク

学習の目標・
比例の意味や、式の表し方を覚えよう！

教科書 186～193ページ　答え 27ページ

ふくしゅう　できるかな？

例 1個40円のお菓子を買うときの、買う個数□個と代金○円は比例しているといえますか。

考え方 表をかいて考えます。

お菓子の個数と代金

個数□(個)	1	2	3	4	5
代金○(円)	40	80	120	160	200

個数□個が2倍、3倍、…になると、代金○円も2倍、3倍、…になっています。**答え** 比例しているといえる。

問題 1mの重さが15gの針金の長さ□mと重さ○gの関係を、下の表にまとめて、長さ□mと重さ○gが比例しているかを調べましょう。

針金の長さと重さ

長さ□(m)	1	2	3	4	5
重さ○(g)	15	30	㋐	㋑	㋒

(　　　　　)

基本 1 比例がわかりますか

☆ ダンボールの枚数と厚さの関係は、枚数をx枚、厚さを$y$mmとすると、右の表のようになりました。

ダンボールの枚数と厚さ

枚数x(枚)	1	2	3	4	5	6
厚さy(mm)	5	10	15	20	25	30

❶ xの値が2倍、3倍、…になると、それに対応するyの値は、どのように変わりますか。

❷ yはxに比例していますか。

とき方

枚数x(枚)	1	2	3	4	5	6
厚さy(mm)	5	10	15	20	25	30

(2倍、3倍、4倍)

yがxに［　　］するとき、xの値が□倍になると、yの値も□倍になります。

答え ❶ ［　］倍、［　］倍、…になる。
❷ ［　　　　］

1 基本1の表を見て答えましょう。　教科書 190ページ3

❶ xの値が1.5倍、2.5倍になると、yの値はどのように変わりますか。

(　　　　　)

❷ xの値が$\frac{1}{2}$倍、$\frac{1}{3}$倍になると、yの値はどのように変わりますか。

(　　　　　)

❶はxの値が2のときから、❷はxの値が6のときから考えてみよう。

2つの変わる量の関係で、変わる量のことを「変数」、変わらない量のことを「定数」というよ。

基本 2 比例の関係を式に表せますか

☆ 針金の長さと重さについて、長さ xm と、重さ yg の関係は、右の表のようになりました。

針金の長さと重さ

長さ x(m)	1	2	3	4	5	6
重さ y(g)	25	50	75	100	125	150

❶ x の値が 1 増えると、y の値はいくつ増えますか。

❷ $y \div x$ の商は、何を表していますか。 ❸ x と y の関係を式に表しましょう。

とき方 y は x に比例しています。

❶ 右の表から考えます。

㋐…100－75＝□

㋑…150－125＝□

長さ x(m)	1	2	3	4	5	6
重さ y(g)	25	50	75	100	125	150

1 増えた　1 増えた　1 増えた

25 増えた　㋐ 増えた　㋑ 増えた

❷ 25÷1＝25、50÷2＝□

75÷3＝□、100÷4＝□、…のように、

$y \div x$ の商はいつもきまった数□になります。

これは、長さが□m のときの□を表しています。

❸ y の値は、x が 1 のとき、y＝25×1、x が 2 のとき、

y＝□×2、…だから、y＝□×x と表せます。

答え ❶ □増える。 ❷ □ ❸ y＝□×x

たいせつ

2 つの量 x と y があって、y が x に比例するとき、y＝きまった数×x の式で表せます。(y＝x×きまった数で表すこともあります。)

2 正五角形の 1 辺の長さを $x$cm、まわりの長さを $y$cm とします。 教科書 193ページ 5

正五角形の 1 辺の長さとまわりの長さ

1 辺の長さ x(cm)	1	2	3	4	5
まわりの長さ y(cm)	5				

❶ 表のあいているところに、まわりの長さを書き入れましょう。

❷ x と y の関係を式に表しましょう。また、きまった数は何を表していますか。

式 (　　　)
きまった数 (　　　)

3 正八角形の 1 辺の長さを $x$cm、まわりの長さを $y$cm として、x と y の関係を式に表しましょう。また、きまった数は何を表していますか。 教科書 193ページ 1

式 (　　　)
きまった数 (　　　)

ポイント 比例の関係の式の、y＝きまった数×x の「きまった数」が表すものには、① x の値が 1 増えるときの、y の値の増える量 ② $y \div x$ の商 ③ x が 1 のときの y の値があります。

勉強した日　月　日

② 比例のグラフ

基本のワーク

学習の目標
比例の関係をグラフに表したり、グラフから読み取ったりしよう！

教科書 194〜196ページ　答え 27ページ

基本 1 比例のグラフがかけますか

☆ 右の表は、自動車の走った時間x時間と道のり$y$kmの関係を表したものです。

時速50kmで走ったときの時間と道のり

時間x(時間)	1	2	3	4	5
道のりy(km)	50	100	150	200	250

❶ xの値が0のときのyの値を求めましょう。
❷ xの値とyの値の関係をグラフに表しましょう。

とき方 ❶ yはxに比例しています。
xの値が1のときのyの値は□だから、
xとyの関係の式は、y=□×x
xの値が0のときのyの値は、
y=□×0=□
❷ ① xの値と対応するyの値の組を表す点をかきます。
② 点と点を直線で結びます。

答え ❶ □
❷ 時速50kmで走ったときの時間と道のり

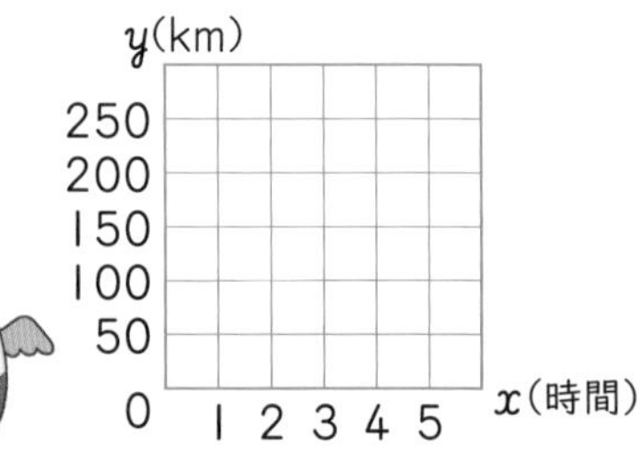

たいせつ
比例の関係をグラフに表すと、縦の軸と横の軸が交わる0の点を通る直線になります。

1 1mあたり4gの針金があります。　教科書 194ページ1

❶ 針金の長さxmと重さygの関係を下の表にまとめましょう。

針金の長さと重さ

長さx(m)	0	1	2	3	4	5
重さy(g)	0	4				

ヒント
yがxに比例していれば、xとyは、y=きまった数×xの式で表せます。

❷ xとyの関係を式に表しましょう。

(　　　　　　)

❸ xの値とyの値の関係をグラフに表しましょう。

はじめに、❶の表のxの値と対応するyの値の組を表す点をかこう。

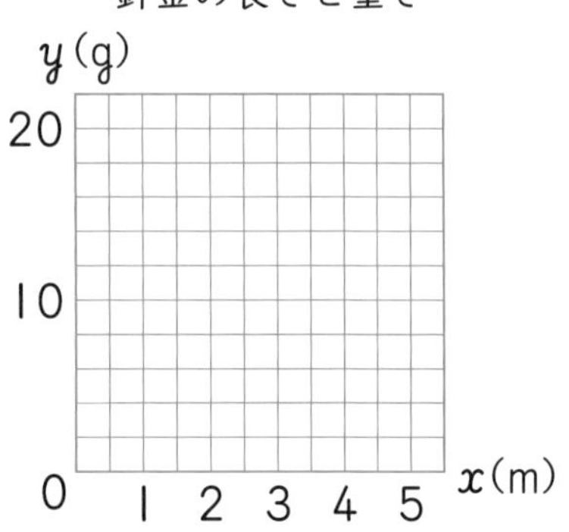

日本人の何人に1人がパソコンを持っているかなどを調べるとき、全員について調べるのではなく、何人かを選んで調べて比例の性質を使っておよその人数を求めるよ。

基本2 比例のグラフを読み取ることができますか

☆ 右のグラフは、2つのちがったリボンⒶ(エー)、Ⓑ(ビー)の長さxmと代金y円の関係を表したものです。

❶ どちらが高いリボンといえますか。

❷ グラフから、次のリボンの代金や長さを、それぞれ読み取りましょう。

㋐ リボンⒶの3.6mの代金。

㋑ リボンⒷの210円の長さ。

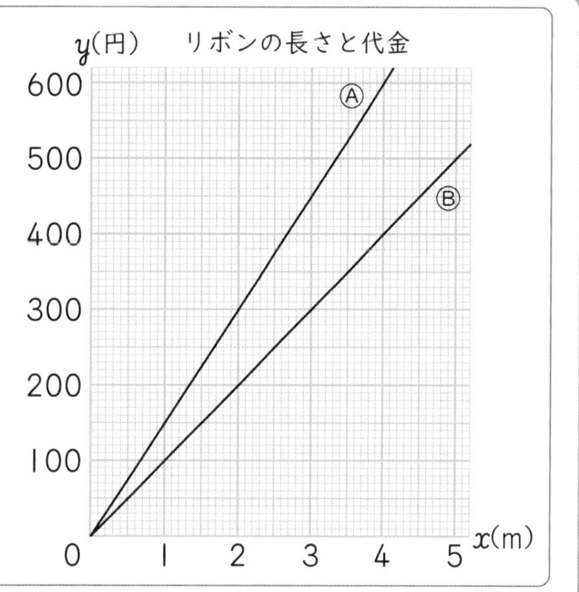

とき方 ❶ 1mに対応する代金を見ると、Ⓐは［　　］円、Ⓑは［　　］円だから、［　　］の方が高いといえます。

❷ ㋐ xの値が3.6のときのyの値を見ると、［　　］です。

㋑ yの値が210のときのxの値を見ると、［　　］です。

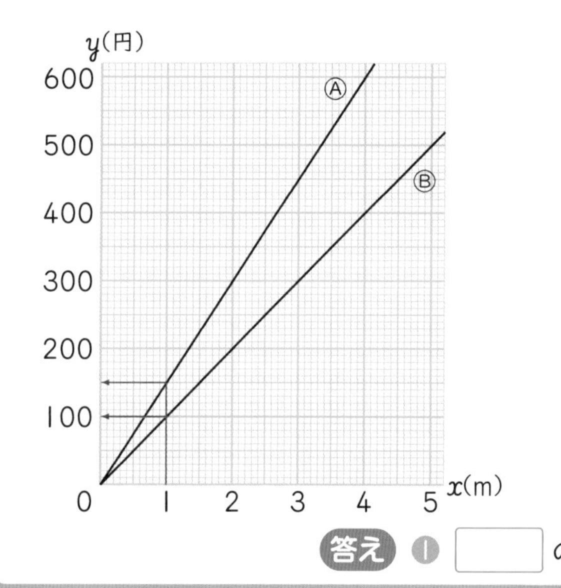

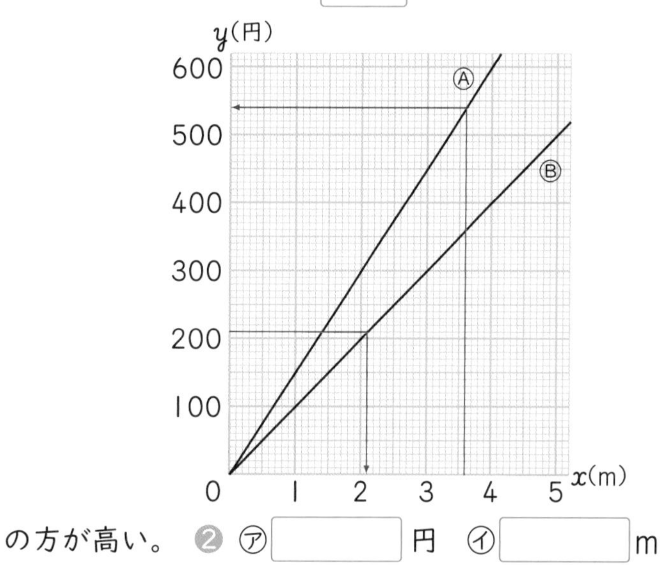

答え ❶ ［　　］の方が高い。 ❷ ㋐［　　］円 ㋑［　　］m

2 基本2のリボンⒶ、Ⓑについて答えましょう。 教科書 196ページ2

❶ リボンⒶ、Ⓑの代金が390円のときの長さを、それぞれ基本2のグラフから読み取りましょう。

リボンⒶ（　　　　） リボンⒷ（　　　　）

❷ 次のリボンは、Ⓐ、Ⓑのどちらのリボンですか。

㋐ 6.4mで640円のリボン。

（　　　　）

㋑ 5.3mで795円のリボン。

（　　　　）

ポイント 比例の関係を表すグラフは、0を通る直線になります。

勉強した日 月 日

③ 比例の性質の利用
④ 反比例 [その1]
基本のワーク

学習の目標
比例の性質やグラフを使ったり、反比例の意味を覚えたりしよう！

教科書 197～200ページ　答え 27ページ

基本1 比例の性質を利用して問題が解けますか

☆ 下の表は、海水の量とその中にある塩の量との関係を表したものです。

海水の量と塩の量

海水の量(L)	0	1	3	6	9	15	20
塩の量(g)	0		105	210	315		

❶ 塩の量 y(ワイ)g は、海水の量 x(エックス)L に比例していますか。
❷ 海水 15L の中に、塩は何gありますか。

とき方 ❶ 海水の量が2倍、3倍、…になると、塩の量も □ 倍、□ 倍、…になっています。

❷ 《1》 x の値(あたい)が5倍になると、y の値も5倍になることを使って求めます。

x	3	15
y	105	□

(×5)

105×5=□

《2》 海水1L分の塩の量はきまった数であることを使って、式に表して求めます。

x	1	15
y		□

(×15)

105÷3=35
y=35×x
x に15を入れると、
y=35×□　y=□

答え ❶ □　❷ □g

1 基本1 の問題で、海水 20L の中に、塩は何gありますか。　教科書 197ページ1

(　　　　)

基本2 比例のグラフを見て問題が解けますか

☆ おもりの重さ xg とばねののびる長さ $y$cm の関係をグラフに表すと右のようになりました。

❶ 重さが10g増えると、ばねは何cmのびますか。
❷ x と y の関係を式に表しましょう。
❸ このばねに石をつけたら、ばねは15cmのびました。この石の重さは何gといえますか。

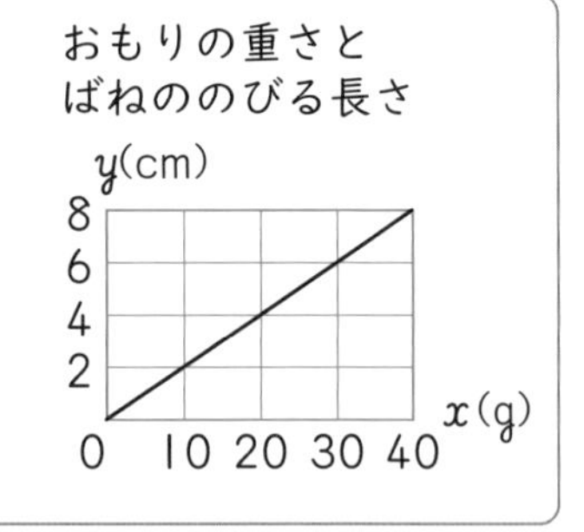

とき方 ❶ 重さが10gから20gに増えると、ばねののびは2cmから □ cmになるので、□−2=□(cm)のびます。

❷ y÷x の商を求めます。□÷10=□ だから、y=□×x

❸ ❷の式の y に15を入れて求めます。15=□×x だから、x=□

答え ❶ □cm　❷ y=□×x　❸ □g

y が x に比例することを、「$y \propto x$」、y が x に反比例することを、「$y \propto^{-1} x$」と書くことがあるんだって。

2 基本2 の問題のばねにおもりをつけたら、ばねは 21cm のびました。このおもりの重さは何 g といえますか。

教科書 198ページ 2

（　　　　　　）

基本 3 反比例の意味がわかりますか

☆ 面積が $12cm^2$ の長方形で、横の長さを $x$cm、縦(たて)の長さを $y$cm とします。

❶ x の値が 2 倍、3 倍、…になると、y の値はどのように変わりますか。

❷ x の値が $\frac{1}{2}$ 倍、$\frac{1}{3}$ 倍、…になると、y の値はどのように変わりますか。

とき方 表をかいて調べます。

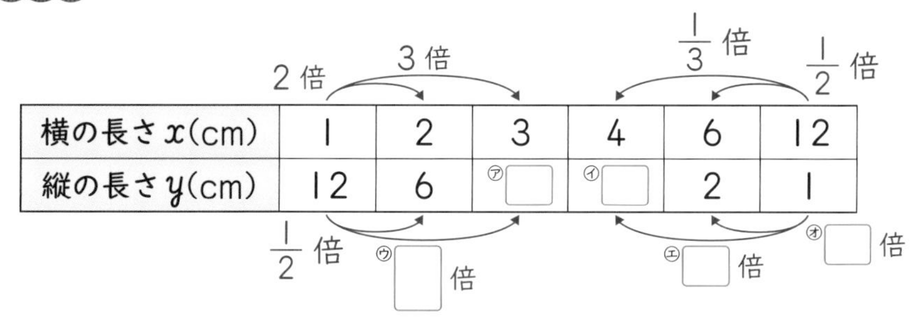

2 倍　3 倍　$\frac{1}{3}$ 倍　$\frac{1}{2}$ 倍

横の長さ x(cm)	1	2	3	4	6	12
縦の長さ y(cm)	12	6	㋐□	㋑□	2	1

$\frac{1}{2}$ 倍　㋒□倍　㋓□倍　㋔□倍

長方形の面積の公式から、縦×横＝12 となる数を考えよう。

答え ❶ □倍、□倍、…になる。 ❷ □倍、□倍、…になる。

たいせつ

ともなって変わる 2 つの量 x と y があって、x の値が 2 倍、3 倍、…になると、y の値が $\frac{1}{2}$ 倍、$\frac{1}{3}$ 倍、…になるとき、y は x に**反比例する**といいます。

反比例に対して、比例のことを**正比例**ということがあります。

3 y が x に反比例しているのは、どちらですか。

教科書 199ページ 1

㋐ 面積が $15cm^2$ の三角形の底辺の長さと高さ

底辺 x(cm)	1	2	3	5	6
高さ y(cm)	30	15	10	6	5

㋑ いちごが 14 個あるときの食べた数と残りの数

食べた数 x(個)	1	2	3	4	5
残りの数 y(個)	13	12	11	10	9

（　　　　　　）

4 底辺の長さが $x$cm、高さが $y$cm で、面積が $18cm^2$ の平行四辺形があります。

❶ 下の表のあいているところに、あてはまる数を書きましょう。

教科書 199ページ 1

底辺 x(cm)	1	2	3	6	9	18
高さ y(cm)	18					

平行四辺形の面積の公式は、底辺×高さだったね。

❷ y は x に反比例していますか。

（　　　　　　）

比例の性質を使った問題やグラフを見て解く問題では、きまった数を求めて、x と y の関係を式に表してみましょう。

勉強した日　月　日

④ 反比例 [その2]

学習の目標
反比例の関係を式やグラフに表し、反比例の性質を使おう！

基本のワーク

教科書 201～203ページ　答え 28ページ

基本 1 反比例の関係を式やグラフに表せますか

☆ 右の表は、面積が 12cm² の長方形の横の長さ $x$cm と縦の長さ $y$cm の関係を表しています。

面積が 12cm² の長方形の横と縦の長さ

横の長さ x(cm)	1	2	3	4	6	12
縦の長さ y(cm)	12	6	4	3	2	1

❶ x と y の積は、何を表していますか。
❷ x と y の関係を式に表しましょう。
❸ 表の x の値と対応する y の値の組を表す点をかきましょう。

とき方 ❶ x と y の積は、
x が 1 のとき、$1\times12=$□、
x が 2 のとき、$2\times6=$□、…
❷ ❶から、$x\times y$ の積は□だから、
$x\times y=$□と表せます。
❸ x の値と対応する y の値の組を表す点をかきます。

たいせつ
2つの量 x と y があって、y が x に反比例するとき、
$x\times y=$きまった数の式で表せます。
($y=$きまった数$\div x$ の式で表すこともあります。)

答え ❶ □
❷ $x\times y=$□
❸ 面積が 12cm² の長方形の横と縦の長さ

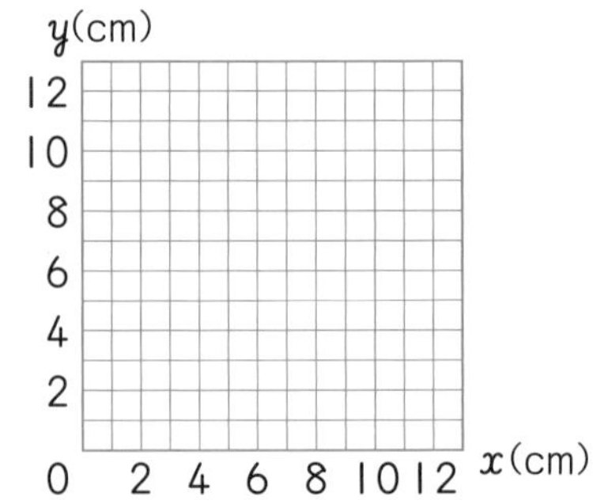

1 基本1 の問題で、x の値が 5 のときの、y の値を求めましょう。　教科書 201ページ2

(　　　　)

基本 2 反比例の性質を利用して問題が解けますか

☆ 1人が1日に同じだけ仕事をすると、48日かかる仕事があります。この仕事を x 人ですると、y 日かかります。
❶ x と y の関係を式に表しましょう。
❷ ❶の式を使い、この仕事を6人でするときにかかる日数を求めましょう。

とき方 ❶ 人数が 2 倍、3 倍、…になると、かかる日数は $\frac{1}{2}$ 倍、$\frac{1}{3}$ 倍、…になるから、x と y は反比例しています。x が 1 のとき、y の値は□だから、$x\times y=$□
❷ ❶の式の x に 6 を入れます。
$6\times y=$□、$y=$□

答え ❶ $x\times y=$□　❷ □日

反比例のグラフをかくとき、点をさらに細かくとっていくとなめらかな曲線になるよ。くわしくは中学で習うよ。

2 基本2の仕事を3日で仕上げるのに必要な人数を求めましょう。 教科書 203ページ3

（　　　　）

3 えん筆が36本あります。このえん筆をx人で等分すると、1人分はy本になります。 教科書 203ページ3

❶ xとyの関係を式で表しましょう。

yがxに反比例するとき、次のような式でも表せるよ。y＝きまった数÷x

（　　　　）

❷ ❶の式を使い、このえん筆を9人で等分するときの1人分の本数を求めましょう。

（　　　　）

❸ ❶の式を使い、このえん筆を1人に12本ずつ分けるときの分けられる人数を求めましょう。

（　　　　）

基本3 時速と時間の関係がわかりますか

☆ 54kmの道のりを行くときの時速を$x$km、かかる時間をy時間とします。

❶ 時速と時間の関係を右の表にまとめましょう。

❷ 時間は時速に反比例していますか。

❸ xとyの関係を式に表しましょう。

時速と時間

時速x(km)	1	2	3	6	9	18	27	54
時間y(時間)								

とき方 ❶ 時間＝道のり÷速さの式にあてはめて計算して、表にあてはまる数を書いていきます。

❷ xの値が2倍、3倍、…になるとき、それに対応するyの値が□倍、□倍、…になれば、xとyは反比例しています。

❷は、❶でまとめた表で調べよう。

❸ xが1のとき、yの値は□だから、$x\times y$＝□と表せます。

答え ❶ 表に記入　❷ □　❸ $x\times y$＝□

4 800mの道のりを行くときの分速をxm、時間をy分として、xとyの関係を式に表しましょう。 教科書 203ページ1

（　　　　）

ポイント yがxに反比例するとき、xとyの関係は、$x\times y$＝きまった数、または、y＝きまった数÷xと表すことができます。

勉強した日　月　日

練習のワーク①

教科書 186～209ページ　答え 28ページ

1 比例の式　x と y の関係を式に表しましょう。

❶ 1Lが130円のガソリンを買うときの量 x L と代金 y 円。

(　　　　　)

❷ 1 cm^2 が0.9gの鉄板の面積 x cm^2 と重さ y g。

(　　　　　)

2 比例のグラフ　次の表は、底辺の長さが4cmの三角形の高さ x cmとその面積 y cm^2 の関係を表したものです。

底辺の長さが4cmの三角形の高さと面積

高さ x(cm)	0	1	2	3	4	5
面積 y(cm^2)	0			6		

❶ 表のあいているところに、あてはまる数を書きましょう。

❷ x と y の関係を式に表しましょう。

(　　　　　)

❸ x と y の関係を右のグラフに表しましょう。

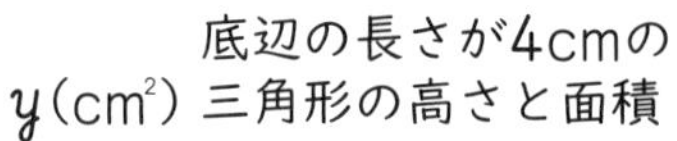

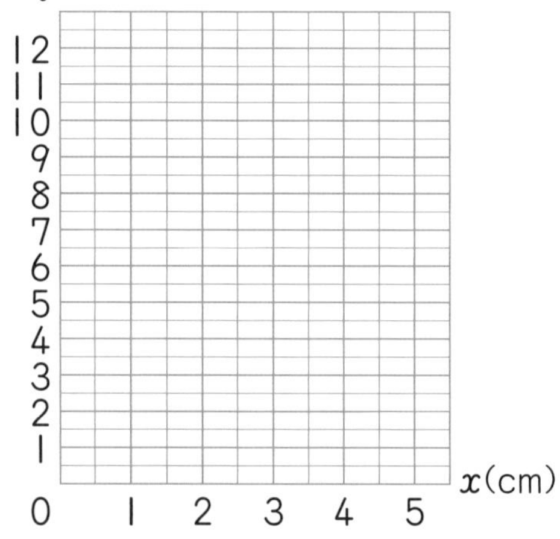

❹ 高さが2.5cmのときの面積は、何 cm^2 ですか。

(　　　　　)

❺ 面積が18 cm^2 のときの高さは何cmですか。

(　　　　　)

3 反比例の式　x と y の関係を式に表しましょう。

❶ 面積が20 cm^2 の平行四辺形の底辺の長さ x cmと高さ y cm。

(　　　　　)

❷ 60Lまで入る水そうに水を入れるときの、1分間に入れる水の量 x L と満水になるまでにかかる時間 y 分。

(　　　　　)

てびき

1 比例の式

y＝きまった数×x

「きまった数」が表すものは、
① x の値が1増えるときの、y の値の増える量
② $y \div x$ の商
③ x が1のときの y の値

2 比例のグラフ

❸ 表の x の値と y の値の組を表す点をかいて、直線で結びます。
❹ グラフから読み取ります。または、❷の式の x に2.5を入れて求めます。

3 反比例の式

$x \times y$＝きまった数

y＝きまった数÷x の式で表すこともあります。

できるナビ　比例の関係の式の「きまった数」は $y \div x$（商）、反比例の「きまった数」は $x \times y$（積）で求められるよ。逆にしてしまわないようにしよう。

練習のワーク②

教科書 186～209ページ　答え 28ページ

できた数　/9問中

1 比例・反比例

次の２つの量が、比例するものには○、反比例するものには△、どちらでもないものには×を書きましょう。

❶ 時速 50km で走る車の走る時間と道のり

時間 x(時間)	0	1	2	3	4
道のり y(km)	0	50	100	150	200

(　　　　)

❷ 円の半径の長さと面積

半径 x(cm)	0	1	2	3
面積 y(cm²)	0	3.14	12.56	28.26

(　　　　)

❸ 面積が 30cm² の長方形の縦（たて）の長さと横の長さ

縦の長さ x(cm)	1	2	3	5
横の長さ y(cm)	30	15	10	6

(　　　　)

2 比例

ひし形の１辺の長さ $x$cm とまわりの長さ $y$cm の関係について答えましょう。

❶ 表のあいているところに、あてはまる数を書きましょう。

ひし形の１辺の長さとまわりの長さ

１辺の長さ x(cm)	0	1	2	3	4	5
まわりの長さ y(cm)	0	4				

❷ x と y の関係を式に表しましょう。

(　　　　)

❸ x と y の関係を右のグラフに表しましょう。

ひし形の１辺の長さとまわりの長さ

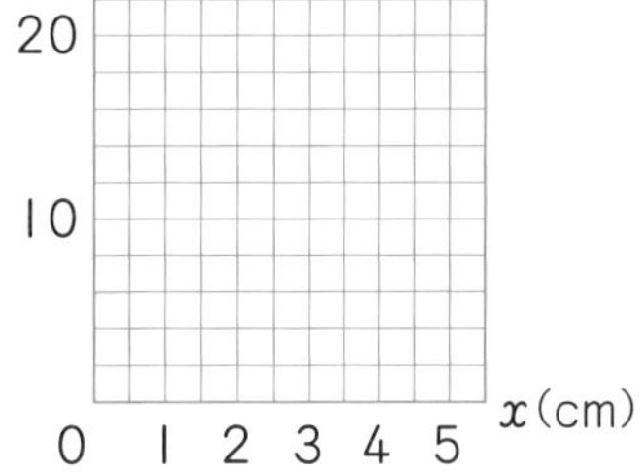

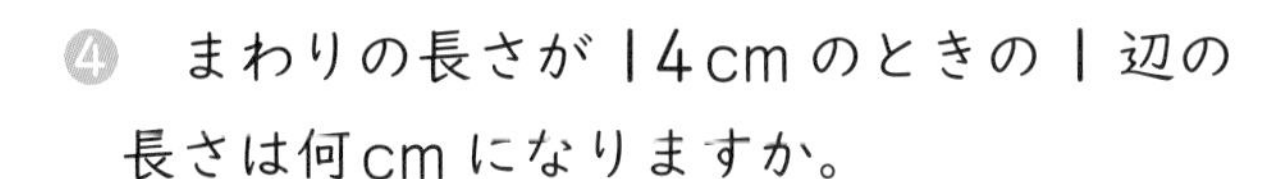

❹ まわりの長さが 14cm のときの１辺の長さは何cm になりますか。

(　　　　)

3 反比例

20m のひもがあります。このひもを x 本に等分すると、１本分の長さは ym になります。

❶ x と y の関係を式に表しましょう。

(　　　　)

❷ このひもを 10 本に等分すると、１本分は何m になりますか。

(　　　　)

1 比例・反比例

比例

x の値が２倍、３倍、…になると、y の値も２倍、３倍、…になります。

反比例

x の値が２倍、３倍、…になると、y の値は $\frac{1}{2}$ 倍、$\frac{1}{3}$ 倍、…になります。

2 比例

❷ y が x に比例するとき、
y＝きまった数×x
または、
y＝x×きまった数
の式で表せます。

ちゅうい

グラフに表すときは、縦と横の１目もりの大きさがそれぞれちがうことがあるので、気をつけましょう。

3 反比例

❶ y が x に反比例するとき、
x×y＝きまった数
または、
y＝きまった数÷x
の式で表せます。

❷ ❶の式を使って求めます。

できるナビ

比例のグラフは０の点を通る直線になるよ。直線を引くときは、x の値と y の値の組を表す点すべてを通るようにていねいにかこう。

勉強した日　月　日

まとめのテスト①

時間 20分　得点 /100点

教科書 186～209ページ　答え 28ページ

1 よく出る　1mあたり75円のひもがあります。　1つ9〔36点〕

❶ ひもの長さxmとy円の関係を次の表にまとめましょう。

長さx(m)	0	1	2	3	4	5	6	7	8
代金y(円)	0	75							

❷ xとyの関係を式に表しましょう。

(　　　)

❸ xの値と対応するyの値をグラフに表しましょう。

ひもの長さと代金

y(円)　700　600　500　400　300　200　100　0　1　2　3　4　5　6　7　8　x(m)

❹ 代金が900円のときのひもの長さは何mですか。

(　　　)

2 次の表は、紙の枚数x枚と重さygの関係を表したものです。　1つ10〔40点〕

紙の枚数と重さ

枚数x(枚)	0	1	20	40	60	110	300
重さy(g)	0	㋐	130	260	390	㋑	1950

❶ xとyの関係を式に表しましょう。

(　　　)

❷ 上の表の㋐、㋑にあてはまる数を求めましょう。

㋐(　　　)　㋑(　　　)

❸ 紙の重さが910gのとき、紙は何枚ありますか。

(　　　)

3 1人が1日に同じだけ仕事をすると、56日かかる仕事があります。この仕事をx人ですると、y日かかります。　1つ8〔24点〕

❶ xとyの関係を式に表しましょう。

(　　　)

❷ この仕事を7人でするときにかかる日数を求めましょう。

(　　　)

❸ この仕事を4日で仕上げるのに必要な人数を求めましょう。

(　　　)

□比例の意味がわかったかな？
□比例を使って、問題を解くことができたかな？

まとめのテスト②

教科書 186～209ページ　答え 29ページ

時間20分　得点 /100点

1 よく出る 次のことがらのうち、ともなって変わる2つの量が比例しているのはどれですか。また、反比例しているのはどれですか。 1つ8〔16点〕

㋐ 兄弟でお金を出しあってゲームソフトを買うときの兄が出す金額と弟が出す金額。

㋑ ジュースを何人かで等分するときの人数と1人あたりのジュースの量。

㋒ 正方形の1辺の長さと面積。

㋓ きまった時間歩くときの速さと道のり。

比例（　　　　）　反比例（　　　　）

2 次の表の❶は、x と y の比例している関係、❷は、x と y の反比例している関係を表したものです。表のあいているところに、あてはまる数を書きましょう。 1つ12〔24点〕

❶ リボンの長さと代金

リボンの長さ x(cm)	1	2	3	
代金 y(円)		80		200

❷ カステラを切り分ける個数と1切れの重さ

切り分ける個数 x(個)	1	2	4	
1切れの重さ y(g)		140		10

3 よく出る 右のグラフは、2つのちがったばね㋐、㋑につるしたおもりの重さ x g とそのときのばねののび y mm の関係を表したものです。 1つ8〔40点〕

おもりの重さと ばねののびる長さ

❶ おもり1gあたりでのびる㋐、㋑それぞれのばねののびは、何mmですか。

㋐（　　　　）　㋑（　　　　）

❷ ㋐、㋑それぞれの x と y の関係を式で表しましょう。

㋐（　　　　）　㋑（　　　　）

❸ おもり3.5gで14mmのびるばねは、㋐、㋑のどちらですか。

（　　　　）

4 240kmはなれているA町からB町まで行くときの時速を x km、時間を y 時間とします。 1つ10〔20点〕

❶ x と y の関係を式に表しましょう。

（　　　　）

❷ 2時間40分でB町に着きました。時速何kmで走りましたか。

（　　　　）

ふろくの「計算練習ノート」22～23ページをやろう！

□ 反比例の意味がわかったかな？
□ 反比例を使って問題を解くことができたかな？

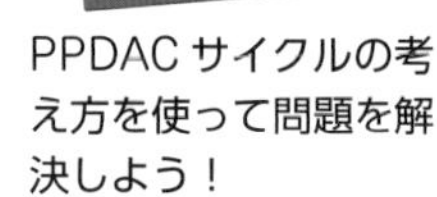

いろいろな問題を解決しよう

基本のワーク

学習の目標・
PPDACサイクルの考え方を使って問題を解決しよう！

教科書 212～217ページ　答え 29ページ

基本1 PPDACサイクルを使うことができますか

☆ 20年前とくらべて、6年生の体力が落ちているという話を聞いて、本当にそうなのか調べてみようと思い、2002年と2022年の6年1組の50m走の記録を調べました。

2002年の6年1組の50m走の記録

番号	記録(秒)	番号	記録(秒)	番号	記録(秒)
1	7.7	10	8.7	19	8.6
2	7.8	11	7.6	20	8.8
3	8.2	12	8.4	21	7.6
4	9.3	13	8.7	22	8.8
5	9.6	14	9.1	23	8.5
6	8.6	15	9.2	24	8.6
7	8.1	16	9.4	25	9.0
8	7.8	17	9.0		
9	8.9	18	9.5		

2022年の6年1組の50m走の記録

番号	記録(秒)	番号	記録(秒)	番号	記録(秒)
1	9.3	10	8.9	19	8.8
2	8.8	11	8.4	20	9.8
3	8.6	12	9.3	21	8.8
4	7.8	13	8.4	22	8.8
5	8.1	14	9.5	23	9.1
6	9.4	15	9.6	24	9.0
7	9.7	16	8.6	25	8.0
8	7.9	17	9.1		
9	8.9	18	7.9		

❶ 2002年と2022年で、いちばん速かった記録を答えましょう。
❷ 2002年と2022年で、50m走の平均値（へいきんち）を答えましょう。

とき方 ❶ それぞれの表から、いちばん速い記録を見つけます。
❷ 2002年の平均値は、[　　]÷25=[　　]（秒）
2022年の平均値は、[　　]÷25=[　　]（秒）

PPDACサイクル

解決したい問題があって、その問題を解決していく方法の一つ。
(1) Problem（プロブレム） →問題を見つける。
(2) Plan（プラン） →計画を立てる。
(3) Data（データ） →データを集める。
(4) Analysis（アナリシス） →データの分析（ぶんせき）をする。
(5) Conclusion（コンクリュージョン） →結論（けつろん）を出す。

答え
❶ 2002年…[　　]秒、
2022年…[　　]秒
❷ 2002年…[　　]秒、
2022年…[　　]秒

1 基本1 について、次の問いに答えましょう。　教科書 212ページ1

❶ 2002年と2022年で、50m走の中央値、最頻値（さいひんち）を答えましょう。

2002年　中央値（　　　　）、最頻値（　　　　）
2022年　中央値（　　　　）、最頻値（　　　　）

❷ 20年前とくらべて体力が落ちているかどうかを調べるには、ほかにどんなことを調べればよいですか。

（　　　　　　　　　　）

さんすうはかせ　PPDACサイクルの他に、PDSサイクル、PDCAサイクルなどがあるよ。

基本2 データを活用することができますか

☆ 次の表はある年の1年間に1人あたり何個ぎょうざを食べているかを、47都道府県で調査したものです。

1年間で食べるぎょうざの個数

都道府県	個数(個)	都道府県	個数(個)	都道府県	個数(個)	都道府県	個数(個)
北海道	35	東京	40	滋賀	71	香川	38
青森	29	神奈川	36	京都	70	愛媛	54
岩手	30	新潟	41	大阪	60	高知	31
宮城	45	富山	24	兵庫	50	福岡	37
秋田	23	石川	28	奈良	89	佐賀	39
山形	28	福井	41	和歌山	75	長崎	52
福島	30	山梨	40	鳥取	28	熊本	36
茨城	41	長野	30	島根	34	大分	30
栃木	68	岐阜	38	岡山	34	宮崎	52
群馬	36	静岡	47	広島	35	鹿児島	70
埼玉	37	愛知	33	山口	34	沖縄	30
千葉	40	三重	31	徳島	44		

❶ 平均値を求めましょう。四捨五入(ししゃごにゅう)して小数第一位まで求めましょう。

❷ 度数分布表を完成させましょう。

とき方 ❶ 平均値＝データの値の合計÷データの個数だから、

□÷□＝41.78…

→□

❷ 表から度数分布表を書きます。

表から、どこの都道府県でよくぎょうざが食べられているか考えてみよう。

答え ❶ □個

❷ 1年間で食べるぎょうざの個数

階級(個)	都道府県
20以上～30未満	
30 ～40	
40 ～50	
50 ～60	
60 ～70	
70 ～80	
80 ～90	
合計	

2 基本2について、次の問いに答えましょう。 教科書 216ページ3

❶ 度数がもっとも多い階級は何個以上何個未満のところですか。

(　　　　　)

❷ 中央値は、どの階級にふくまれていますか。

(　　　　　)

❸ 平均値はどの階級のところですか。

(　　　　　)

データの数が多くなればなるほど度数分布表でまとめたとき、ちらばりのようすがわかりやすくなります。

勉強した日　月　日

練習のワーク

教科書 212～217ページ　答え 29ページ

できた数　/7問中

1 PPDACサイクル　Ⅰか月の落とし物を調べたところ、右の表のようになりました。

Ⅰか月の落とし物

種類	個数(個)
ペン	4
消しゴム	8
えん筆	7
かぎ	2
タオル	3
その他	4
合計	28

❶ いちばん多い落とし物は何ですか。

(　　　)

❷ 消しゴムの個数は全体の何％ですか。四捨五入して小数第一位まで求めましょう。

(　　　)

❸ 消しゴムの個数はかぎの個数の何倍になりますか。

(　　　)

❹ 落とし物を減らすにはどうしたらよいかあなたの考えを書きましょう。

(　　　)

2 データの活用　次の表はあるクラスの卒業旅行で使ったおこづかいの金額を調べた結果です。

卒業旅行で使ったおこづかいの金額

番号	金額(円)	番号	金額(円)	番号	金額(円)	番号	金額(円)
Ⅰ	Ⅰ240	6	2550	ⅠⅠ	3690	Ⅰ6	2250
2	Ⅰ500	7	3250	Ⅰ2	3250	Ⅰ7	3200
3	2250	8	3650	Ⅰ3	4450	Ⅰ8	Ⅰ960
4	3260	9	4Ⅰ20	Ⅰ4	2290	Ⅰ9	3720
5	2680	Ⅰ0	4320	Ⅰ5	2890		

❶ 度数分布表を完成させましょう。

卒業旅行で使ったおこづかいの金額

階級(円)	人数(人)
Ⅰ000以上～Ⅰ500未満	Ⅰ
Ⅰ500　～2000	
2000　～2500	
2500　～3000	
3000　～3500	
3500　～4000	
4000　～4500	
合計	Ⅰ9

❷ 柱状グラフをかきましょう。

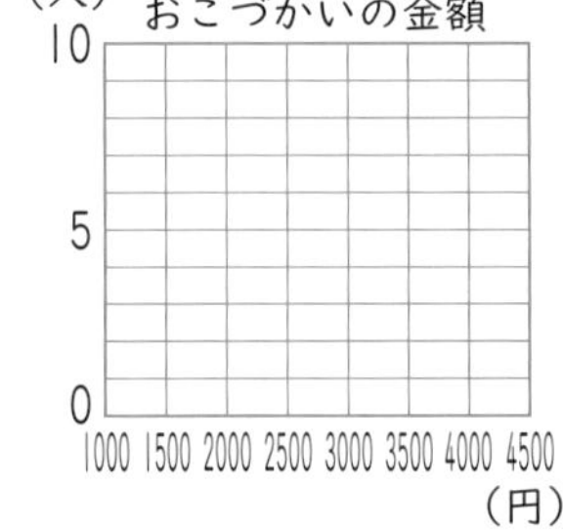

❸ 中央値は、どの階級にふくまれていますか。

(　　　)

1 PPDACサイクル

❷ 消しゴムの個数÷全体の個数で割合を求め百分率を使って表します。

❸ 消しゴムの個数÷かぎの個数です。

❹は自分の考えを自分のことばで書こう。

2 データの活用

❸ 中央値はデータを大きさの順にならべかえたときに、ちょうど真ん中に位置する値です。

中央値は、データの数によって次のように求められます。

奇数のとき
ちょうど真ん中の値。

偶数のとき
中央にならぶ２つの値の平均値。

できるナビ　身のまわりから問題を見つけ、データを集めて、グラフや表にして考えてみよう。

まとめのテスト

教科書 212～217ページ　答え 29ページ

時間 20分　得点 /100点

1 次の❶～❸の場面で、その資料をもっともよく表している代表値はどれですか。 1つ10〔30点〕

❶ 6年生全員の新体力テストをもとにして、自分のソフトボール投げの記録が6年生の中で遠くまで投げたほうかどうかを調べるとき。

（　　　　　）

❷ 子ども服を売っている店で、昨年売れた服のサイズをもとにして、今年仕入れる服の中でどのサイズを多く仕入れるか決めるとき。

（　　　　　）

❸ A、B、Cの3チームでリレーをするとき、それぞれのチーム全員の50m走の記録を調べてどのチームが勝つか予想するとき。

（　　　　　）

2 よく出る 次の表はあるクラスの20人がひと月に買うおかしの金額を調べたものです。 1つ14〔70点〕

ひと月に買うおかしの金額

番号	金額(円)	番号	金額(円)	番号	金額(円)	番号	金額(円)
1	320	6	360	11	560	16	880
2	250	7	490	12	690	17	800
3	560	8	500	13	890	18	760
4	720	9	290	14	870	19	450
5	250	10	420	15	560	20	520

❶ 平均値を求めましょう。

（　　　　　）

❷ 度数分布表を完成させましょう。

❸ 柱状グラフをかきましょう。

❹ 中央値は、どの階級にふくまれていますか。

（　　　　　）

❺ 平均値はどの階級のところですか。

（　　　　　）

ひと月に買うおかしの金額

階級(円)	人数(人)
200以上～300未満	3
300　～400	
400　～500	
500　～600	
600　～700	
700　～800	
800　～900	
合計	20

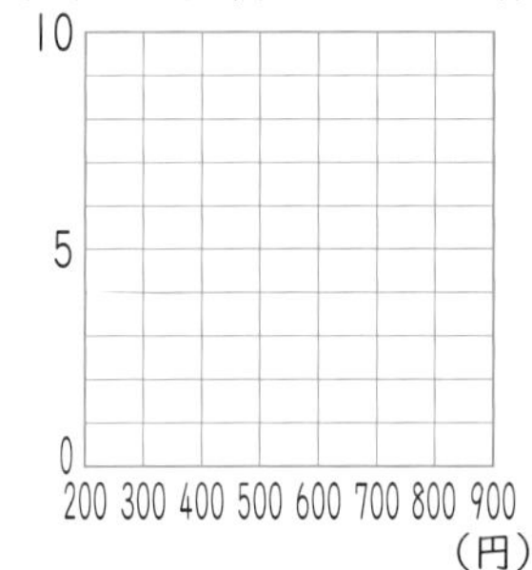

□ PPDACサイクルがわかったかな。
□ データの活用をすることができたかな。

勉強した日 月 日

まとめのテスト①

教科書 218～219ページ　答え 30ページ

時間 20分　得点 /100点

1 次の数は、〔　〕の中の数が何個集まった数ですか。 1つ3〔9点〕

❶ 46000〔100〕　❷ 9.2〔0.1〕　❸ 5.8〔0.01〕

(　　)　(　　)　(　　)

2 □の中に等号や不等号を書きましょう。 1つ3〔9点〕

❶ $\frac{6}{7}$ □ $\frac{5}{7}$　❷ $\frac{14}{21}$ □ $\frac{2}{3}$　❸ $\frac{3}{8}$ □ $\frac{4}{9}$

3 次の分数のうち、帯分数は仮分数に、仮分数は帯分数になおしましょう。 1つ3〔9点〕

❶ $1\frac{5}{6}$　❷ $3\frac{2}{5}$　❸ $\frac{15}{8}$

(　　)　(　　)　(　　)

4 次の整数と小数は分数に、分数は小数になおしましょう。 1つ3〔9点〕

❶ 6　❷ 2.9　❸ $\frac{11}{20}$

(　　)　(　　)　(　　)

5 次の計算をしましょう。 1つ4〔44点〕

❶ $8+3\times5-4$　❷ $(8+3)\times5-4$　❸ $8+3\times(5-4)$

❹ $48.3+2.3$　❺ $48.3-2.3$　❻ 48.3×2.3　❼ $48.3\div2.3$

❽ $\frac{4}{7}+\frac{1}{2}$　❾ $\frac{4}{7}-\frac{1}{2}$　❿ $\frac{4}{7}\times\frac{1}{2}$　⓫ $\frac{4}{7}\div\frac{1}{2}$

6 次のx(エックス)にあてはまる数を求めましょう。 1つ5〔10点〕

❶ $9+x=14$　❷ $x\times3=15$

(　　)　(　　)

7 右の三角形の面積を、xを使った式に表してから、xにあてはまる数を求めましょう。 1つ5〔10点〕

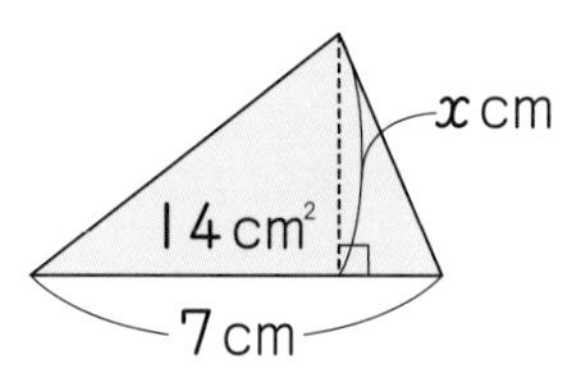

xを使った式(　　)

xにあてはまる数(　　)

□ 整数、小数、分数の問題ができたかな？
□ いろいろな計算ができたかな？

まとめのテスト❷

時間20分　得点　/100点

教科書 220〜222ページ　答え 30ページ

1 次の色のついた部分の面積を求めましょう。　1つ6〔24点〕

❶ 式

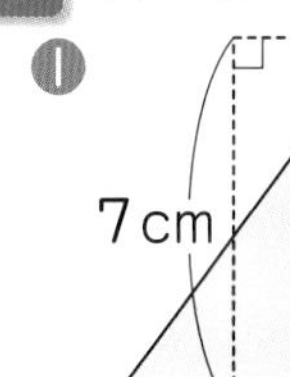

答え（　　　　）

❷ 式

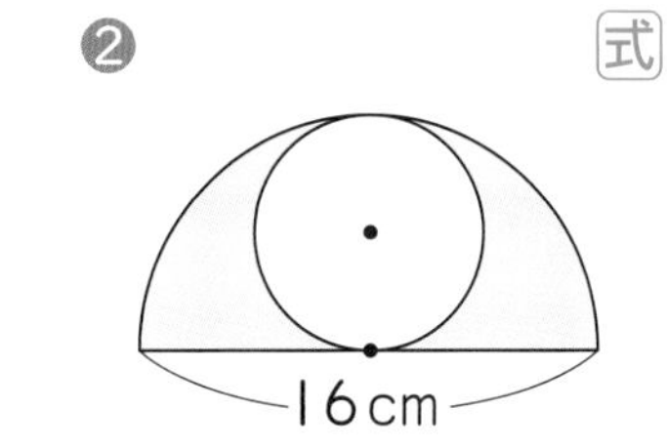

答え（　　　　）

2 次の立体の体積を求めましょう。　1つ6〔24点〕

❶ 式

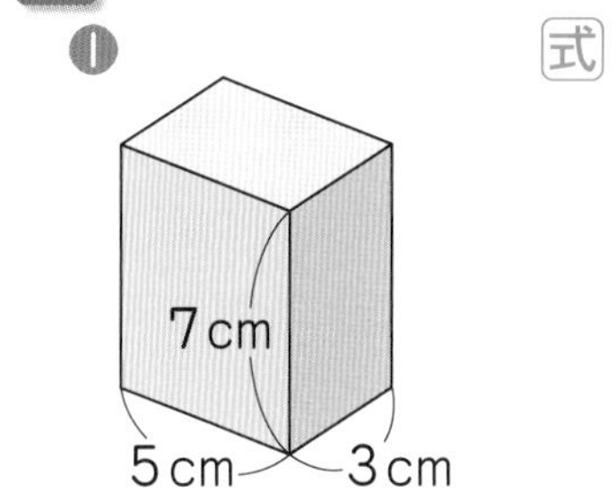

答え（　　　　）

❷ 式

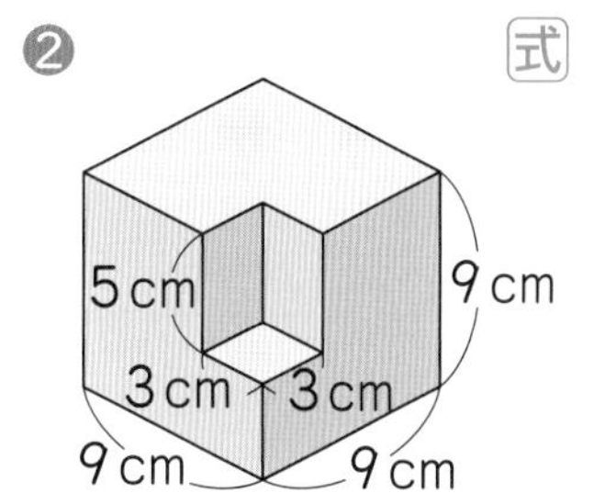

答え（　　　　）

3 次の□にあてはまる数を書きましょう。　1つ10〔30点〕

❶

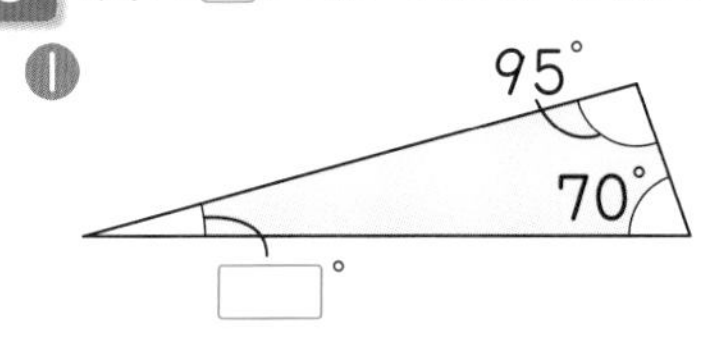

（　　　　）

❷

80°　85°　60°

（　　　　）

❸ 正八角形

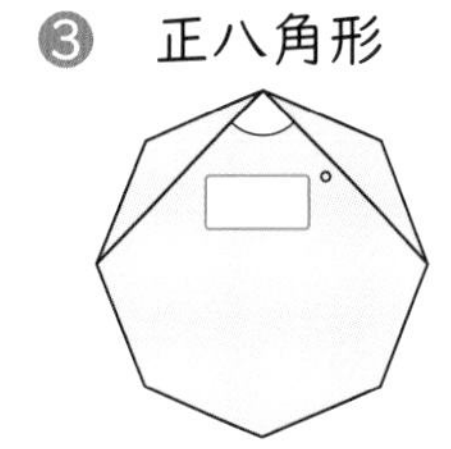

（　　　　）

4 右の三角形の2倍の拡大図と$\frac{1}{2}$の縮図をかきましょう。　1つ11〔22点〕

2倍の拡大図

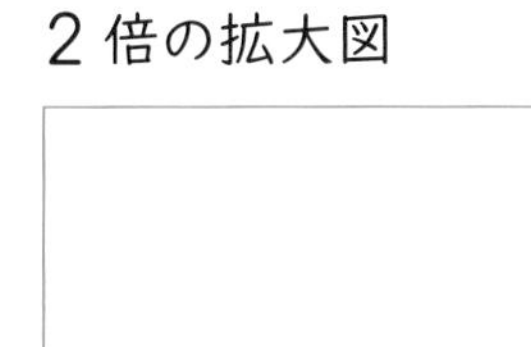

$\frac{1}{2}$の縮図

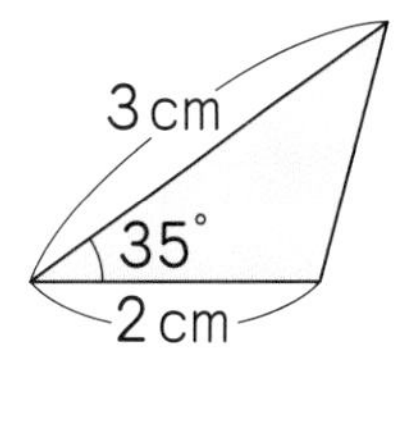

チェック
□面積や体積を求めることができたかな？
□拡大図や縮図をかくことができたかな？

勉強した日 月 日

まとめのテスト③

時間 20分

得点 /100点

教科書 223～225ページ 答え 30ページ

1 □にあてはまる単位を書きましょう。 1つ4〔12点〕

❶ ペットボトルに入るジュースの体積は 500 □。

❷ スカイツリーの高さは 634 □。

❸ 北海道の面積は約 83424 □。

2 次の問いに答えましょう。 1つ8〔24点〕

❶ 3mのひもがあります。2.1m使いました。あと何cm残っていますか。

( )

❷ 800mL入る水とうが5本あります。全部で水が何L入りますか。また、それは何dLですか。

( ) ( )

3 さくらさんの住んでいる市の人口は約27000人で、面積は約40km^{2}です。みさきさんの住んでいる市の人口は約56000人で、面積は約75km^{2}です。 1つ8〔24点〕

❶ さくらさんの住んでいる市の人口密度は何人ですか。

式

答え ( )

❷ 人口密度が高いのはどちらの市ですか。

( )

4 450km走るのに25Lのガソリンを使う自動車があります。この自動車が32Lのガソリンを使うと、何km走ることができますか。 1つ10〔20点〕

式

答え ( )

5 ゆうとさんは家から2.1kmはなれた駅へ向かって歩きはじめたところ、12分後に郵便局に着きました。家から郵便局までは840mです。このまま同じ速さで歩くと、郵便局から駅まで何分かかりますか。 1つ10〔20点〕

式

答え ( )

□ 量の単位を答えることができたかな？
□ 速さや時間を求めることができたかな？

まとめのテスト④

教科書 223～225ページ　答え 30ページ

時間 20分　得点 /100点

1 右の表は、じゅん子さんの学校で、家の職業について調べたものです。 1つ8〔40点〕

❶ 全体の人数に対するそれぞれの人数の割合（わりあい）を百分率で求め、右の表に書きましょう。

家の職業

	人数(人)	割合(%)
農業	63	
会社員	234	
商業	117	
その他	36	
合計	450	100

❷ 帯グラフをかきましょう。

家の職業

0 10 20 30 40 50 60 70 80 90 100(%)

2 白いペンキを 9dL と青いペンキを 6dL 混ぜて、水色のペンキをつくりました。 1つ5〔10点〕

❶ 青いペンキの量を 2 としたとき、白いペンキの量はどのくらいになりますか。

( )

❷ 同じ色のペンキを作ります。白いペンキは 15dL あります。青いペンキは何dL 必要ですか。

( )

3 次の表㋐、㋑にまとめた x（エックス）と y（ワイ）の関係について答えましょう。 1つ10〔50点〕

㋐

あめの個数 x(個)	1	2	3	4	5
あめの代金 y(円)	20	40	60	80	100

㋑

あめを分ける人数 x(人)	2	3	6	9	18
1人分のあめの個数 y(個)	9	6	3	2	1

❶ y が x に比例するのはどれですか。また、y が x に反比例するのはどれですか。

比例 ( )　反比例 ( )

❷ ㋐、㋑の x と y の関係を式で表しましょう。

㋐( )

㋑( )

❸ ㋐、㋑のうち、比例の関係になっているもののグラフをかきましょう。

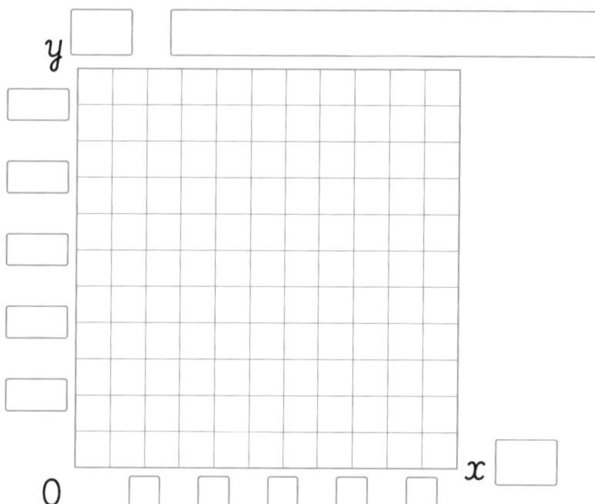

□ 割合を理解してグラフがかけたかな？
□ ともなって変わる量を求めることができたかな？

勉強した日　月　日

学びのワーク プログラミングのプ

教科書 226～227ページ　答え 30ページ

基本1 すじ道を立てて考えることができますか

☆次の図１のようなA、B、Cのリングと、図２のようなア、イ、ウのとうがあり、図２のように３つのリングがアのとうにはまっています。

このA、B、Cのリングを、下の<ルール>にしたがって、図３のようにウのとうにできるだけ少ない回数で移すには、何回リングを移せばよいですか。

図１
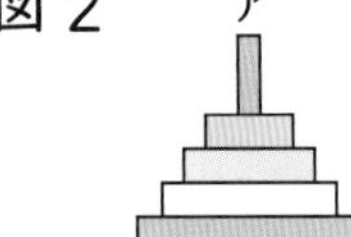

図２
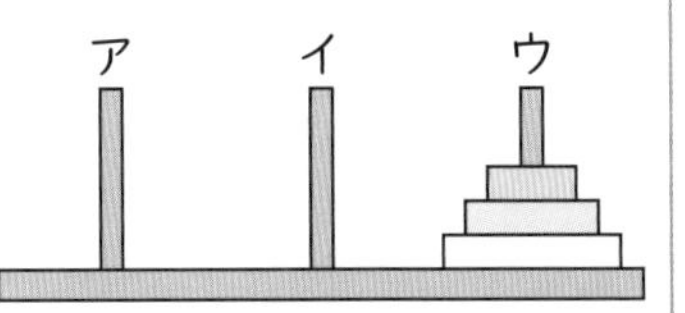

図３

<ルール>
・一度に移せるリングは１つ。
・小さいリングの上に大きいリングを乗せることはできない。

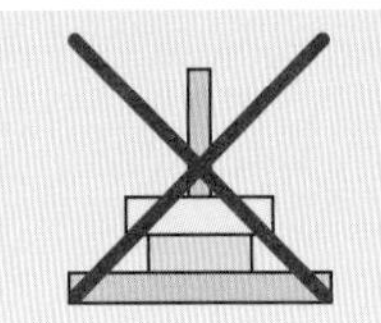

とき方 1 Aのリングをアのとうから□のとうに移しかえる。

2 □のリングをアのとうから□のとうに移しかえる。

3 □のリングを□のとうから□のとうに移しかえる。

4 □のリングを□のとうから□のとうに移しかえる。

5 □のリングを□のとうから□のとうに移しかえる。

6 □のリングを□のとうから□のとうに移しかえる。

7 □のリングを□のとうから□のとうに移しかえる。

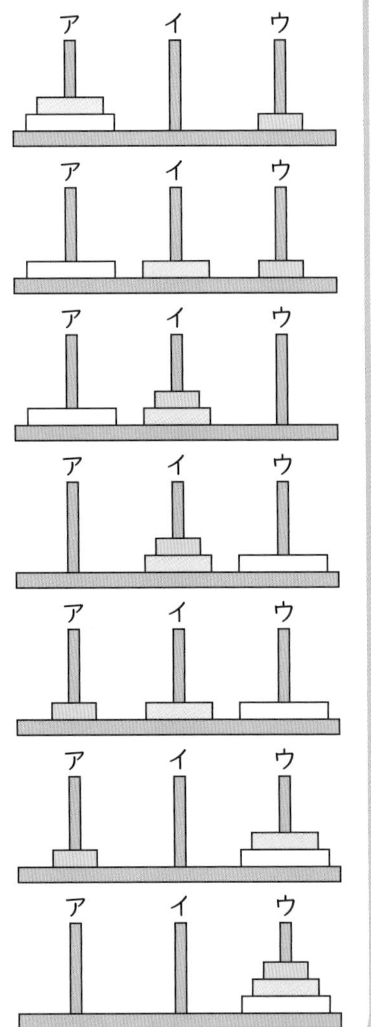

答え □回

ポイント できるだけ少ない回数で移す方法を考えましょう。

教科書ワーク 答えとてびき

「答えとてびき」は、とりはずすことができます。

学校図書版 算数6年

使い方

まちがえた問題は、もういちどよく読んで、なぜまちがえたのかを考えましょう。正しい答えを知るだけでなく、なぜそうなるかを考えることが大切です。

① つりあいのとれた形の分類や性質を調べよう

2・3ページ 基本のワーク

基本1 線対称、対称の軸　答え

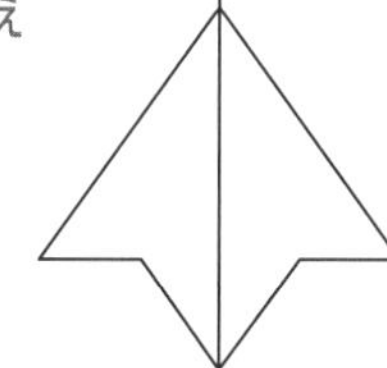

❶ ㋐ ㋒

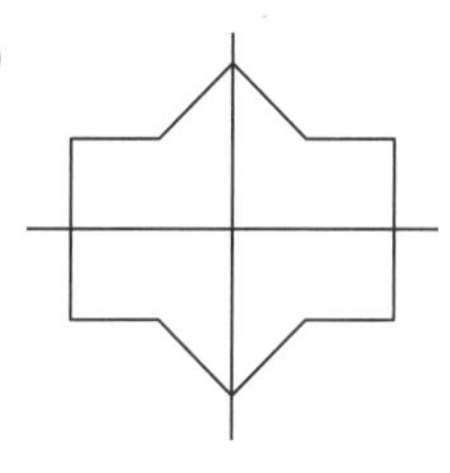

基本2 対応する点、対応する辺、対応する角

答え ❶ I　❷ HG　❸ F

❷ 対応する点…点Bと点J、点Cと点I、点Dと点H、点Eと点G

対応する辺…辺ABと辺AJ、辺BCと辺JI、辺CDと辺IH、辺DEと辺HG、辺EFと辺GF

対応する角…角Bと角J、角Cと角I、角Dと角H、角Eと角G

基本3 垂直、等しく　答え ❶ 垂直　❷ 9

❸ ❶ 垂直　❷ 15mm

❸

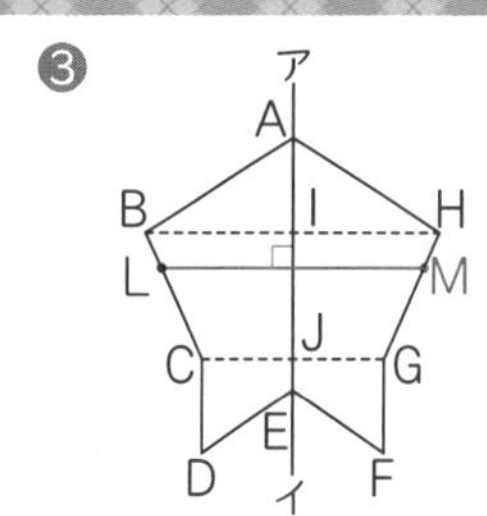

基本4 答え

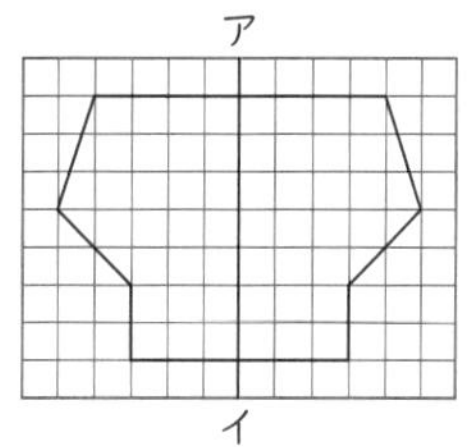

❹ ❶

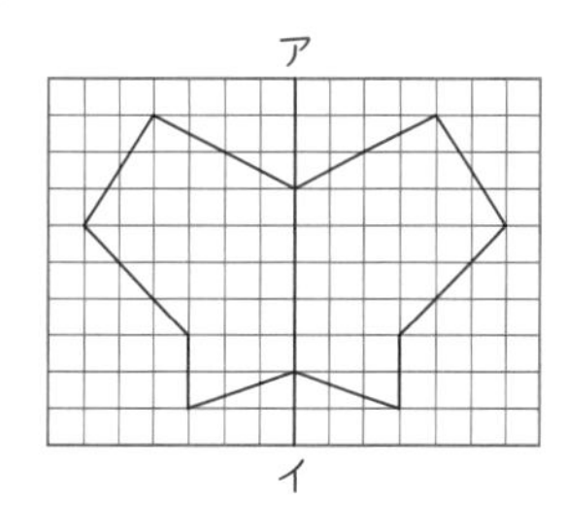

❷

てびき

❶ ㋒ 対称の軸は、2本以上ある場合もあります。

❸ ❷ 点Bと点Hは対応する点です。対称の軸から対応する2つの点までの長さは等しくなっています。

❸ 点Lから対称の軸に垂直な直線を引き、辺HGと交わった点が点Mです。

❹ それぞれの頂点から対称の軸アイに垂直な直線を引いて、その反対側に、対称の軸と交わる点までの長さが等しくなるような点をとって結

びます。
❶は、方眼のますの数を数えて長さを測ります。
❷は、定規の目もりを読んで長さを測るか、コンパスで合わせて、対応する点をとります。

4・5ページ 基本のワーク

基本1 180、対称の中心　答え ㋑、㋒

❶ ㋐と㋒

基本2 対応する点、対応する辺、対応する角

答え ❶ D　❷ FA　❸ C

❷ 対応する点…点Aと点E、点Bと点F、点Cと点G、点Dと点H
対応する辺…辺ABと辺EF、辺BCと辺FG、辺CDと辺GH、辺DEと辺HA
対応する角…角Aと角E、角Bと角F、角Cと角G、角Dと角H

基本3 対称の中心、等しく

答え ❶ 対称の中心(点O)　❷ 15

❸
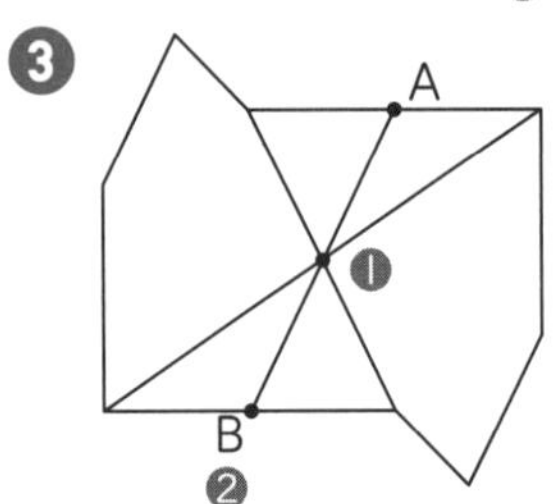

❶
対応する点どうしを結んだ2本の直線の交わった点を対称の中心とする。

基本4 答え
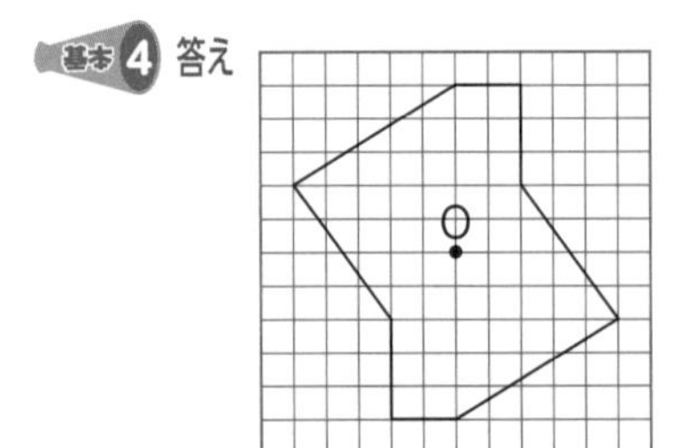

❹ ❶
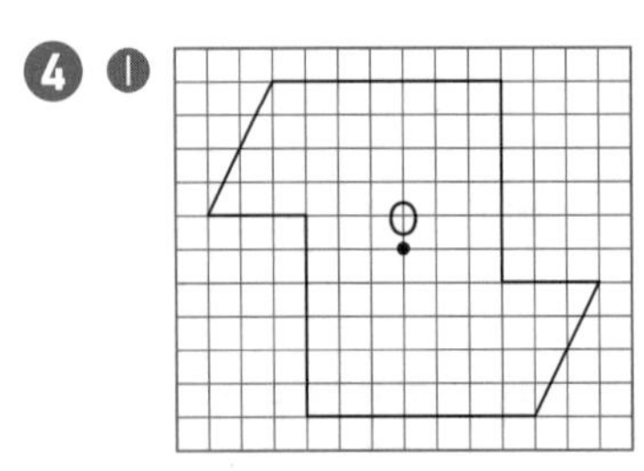

❷
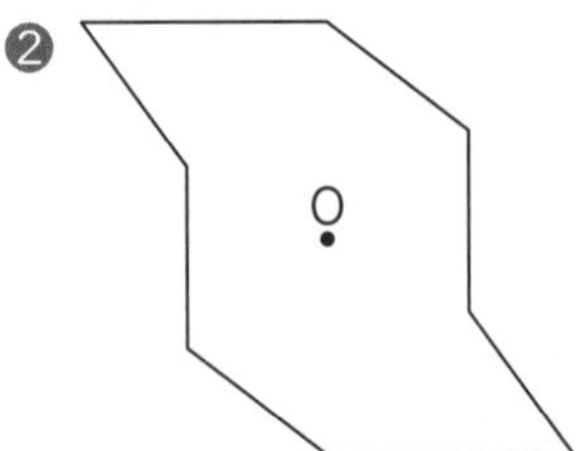

てびき　❹ それぞれの頂点から点Oを通る直線を引いて、その反対側に、点Oまでの長さが等しくなるような点をとって結びます。
❶は、方眼の数を数えて長さを測ります。
❷は、定規の目もりを読んで長さを測るか、コンパスで合わせて、対応する点をとります。

6・7ページ 基本のワーク

基本1 答え ❶ 正方形、4　❷ 正方形、平行四辺形

❶ ❶ ㋐と㋑　❷ ㋑

基本2 答え ❶ 正三角形、二等辺三角形　❷ ない

❷ ❶ 1本　❷ 3本

基本3 答え ❶ 正五角形、正六角形、正七角形、正八角形
❷ 正六角形、正八角形

❸ ❶ 10本
❷ 点対称な図形である。

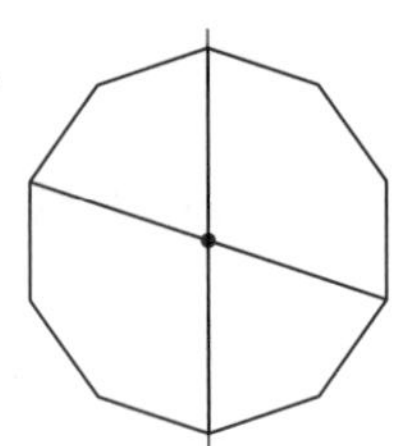

❹ ❶ 線対称な図形である。　❷ いえる。
❸ 点対称な図形である。　❹ いえる。

てびき　❶ ❷ ㋐の対角線は右の図のように2本ありますが、どちらも対称の軸にはなりません。

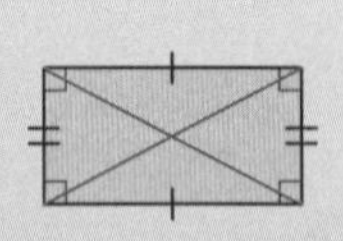

❷ ❷ 対称の軸は、正三角形の頂点をそれぞれ通る直線になります。
❸ ❶ 正十角形の対称の軸は、右のように10本あります。
❷ 対称の軸が交わる点をかきます。

たしかめよう!
❷ ❷、❸ ❶ 正多角形の対称の軸の数は、辺の数と同じだけあります。

8ページ 練習のワーク

❶ 線対称な図形…㋑、㋒、㋓、㋕
点対称な図形…㋐、㋒、㋔

❷
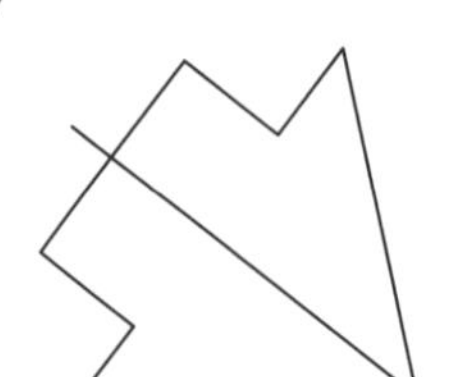

❸
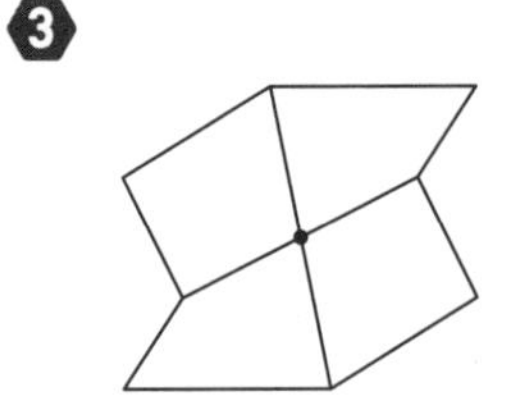

4 ❶ ㋐ 線対称な図形である。　対称の軸…㋓
　㋑ 線対称な図形である。　対称の軸…㋔
❷ ㋐ 点対称な図形である。
　㋑ 点対称な図形である。

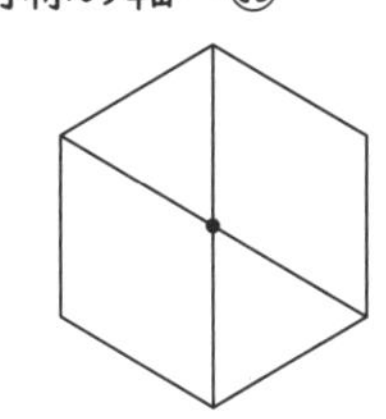

てびき ❶ ㋒の図形は、対称の軸がななめに2本引けます。
4 ❶ 正六角形は線対称な図形で、対称の軸は、向かい合う頂点を結ぶ直線の3本と、向かい合う辺の真ん中の点を結んだ直線の3本の、合わせて6本あります。また、円は線対称な図形で、円の中心を通る直線はすべて対称の軸になるので、対称の軸はたくさんあります。

たしかめよう!
4 ❶ 正多角形や円は線対称な図形です。
❷ 辺の数が偶数である正多角形や円は点対称な図形ですが、辺の数が奇数である正多角形は点対称な図形ではありません。

9ページ　まとめのテスト

1 ❶ 辺ED　❷ 垂直　❸ 9mm
2 ❶ 角E　❷ 16mm　❸

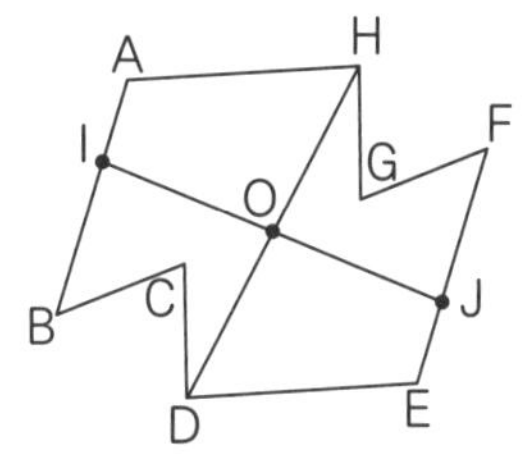

3 ❶

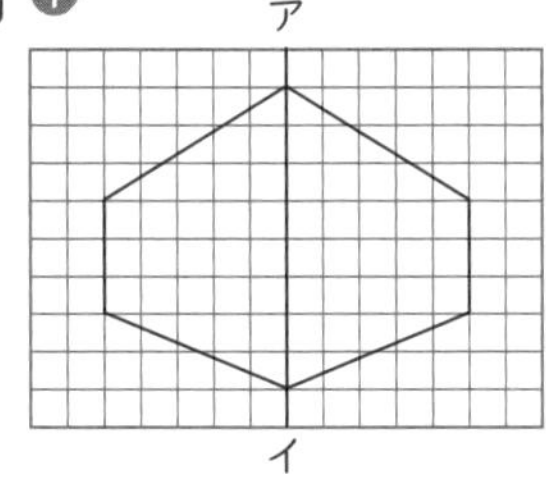

❷

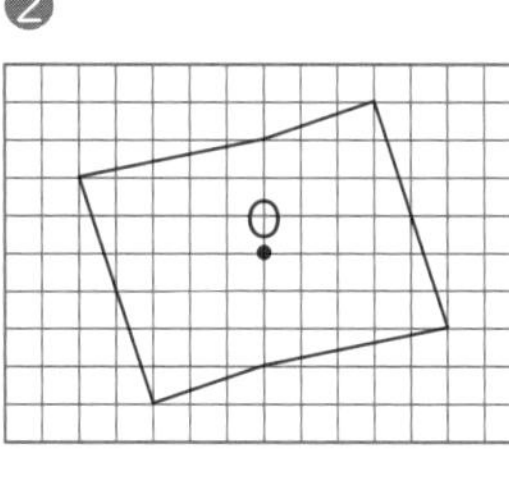

4

	㋐	㋑	㋒	㋓	㋔	㋕
線対称な図形	○	×	○	○	○	×
対称の軸の数(本)	1		2	3	1	
点対称な図形	×	○	○	×	×	○

てびき **1** 対称の軸は、直線AEです。
❶ 対称の軸で2つに折ったとき、辺EFと重なり合う辺は辺EDです。
❸ 点Cと点Gは対応する点です。対称の軸から対応する2つの点までの長さは等しくなっています。
2 対称の中心は、点Oです。
❷ 点Hと点Dは対応する点です。対称の中心から対応する2つの点までの長さは等しくなっています。
❸ 対応する2つの点を結ぶ直線は対称の中心を通るので、点Iから点Oを通る直線を引いて、辺EFと交わる点をかきます。
4 ㋓は正三角形、㋕は平行四辺形です。㋑と㋕は線対称な図形ではないので、対称の軸がありません。

② 文字を使って量や関係を式に表そう

10・11ページ　基本のワーク

基本**1** 3、90、6、90、a　　答え $90\times a$
1 ❶ 2m…120×2、3m…120×3
❷ $120\times x$
基本**2** ❶ ㋐ a　㋑ a、90、$a\times2$、90×3
❷ ㋕ プリン、プリン　㋖ 6
　㋗ 4、ゼリー、4、ゼリー
答え ❶ ㋐ a　㋑ $a\times2$、90×3
　❷ ㋕ プリン　㋖ 6
　　㋗ 4、ゼリー
2 ❶ $140+a\times3$　❷ $140\times3+a\times5$
3 ❶ 買ったシュークリームの数
❷ シュークリームx個とショートケーキ6個の代金
基本**3** 4、4　　答え $x\times4=y$
4 ❶ 2m…2×4、2.5m…2.5×4
❷ $x\times4=y$
5 式…$x\times9=y$　y…171

てびき ❶ 代金は、1mの値段×買った長さで表されます。
5 長方形の面積＝縦×横だから、$x\times9=y$
xが19のとき、$y=19\times9=171$

12・13ページ　基本のワーク

基本**1** ❶ 10　❷ 10、10、32
答え ❶ $x+10=42$　❷ 32
1 ❶ $x=43$　❷ $x=23$　❸ $x=33$
❹ $x=7.2$
基本**2** ❷ 6、6、9　　答え ❶ $6\times x$　❷ 9

❷ ❶ $x=4$ ❷ $x=5.5\left(\frac{11}{2}\right)$ ❸ $x=48$

基本3 ❷ 53、

x	5	6	7	8
$x\times6$	30	36	42	48
$x\times6+5$	35	41	47	53

答え ❶ $x\times6+5$ ❷ 8

❸ ❶ $x=11$ ❷ $x=10$ ❸ $x=11$

基本4 ❶ ㋑ ❷ CD(BG)、AGEF、㋐

答え ❶ ㋑ ❷ ㋐

❹ ❶ ㋑ ❷ ㋐

てびき ❶ ❶と❷はひき算、❸と❹はたし算で求めます。

❶ $x+8=51$
$x=51-8$
$x=43$

❷ $42+x=65$
$x=65-42$
$x=23$

❸ $x-7=26$
$x=26+7$
$x=33$

❹ $x-5.4=1.8$
$x=1.8+5.4$
$x=7.2$

❷ ❶と❷はわり算、❸はかけ算で求めます。

❶ $x\times3=12$
$x=12\div3$
$x=4$

❷ $x\times2=11$
$x=11\div2$
$x=5.5$

❸ $x\div8=6$
$x=6\times8$
$x=48$

❸ ❶ xに9、10、11、…を入れて計算して、$x\times7+2$が79になるxを見つけます。
$9\times7+2=65$…× $10\times7+2=72$…×
$11\times7+2=79$…○

❹ ❶ 底辺の長さが$(x+3)$cm、高さが4cmの三角形の面積を表しています。
❷ 底辺の長さが4cmで高さが$x$cmの三角形の面積と、底辺の長さが4cmで高さが3cmの三角形の面積をたしています。

14ページ 練習のワーク

❶ ❶ $x\times3+5$
❷ 式 $8\times3+5=29$ 答え 29個

❷ $50\times x=y$

❸ ❶ $x=17$ ❷ $x=448$ ❸ $x=11.2$
❹ $x=1.4$

❹ ❶ $x\times5+2$ ❷ 12個

てびき ❸ ❶ $x=26-9$ $x=17$
❷ $x=56\times8$ $x=448$
❸ $x=8+3.2$ $x=11.2$
❹ $x=5.6\div4$ $x=1.4$

❹ ❶ ボール全部の個数は、ボール1ふくろ分の数×5+2で表されます。

15ページ まとめのテスト

1 ❶ 式…$x+15=21$、6
❷ 式…$x\times7=910$、130
❸ 式…$x-20=70$、90

2 ❶ $x=6$ ❷ $x=23$ ❸ $x=6.5$
❹ $x=1.25\left(\frac{5}{4}\right)$

3 ❶ $x=8$ ❷ $x=11$

4 ❶ ㋑ ❷ ㋓ ❸ ㋐ ❹ ㋒

てびき 1 ❶ はじめの個数＋もらった個数＝合わせた個数
❷ プリン1個の値段×個数＝代金
❸ はじめの量－使った量＝残りの量

4 ㋐はかけ算、㋑はたし算、㋒はわり算、㋓はひき算で表せます。

❸ 計算の意味やしかたを考えよう

16・17ページ 基本のワーク

基本1 2、6 答え $\frac{6}{5}\left(1\frac{1}{5}\right)$

❶ ❶ $\frac{4}{9}$ ❷ $\frac{32}{5}\left(6\frac{2}{5}\right)$ ❸ $\frac{27}{8}\left(3\frac{3}{8}\right)$

基本2 《1》4、2 《2》2、$\frac{7}{2}$ 答え $\frac{7}{2}\left(3\frac{1}{2}\right)$

❷ ❶ $\frac{1}{3}$ ❷ $\frac{35}{4}\left(8\frac{3}{4}\right)$ ❸ $\frac{20}{3}\left(6\frac{2}{3}\right)$

基本3 《1》$\frac{8}{3}$、$\frac{8}{3}$、$\frac{32}{3}$ 《2》4、32

答え $\frac{32}{3}\left(10\frac{2}{3}\right)$

❸ 式 $2\frac{3}{8}\times6=\frac{57}{4}$ 答え $\frac{57}{4}$L$\left(14\frac{1}{4}\text{L}\right)$

❹ ❶ $\frac{36}{7}\left(5\frac{1}{7}\right)$ ❷ $\frac{11}{2}\left(5\frac{1}{2}\right)$ ❸ 32

てびき ❶
❶ $\frac{2}{9}\times2=\frac{2\times2}{9}=\frac{4}{9}$
❷ $\frac{4}{5}\times8=\frac{4\times8}{5}=\frac{32}{5}$
❸ $\frac{9}{8}\times3=\frac{9\times3}{8}=\frac{27}{8}$

❷
❶ $\frac{1}{6}\times2=\frac{1\times\overset{1}{\cancel{2}}}{\underset{3}{\cancel{6}}}=\frac{1}{3}$

❷ $\frac{7}{8}\times10=\frac{7\times\cancel{10}^{5}}{\cancel{8}_{4}}=\frac{35}{4}$

❸ $\frac{10}{9}\times6=\frac{10\times\cancel{6}^{2}}{\cancel{9}_{3}}=\frac{20}{3}$

3 $2\frac{3}{8}\times6=\frac{19}{8}\times6=\frac{19\times\cancel{6}^{3}}{\cancel{8}_{4}}=\frac{57}{4}$

4 ❶ $1\frac{2}{7}\times4=\frac{9}{7}\times4=\frac{9\times4}{7}=\frac{36}{7}$

❷ $1\frac{5}{6}\times3=\frac{11}{6}\times3=\frac{11\times\cancel{3}^{1}}{\cancel{6}_{2}}=\frac{11}{2}$

❸ $2\frac{2}{3}\times12=\frac{8}{3}\times12=\frac{8\times\cancel{12}^{4}}{\cancel{3}_{1}}=32$

18・19 ページ 基本のワーク

基本1 2、8　　答え $\frac{3}{8}$

1 ❶ $\frac{6}{35}$　❷ $\frac{2}{15}$　❸ $\frac{3}{14}$

基本2 4、20　　答え $\frac{1}{20}$

2 ❶ $\frac{1}{7}$　❷ $\frac{2}{9}$　❸ $\frac{3}{16}$

3 式 $\frac{8}{3}\div4=\frac{2}{3}$　　答え $\frac{2}{3}$m

4 式 $\frac{24}{25}\div16=\frac{3}{50}$　　答え $\frac{3}{50}$L

基本3 《1》11、11、$\frac{11}{14}$

《2》$\frac{7}{14}$、$\frac{4}{14}$、$\frac{11}{14}$　　答え $\frac{11}{14}$

5 ❶ $\frac{5}{24}$　❷ $\frac{5}{16}$　❸ $\frac{3}{5}$　❹ $\frac{1}{4}$

てびき **1**

❶ $\frac{6}{7}\div5=\frac{6}{7\times5}=\frac{6}{35}$

❷ $\frac{2}{5}\div3=\frac{2}{5\times3}=\frac{2}{15}$

❸ $\frac{3}{2}\div7=\frac{3}{2\times7}=\frac{3}{14}$

2

❶ $\frac{3}{7}\div3=\frac{\cancel{3}^{1}}{7\times\cancel{3}_{1}}=\frac{1}{7}$

❷ $\frac{4}{9}\div2=\frac{\cancel{4}^{2}}{9\times\cancel{2}_{1}}=\frac{2}{9}$

❸ $\frac{9}{8}\div6=\frac{\cancel{9}^{3}}{8\times\cancel{6}_{2}}=\frac{3}{16}$

3 $\frac{8}{3}\div4=\frac{\cancel{8}^{2}}{3\times\cancel{4}_{1}}=\frac{2}{3}$

4

$\frac{24}{25}\div16=\frac{\cancel{24}^{3}}{25\times\cancel{16}_{2}}=\frac{3}{50}$

5

❶ $1\frac{1}{4}\div6=\frac{5}{4}\div6=\frac{5}{4\times6}=\frac{5}{24}$

❷ $1\frac{7}{8}\div6=\frac{15}{8}\div6=\frac{\cancel{15}^{5}}{8\times\cancel{6}_{2}}=\frac{5}{16}$

❸ $2\frac{2}{5}\div4=\frac{12}{5}\div4=\frac{\cancel{12}^{3}}{5\times\cancel{4}_{1}}=\frac{3}{5}$

❹ $2\frac{1}{4}\div9=\frac{9}{4}\div9=\frac{\cancel{9}^{1}}{4\times\cancel{9}_{1}}=\frac{1}{4}$

20 ページ 練習のワーク

1 ❶ 5、$\frac{15}{8}\left(1\frac{7}{8}\right)$　❷ 9、$\frac{4}{45}$

2 ❶ $\frac{6}{7}$　❷ $\frac{7}{5}\left(1\frac{2}{5}\right)$

❸ $\frac{26}{3}\left(8\frac{2}{3}\right)$　❹ $\frac{33}{2}\left(16\frac{1}{2}\right)$

3 ❶ $\frac{1}{12}$　❷ $\frac{1}{10}$

❸ $\frac{3}{7}$　❹ $\frac{3}{16}$

4 式 $2\frac{3}{7}\times14=34$　　答え 34 L

5 式 $1\frac{1}{6}\div3=\frac{7}{18}$　　答え $\frac{7}{18}$a

てびき **1** ❶ 分子にかける数をかけます。

❷ 分母にわる数をかけます。

2

❶ $\frac{2}{7}\times3=\frac{2\times3}{7}=\frac{6}{7}$

❷ $\frac{7}{15}\times3=\frac{7\times\cancel{3}^{1}}{\cancel{15}_{5}}=\frac{7}{5}$

❸ $\frac{13}{6}\times4=\frac{13\times\cancel{4}^{2}}{\cancel{6}_{3}}=\frac{26}{3}$

❹ $1\frac{5}{6}\times9=\frac{11}{6}\times9=\frac{11\times\cancel{9}^{3}}{\cancel{6}_{2}}=\frac{33}{2}$

❸

① $\frac{1}{2}\div 6=\frac{1}{2\times 6}=\frac{1}{12}$

② $\frac{4}{5}\div 8=\frac{\overset{1}{\cancel{4}}}{5\times\underset{2}{\cancel{8}}}=\frac{1}{10}$

③ $\frac{9}{7}\div 3=\frac{\overset{3}{\cancel{9}}}{7\times\underset{1}{\cancel{3}}}=\frac{3}{7}$

④ $1\frac{7}{8}\div 10=\frac{15}{8}\div 10=\frac{\overset{3}{\cancel{15}}}{8\times\underset{2}{\cancel{10}}}=\frac{3}{16}$

❹

$2\frac{3}{7}\times 14=\frac{17}{7}\times 14=\frac{17\times\overset{2}{\cancel{14}}}{\underset{1}{\cancel{7}}}=34$

❺

$1\frac{1}{6}\div 3=\frac{7}{6}\div 3=\frac{7}{6\times 3}=\frac{7}{18}$

21ページ まとめのテスト

1 ① $\frac{4}{3}\left(1\frac{1}{3}\right)$　② $\frac{25}{3}\left(8\frac{1}{3}\right)$　③ $\frac{33}{4}\left(8\frac{1}{4}\right)$

④ 21　⑤ $\frac{13}{3}\left(4\frac{1}{3}\right)$　⑥ 42

2 ① $\frac{3}{20}$　② $\frac{2}{27}$　③ $\frac{1}{24}$　④ $\frac{1}{12}$

⑤ $\frac{5}{24}$　⑥ $\frac{5}{7}$

3 式 $\frac{7}{8}\times 12=\frac{21}{2}$　答え $\frac{21}{2}$m$\left(10\frac{1}{2}\text{m}\right)$

4 ① 式 $7\frac{7}{8}\div 3=\frac{21}{8}$　答え $\frac{21}{8}$kg$\left(2\frac{5}{8}\text{kg}\right)$

② 式 $\frac{21}{8}\times 240=630$　答え 630kg

てびき

1 ① $\frac{1}{3}\times 4=\frac{1\times 4}{3}=\frac{4}{3}$

② $\frac{5}{6}\times 10=\frac{5\times\overset{5}{\cancel{10}}}{\underset{3}{\cancel{6}}}=\frac{25}{3}$

③ $\frac{11}{8}\times 6=\frac{11\times\overset{3}{\cancel{6}}}{\underset{4}{\cancel{8}}}=\frac{33}{4}$

④ $\frac{7}{4}\times 12=\frac{7\times\overset{3}{\cancel{12}}}{\underset{1}{\cancel{4}}}=21$

⑤、⑥ 帯分数を仮分数になおして計算します。

⑤ $1\frac{4}{9}\times 3=\frac{13}{9}\times 3=\frac{13\times\overset{1}{\cancel{3}}}{\underset{3}{\cancel{9}}}=\frac{13}{3}$

⑥ $2\frac{4}{5}\times 15=\frac{14}{5}\times 15=\frac{14\times\overset{3}{\cancel{15}}}{\underset{1}{\cancel{5}}}=42$

2

① $\frac{3}{4}\div 5=\frac{3}{4\times 5}=\frac{3}{20}$

② $\frac{4}{9}\div 6=\frac{\overset{2}{\cancel{4}}}{9\times\underset{3}{\cancel{6}}}=\frac{2}{27}$

③ $\frac{5}{8}\div 15=\frac{\overset{1}{\cancel{5}}}{8\times\underset{3}{\cancel{15}}}=\frac{1}{24}$

④ $\frac{11}{6}\div 22=\frac{\overset{1}{\cancel{11}}}{6\times\underset{2}{\cancel{22}}}=\frac{1}{12}$

⑤、⑥ 帯分数を仮分数になおして計算します。

⑤ $1\frac{2}{3}\div 8=\frac{5}{3}\div 8=\frac{5}{3\times 8}=\frac{5}{24}$

⑥ $2\frac{6}{7}\div 4=\frac{20}{7}\div 4=\frac{\overset{5}{\cancel{20}}}{7\times\underset{1}{\cancel{4}}}=\frac{5}{7}$

3

$\frac{7}{8}\times 12=\frac{7\times\overset{3}{\cancel{12}}}{\underset{2}{\cancel{8}}}=\frac{21}{2}$

4 ① $7\frac{7}{8}\div 3=\frac{63}{8}\div 3=\frac{\overset{21}{\cancel{63}}}{8\times\underset{1}{\cancel{3}}}=\frac{21}{8}$

② $\frac{21}{8}\times 240=\frac{21\times\overset{30}{\cancel{240}}}{\underset{1}{\cancel{8}}}=630$

たしかめよう!

分数のかけ算やわり算では、計算のと中で約分できるときは、約分すると計算が簡単になります。

4 分数どうしのかけ算の意味やしかたを考えよう

22・23ページ 基本のワーク

基本1 ① $\frac{6}{35}$　② 3、6、3、6、$\frac{18}{35}$

答え ① $\frac{6}{35}$　② $\frac{18}{35}$

1 ① $\frac{2}{15}$　② $\frac{15}{32}$　③ $\frac{24}{35}$　④ $\frac{32}{21}\left(1\frac{11}{21}\right)$

⑤ $\frac{21}{8}\left(2\frac{5}{8}\right)$　⑥ $\frac{88}{45}\left(1\frac{43}{45}\right)$

基本2 ① $\frac{\overset{\boxed{1}}{\cancel{3}}\times 5}{4\times\underset{\boxed{2}}{\cancel{6}}}$、$\frac{5}{8}$　② $\frac{\overset{1}{\cancel{5}}\times\overset{\boxed{3}}{\cancel{9}}}{\underset{\boxed{4}}{\cancel{12}}\times\underset{2}{\cancel{10}}}$、$\frac{3}{8}$

答え ① $\frac{5}{8}$　② $\frac{3}{8}$

2 ① $\frac{3}{10}$　② $\frac{6}{5}\left(1\frac{1}{5}\right)$　③ $\frac{7}{8}$　④ $\frac{5}{14}$

❺ $\frac{7}{54}$　❻ 2

基本3 $\frac{4}{3}\times\boxed{\frac{27}{8}}=\frac{4\times27}{3\times8}=\boxed{\frac{9}{2}}$　答え $\frac{9}{2}\left(4\frac{1}{2}\right)$

3 ❶ $\frac{21}{5}\left(4\frac{1}{5}\right)$　❷ 5　❸ $\frac{10}{3}\left(3\frac{1}{3}\right)$

4 ❶ $\frac{18}{7}\left(2\frac{4}{7}\right)$　❷ $\frac{15}{7}\left(2\frac{1}{7}\right)$　❸ $\frac{1}{2}$

てびき

1 ❶ $\frac{1}{3}\times\frac{2}{5}=\frac{1\times2}{3\times5}=\frac{2}{15}$

❷ $\frac{3}{4}\times\frac{5}{8}=\frac{3\times5}{4\times8}=\frac{15}{32}$

❸ $\frac{4}{5}\times\frac{6}{7}=\frac{4\times6}{5\times7}=\frac{24}{35}$

2 ❶ $\frac{4}{5}\times\frac{3}{8}=\frac{4\times3}{5\times8}=\frac{3}{10}$

❷ $\frac{2}{3}\times\frac{9}{5}=\frac{2\times9}{3\times5}=\frac{6}{5}$

❸ $\frac{5}{12}\times\frac{21}{10}=\frac{5\times21}{12\times10}=\frac{7}{8}$

❹ $\frac{5}{6}\times\frac{3}{7}=\frac{5\times3}{6\times7}=\frac{5}{14}$

❺ $\frac{7}{12}\times\frac{2}{9}=\frac{7\times2}{12\times9}=\frac{7}{54}$

❻ $\frac{5}{6}\times\frac{12}{5}=\frac{5\times12}{6\times5}=2$

3 ❶ $3\frac{3}{5}\times1\frac{1}{6}=\frac{18}{5}\times\frac{7}{6}=\frac{18\times7}{5\times6}=\frac{21}{5}$

❷ $2\frac{7}{9}\times1\frac{4}{5}=\frac{25}{9}\times\frac{9}{5}=\frac{25\times9}{9\times5}=5$

❸ $3\frac{3}{4}\times\frac{8}{9}=\frac{15}{4}\times\frac{8}{9}=\frac{15\times8}{4\times9}=\frac{10}{3}$

4 整数を分母が1の分数の形になおします。

❶ $6\times\frac{3}{7}=\frac{6}{1}\times\frac{3}{7}=\frac{6\times3}{1\times7}=\frac{18}{7}$

24・25ページ 基本のワーク

基本1 $\frac{20}{3}$、$6\frac{2}{3}$、$\frac{40}{3}$、$13\frac{1}{3}$　答え ㋐

1 ㋑、㋓

基本2 $\frac{3\times1\times2}{5\times4\times3}=\boxed{\frac{1}{10}}$　答え $\frac{1}{10}$

2 ❶ $\frac{1}{28}$　❷ $\frac{1}{6}$　❸ $\frac{5}{6}$

基本3 $\frac{5\times7}{8\times10}=\boxed{\frac{7}{16}}$　答え $\frac{7}{16}$

3 ❶ 式 $\frac{2}{5}\times\frac{2}{5}=\frac{4}{25}$　答え $\frac{4}{25}m^2$

❷ 式 $\frac{8}{15}\times\frac{3}{5}=\frac{8}{25}$　答え $\frac{8}{25}m^2$

基本4 $\frac{4\times7\times5}{3\times5\times4}=\boxed{\frac{7}{3}}$　答え $\frac{7}{3}\left(2\frac{1}{3}\right)$

4 式 $\frac{2}{3}\times\frac{2}{3}\times\frac{2}{3}=\frac{8}{27}$　答え $\frac{8}{27}m^3$

てびき

1 かける数が1より大きいか、小さいかで見分けます。1より小さい数をかけると、積は、かけられる数より小さくなります。

2

❶ $\frac{3}{7}\times\frac{2}{3}\times\frac{1}{8}=\frac{3\times2\times1}{7\times3\times8}=\frac{1}{28}$

❷ $\frac{7}{9}\times\frac{4}{7}\times\frac{3}{8}=\frac{7\times4\times3}{9\times7\times8}=\frac{1}{6}$

❸ $\frac{5}{8}\times3\times\frac{4}{9}=\frac{5\times3\times4}{8\times1\times9}=\frac{5}{6}$

26・27ページ 基本のワーク

基本1 ❶ $\frac{3}{4}$　❷ $\frac{5}{6}$　❸ $\frac{2}{7}$　❹ $\frac{3}{5}$

答え ❶ $\frac{3}{4}$　❷ $\frac{5}{6}$　❸ $\frac{2}{7}$、$\frac{2}{7}$　❹ $\frac{3}{5}$、$\frac{3}{5}$

1 ❶ $\frac{5}{8}$　❷ $\frac{4}{5}$　❸ $\frac{8}{9}$、$\frac{2}{3}$　❹ $\frac{7}{8}$、$\frac{4}{5}$

2 ㋐…2、9、1、㋑…$\frac{2}{9}$、$\frac{7}{9}$、9、1

基本2 逆数、$\frac{7}{3}$　答え $\frac{7}{3}$

3 ❶ $\frac{8}{5}$　❷ $\frac{6}{11}$　❸ 9　❹ $\frac{4}{7}$

基本3 ❶ 1、$\frac{1}{5}$　❷ 10、$\frac{10}{3}$

答え ❶ $\frac{1}{5}$　❷ $\frac{10}{3}$

4 ❶ $\frac{1}{3}$　❷ $\frac{1}{20}$　❸ $\frac{10}{9}$　❹ $\frac{5}{2}$　❺ $\frac{10}{11}$

てびき

1 次の計算のきまりを使います。

❶ $a\times b=b\times a$

② $(a\times b)\times c=a\times(b\times c)$

③ $(a+b)\times c=a\times c+b\times c$

④ $(a-b)\times c=a\times c-b\times c$

3 ④ 帯分数は、仮分数になおして考えます。

$1\frac{3}{4}=\frac{7}{4}$だから、$1\frac{3}{4}$の逆数は$\frac{4}{7}$です。

4 分数になおしてから考えます。

① $3=\frac{3}{1}$だから、3 の逆数は$\frac{1}{3}$です。

② $20=\frac{20}{1}$だから、20 の逆数は$\frac{1}{20}$です。

③ $0.9=\frac{9}{10}$だから、0.9 の逆数は$\frac{10}{9}$です。

④ $0.4=\frac{\overset{2}{\cancel{4}}}{\underset{5}{\cancel{10}}}=\frac{2}{5}$だから、0.4 の逆数は$\frac{5}{2}$です。

⑤ $1.1=\frac{11}{10}$だから、1.1 の逆数は$\frac{10}{11}$です。

28ページ 練習のワーク

1 ① $\frac{9}{20}$　② $\frac{10}{21}$　③ $\frac{8}{3}\left(2\frac{2}{3}\right)$

④ $\frac{18}{5}\left(3\frac{3}{5}\right)$　⑤ $\frac{21}{2}\left(10\frac{1}{2}\right)$　⑥ $\frac{5}{14}$

2 ㋐、㋓

3 ① $\frac{9}{5}$　② 5

4 式 $\frac{5}{6}\times\frac{21}{5}=\frac{7}{2}$　答え $\frac{7}{2}$kg$\left(3\frac{1}{2}\text{kg}\right)$

てびき

1 ① $\frac{3}{5}\times\frac{3}{4}=\frac{3\times3}{5\times4}=\frac{9}{20}$

② $\frac{5}{6}\times\frac{4}{7}=\frac{5\times\overset{2}{\cancel{4}}}{\underset{3}{\cancel{6}}\times7}=\frac{10}{21}$

③ $\frac{12}{7}\times\frac{14}{9}=\frac{\overset{4}{\cancel{12}}\times\overset{2}{\cancel{14}}}{\underset{1}{\cancel{7}}\times\underset{3}{\cancel{9}}}=\frac{8}{3}$

④ $6\times\frac{3}{5}=\frac{6}{1}\times\frac{3}{5}=\frac{6\times3}{1\times5}=\frac{18}{5}$

⑤ $4\frac{1}{2}\times2\frac{1}{3}=\frac{9}{2}\times\frac{7}{3}=\frac{\overset{3}{\cancel{9}}\times7}{2\times\underset{1}{\cancel{3}}}=\frac{21}{2}$

⑥ $\frac{5}{7}\times\frac{5}{6}\times\frac{3}{5}=\frac{\overset{1}{\cancel{5}}\times5\times\overset{1}{\cancel{3}}}{7\times\underset{2}{\cancel{6}}\times\underset{1}{\cancel{5}}}=\frac{5}{14}$

2 かける数が、1より大きいか、小さいかで見分けます。

3 真分数や仮分数の逆数は、分母と分子を入れかえた数です。

② $0.2=\frac{1}{5}$だから、0.2 の逆数は 5 です。

29ページ まとめのテスト

1 ① $\frac{16}{27}$　② $\frac{7}{10}$　③ $\frac{15}{2}\left(7\frac{1}{2}\right)$

④ $\frac{14}{3}\left(4\frac{2}{3}\right)$　⑤ $\frac{16}{3}\left(5\frac{1}{3}\right)$　⑥ $\frac{1}{20}$

2 ① $\frac{5}{12}$　② $\frac{3}{7}$、$\frac{5}{9}$

3 ① $\frac{14}{9}$　② $\frac{2}{5}$　③ $\frac{10}{19}$

4 式 $1\frac{1}{5}\times2\frac{2}{3}=\frac{16}{5}$　答え $\frac{16}{5}$kg$\left(3\frac{1}{5}\text{kg}\right)$

5 ① 式 $\frac{3}{2}\times\frac{5}{4}\div2=\frac{15}{16}$　答え $\frac{15}{16}\text{cm}^2$

② 式 $2\times\left(1\frac{1}{4}+1\frac{1}{2}+1\frac{1}{4}\right)-\frac{2}{3}\times1\frac{1}{2}=7$

答え 7m^2

てびき

1 ① $\frac{8}{9}\times\frac{2}{3}=\frac{8\times2}{9\times3}=\frac{16}{27}$

② $\frac{7}{8}\times\frac{4}{5}=\frac{7\times\overset{1}{\cancel{4}}}{\underset{2}{\cancel{8}}\times5}=\frac{7}{10}$

③ $\frac{10}{3}\times\frac{9}{4}=\frac{\overset{5}{\cancel{10}}\times\overset{3}{\cancel{9}}}{\underset{1}{\cancel{3}}\times\underset{2}{\cancel{4}}}=\frac{15}{2}$

④ $8\times\frac{7}{12}=\frac{8}{1}\times\frac{7}{12}=\frac{\overset{2}{\cancel{8}}\times7}{1\times\underset{3}{\cancel{12}}}=\frac{14}{3}$

⑤ $3\frac{1}{3}\times1\frac{3}{5}=\frac{10}{3}\times\frac{8}{5}=\frac{\overset{2}{\cancel{10}}\times8}{3\times\underset{1}{\cancel{5}}}=\frac{16}{3}$

⑥ $\frac{1}{8}\times\frac{2}{3}\times\frac{3}{5}=\frac{1\times\overset{1}{\cancel{2}}\times\overset{1}{\cancel{3}}}{\underset{4}{\cancel{8}}\times\underset{1}{\cancel{3}}\times5}=\frac{1}{20}$

2 ① $(a\times b)\times c=a\times(b\times c)$

② $(a-b)\times c=a\times c-b\times c$

3 ② 帯分数を仮分数になおしてから考えます。

$2\frac{1}{2}=\frac{5}{2}$だから、$2\frac{1}{2}$の逆数は$\frac{2}{5}$です。

③ 小数を分数になおしてから考えます。

$1.9=\frac{19}{10}$だから、1.9 の逆数は$\frac{10}{19}$です。

4

$1\frac{1}{5}\times2\frac{2}{3}=\frac{6}{5}\times\frac{8}{3}=\frac{\overset{2}{\cancel{6}}\times8}{5\times\underset{1}{\cancel{3}}}=\frac{16}{5}$

5 ① 三角形の面積＝底辺×高さ÷2です。

$\frac{3}{2}\times\frac{5}{4}\div2=\frac{3\times5}{2\times4}\div2=\frac{15}{8}\div2=\frac{15}{8\times2}=\frac{15}{16}$

② 欠けている部分を補って、全体の長方形の面積から、補った部分の面積をひいて求めます。

$2\times\left(1\frac{1}{4}+1\frac{1}{2}+1\frac{1}{4}\right)-\frac{2}{3}\times1\frac{1}{2}$
$=2\times\left(1\frac{1}{4}+1\frac{2}{4}+1\frac{1}{4}\right)-\frac{2}{3}\times\frac{3}{2}$
$=2\times4-\frac{2\times3}{3\times2}=8-1=7$

別のとき方 3つの長方形に分けて求めます。

$2\times1\frac{1}{4}+\left(2-\frac{2}{3}\right)\times1\frac{1}{2}+2\times1\frac{1}{4}$
$=2\times\frac{5}{4}+\frac{4}{3}\times\frac{3}{2}+2\times\frac{5}{4}$
$=2\times\left(2\times\frac{5}{4}\right)+\frac{4}{3}\times\frac{3}{2}$
$=5+2=7$

5 分数どうしのわり算の意味やしかたを考えよう

30・31ページ 基本のワーク

基本1 $\frac{3\times1}{5\times\boxed{4}}\times7=\frac{3\times\boxed{7}}{5\times\boxed{4}}=\boxed{\frac{21}{20}}$　答え $\frac{21}{20}\left(1\frac{1}{20}\right)$

❶ ① $\frac{2}{5}$　② $\frac{18}{35}$　③ $\frac{8}{45}$
④ $\frac{28}{45}$　⑤ $\frac{15}{32}$　⑥ $\frac{3}{40}$
⑦ $\frac{20}{3}\left(6\frac{2}{3}\right)$　⑧ $\frac{56}{45}\left(1\frac{11}{45}\right)$

基本2 $\frac{9}{4}\times\boxed{\frac{8}{15}}=\frac{\overset{3}{\cancel{9}}\times\overset{2}{\cancel{8}}}{\underset{1}{\cancel{4}}\times\underset{5}{\cancel{15}}}=\boxed{\frac{6}{5}}$　答え $\frac{6}{5}\left(1\frac{1}{5}\right)$

❷ ① $\frac{3}{7}$　② $\frac{3}{10}$　③ $\frac{10}{3}\left(3\frac{1}{3}\right)$
④ $\frac{3}{2}\left(1\frac{1}{2}\right)$　⑤ $\frac{1}{2}$　⑥ $\frac{16}{3}\left(5\frac{1}{3}\right)$

基本3 ① $\frac{\boxed{5}}{1}\div\frac{3}{7}=\frac{\boxed{5}}{1}\times\frac{\boxed{7}}{\boxed{3}}=\boxed{\frac{35}{3}}$
② $\frac{8}{11}\div\frac{\boxed{6}}{1}=\frac{8}{11}\times\frac{1}{\boxed{6}}=\boxed{\frac{4}{33}}$
答え ① $\frac{35}{3}\left(11\frac{2}{3}\right)$　② $\frac{4}{33}$

❸ ① $\frac{10}{3}\left(3\frac{1}{3}\right)$　② $\frac{1}{6}$　③ 14

てびき
❶ ① $\frac{1}{5}\div\frac{1}{2}=\frac{1}{5}\times\frac{2}{1}=\frac{1\times2}{5\times1}=\frac{2}{5}$
② $\frac{3}{7}\div\frac{5}{6}=\frac{3}{7}\times\frac{6}{5}=\frac{3\times6}{7\times5}=\frac{18}{35}$
③ $\frac{4}{5}\div\frac{9}{2}=\frac{4}{5}\times\frac{2}{9}=\frac{4\times2}{5\times9}=\frac{8}{45}$

❷ ① $\frac{1}{3}\div\frac{7}{9}=\frac{1}{3}\times\frac{9}{7}=\frac{1\times\overset{3}{\cancel{9}}}{\underset{1}{\cancel{3}}\times7}=\frac{3}{7}$
② $\frac{3}{4}\div\frac{5}{2}=\frac{3}{4}\times\frac{2}{5}=\frac{3\times\overset{1}{\cancel{2}}}{\underset{2}{\cancel{4}}\times5}=\frac{3}{10}$
③ $\frac{8}{3}\div\frac{4}{5}=\frac{8}{3}\times\frac{5}{4}=\frac{\overset{2}{\cancel{8}}\times5}{3\times\underset{1}{\cancel{4}}}=\frac{10}{3}$
④ $\frac{9}{10}\div\frac{3}{5}=\frac{9}{10}\times\frac{5}{3}=\frac{\overset{3}{\cancel{9}}\times\overset{1}{\cancel{5}}}{\underset{2}{\cancel{10}}\times\underset{1}{\cancel{3}}}=\frac{3}{2}$
⑤ $\frac{7}{12}\div\frac{7}{6}=\frac{7}{12}\times\frac{6}{7}=\frac{\overset{1}{\cancel{7}}\times\overset{1}{\cancel{6}}}{\underset{2}{\cancel{12}}\times\underset{1}{\cancel{7}}}=\frac{1}{2}$
⑥ $\frac{20}{9}\div\frac{5}{12}=\frac{20}{9}\times\frac{12}{5}=\frac{\overset{4}{\cancel{20}}\times\overset{4}{\cancel{12}}}{\underset{3}{\cancel{9}}\times\underset{1}{\cancel{5}}}=\frac{16}{3}$

❸ ① $6\div\frac{9}{5}=\frac{6}{1}\div\frac{9}{5}=\frac{6}{1}\times\frac{5}{9}=\frac{\overset{2}{\cancel{6}}\times5}{1\times\underset{3}{\cancel{9}}}=\frac{10}{3}$
② $\frac{4}{3}\div8=\frac{4}{3}\div\frac{8}{1}=\frac{4}{3}\times\frac{1}{8}=\frac{\overset{1}{\cancel{4}}\times1}{3\times\underset{2}{\cancel{8}}}=\frac{1}{6}$
③ $12\div\frac{6}{7}=\frac{12}{1}\div\frac{6}{7}=\frac{12}{1}\times\frac{7}{6}=\frac{\overset{2}{\cancel{12}}\times7}{1\times\underset{1}{\cancel{6}}}=14$

32・33ページ 基本のワーク

基本1 $\frac{\boxed{11}}{9}\div\frac{\boxed{5}}{4}=\boxed{\frac{11}{9}}\times\boxed{\frac{4}{5}}=\boxed{\frac{44}{45}}$　答え $\frac{44}{45}$

❶ ① $\frac{30}{7}\left(4\frac{2}{7}\right)$　② $\frac{1}{6}$　③ 9
④ $\frac{20}{9}\left(2\frac{2}{9}\right)$　⑤ $\frac{11}{16}$　⑥ $\frac{3}{2}\left(1\frac{1}{2}\right)$

❷ 式 $x\times3\frac{1}{5}=4\frac{2}{5}$
$x=4\frac{2}{5}\div3\frac{1}{5}$
$x=\frac{11}{8}$　答え $\frac{11}{8}$cm$\left(1\frac{3}{8}\text{cm}\right)$

基本2 $\frac{40}{7}$、$5\frac{5}{7}$、$\frac{35}{9}$、$3\frac{8}{9}$　答え ㋐

❸ ㋐、㋓

基本3 $\frac{5}{3}$、$\frac{3}{5}$、$\frac{1}{2}$　答え $\frac{1}{2}$

❹ 式 $\frac{14}{5}\div\frac{8}{5}=\frac{7}{4}$　答え $\frac{7}{4}$kg$\left(1\frac{3}{4}\text{kg}\right)$

基本4 $\frac{14}{3}\times\boxed{\frac{9}{5}}=\frac{14\times\boxed{9}}{3\times\boxed{5}}=\boxed{\frac{42}{5}}$　答え $\frac{42}{5}\left(8\frac{2}{5}\right)$

❺ 式 $\frac{6}{7}\times\frac{8}{9}=\frac{16}{21}$　答え $\frac{16}{21}$kg

てびき

1 ❶ $2\frac{4}{7}\div\frac{3}{5}=\frac{18}{7}\div\frac{3}{5}=\frac{18}{7}\times\frac{5}{3}$

$=\frac{\overset{6}{\cancel{18}}\times5}{7\times\underset{1}{\cancel{3}}}=\frac{30}{7}$

❷ $\frac{7}{9}\div4\frac{2}{3}=\frac{7}{9}\div\frac{14}{3}=\frac{7}{9}\times\frac{3}{14}=\frac{\overset{1}{\cancel{7}}\times\overset{1}{\cancel{3}}}{\underset{3}{\cancel{9}}\times\underset{2}{\cancel{14}}}=\frac{1}{6}$

❸ $12\div1\frac{1}{3}=\frac{12}{1}\div\frac{4}{3}=\frac{12}{1}\times\frac{3}{4}=\frac{\overset{3}{\cancel{12}}\times3}{1\times\underset{1}{\cancel{4}}}=9$

❹ $3\frac{1}{3}\div1\frac{1}{2}=\frac{10}{3}\div\frac{3}{2}=\frac{10}{3}\times\frac{2}{3}=\frac{10\times2}{3\times3}$

$=\frac{20}{9}$

❺ $1\frac{5}{6}\div2\frac{2}{3}=\frac{11}{6}\div\frac{8}{3}=\frac{11}{6}\times\frac{3}{8}=\frac{11\times\overset{1}{\cancel{3}}}{\underset{2}{\cancel{6}}\times8}$

$=\frac{11}{16}$

❻ $2\frac{5}{8}\div1\frac{3}{4}=\frac{21}{8}\div\frac{7}{4}=\frac{21}{8}\times\frac{4}{7}=\frac{\overset{3}{\cancel{21}}\times\overset{1}{\cancel{4}}}{\underset{2}{\cancel{8}}\times\underset{1}{\cancel{7}}}=\frac{3}{2}$

2 縦の長さを$x$cmとして、長方形の面積＝縦×横の公式にあてはめて求めます。

$4\frac{2}{5}\div3\frac{1}{5}=\frac{22}{5}\div\frac{16}{5}=\frac{22}{5}\times\frac{5}{16}=\frac{\overset{11}{\cancel{22}}\times\overset{1}{\cancel{5}}}{\underset{1}{\cancel{5}}\times\underset{8}{\cancel{16}}}$

$=\frac{11}{8}$

3 わる数が1より大きいか、小さいかで見分けます。1より小さい数でわると、商は、わられる数より大きくなります。

4 1mあたりの重さを求めるので、わり算の式になります。

$\frac{14}{5}\div\frac{8}{5}=\frac{14}{5}\times\frac{5}{8}=\frac{\overset{7}{\cancel{14}}\times\overset{1}{\cancel{5}}}{\underset{1}{\cancel{5}}\times\underset{4}{\cancel{8}}}=\frac{7}{4}$

5 全部の大きさを求めるので、かけ算の式になります。

34ページ 練習のワーク

1 ❶ $\frac{40}{63}$　❷ $\frac{5}{6}$　❸ $\frac{20}{9}\left(2\frac{2}{9}\right)$

❹ $\frac{21}{2}\left(10\frac{1}{2}\right)$　❺ $\frac{8}{3}\left(2\frac{2}{3}\right)$　❻ $\frac{9}{4}\left(2\frac{1}{4}\right)$

❼ $\frac{7}{12}$　❽ $\frac{6}{5}\left(1\frac{1}{5}\right)$

2 ㋑、㋓

3 式 $\frac{15}{4}\div\frac{5}{8}=6$　答え 6本

4 式 $12\div\frac{6}{31}=62$　答え 62枚

てびき

1 ❶ $\frac{5}{9}\div\frac{7}{8}=\frac{5}{9}\times\frac{8}{7}=\frac{5\times8}{9\times7}=\frac{40}{63}$

❷ $\frac{10}{21}\div\frac{4}{7}=\frac{10}{21}\times\frac{7}{4}=\frac{\overset{5}{\cancel{10}}\times\overset{1}{\cancel{7}}}{\underset{3}{\cancel{21}}\times\underset{2}{\cancel{4}}}=\frac{5}{6}$

❸ $\frac{25}{12}\div\frac{15}{16}=\frac{25}{12}\times\frac{16}{15}=\frac{\overset{5}{\cancel{25}}\times\overset{4}{\cancel{16}}}{\underset{3}{\cancel{12}}\times\underset{3}{\cancel{15}}}=\frac{20}{9}$

❹ $9\div\frac{6}{7}=\frac{9}{1}\div\frac{6}{7}=\frac{9}{1}\times\frac{7}{6}=\frac{\overset{3}{\cancel{9}}\times7}{1\times\underset{2}{\cancel{6}}}=\frac{21}{2}$

❺ $6\div2\frac{1}{4}=\frac{6}{1}\div\frac{9}{4}=\frac{6}{1}\times\frac{4}{9}=\frac{\overset{2}{\cancel{6}}\times4}{1\times\underset{3}{\cancel{9}}}=\frac{8}{3}$

❻ $1\frac{1}{5}\div\frac{8}{15}=\frac{6}{5}\div\frac{8}{15}=\frac{6}{5}\times\frac{15}{8}=\frac{\overset{3}{\cancel{6}}\times\overset{3}{\cancel{15}}}{\underset{1}{\cancel{5}}\times\underset{4}{\cancel{8}}}=\frac{9}{4}$

❼ $1\frac{5}{6}\div3\frac{1}{7}=\frac{11}{6}\div\frac{22}{7}=\frac{11}{6}\times\frac{7}{22}=\frac{\overset{1}{\cancel{11}}\times7}{6\times\underset{2}{\cancel{22}}}$

$=\frac{7}{12}$

❽ $2\frac{2}{3}\div2\frac{2}{9}=\frac{8}{3}\div\frac{20}{9}=\frac{8}{3}\times\frac{9}{20}=\frac{\overset{2}{\cancel{8}}\times\overset{3}{\cancel{9}}}{\underset{1}{\cancel{3}}\times\underset{5}{\cancel{20}}}=\frac{6}{5}$

2 わる数が1より大きいか、小さいかで見分けます。

3 いくつ分を求めるので、わり算の式になります。

$\frac{15}{4}\div\frac{5}{8}=\frac{15}{4}\times\frac{8}{5}=\frac{\overset{3}{\cancel{15}}\times\overset{2}{\cancel{8}}}{\underset{1}{\cancel{4}}\times\underset{1}{\cancel{5}}}=6$

4 折り紙全部の枚数の割合は1です。1にあたる枚数を求めるのでわり算の式になります。

35ページ まとめのテスト

1 ❶ $\frac{14}{15}$　❷ $\frac{5}{6}$　❸ $\frac{10}{3}\left(3\frac{1}{3}\right)$

❹ $\frac{32}{9}\left(3\frac{5}{9}\right)$　❺ $\frac{16}{5}\left(3\frac{1}{5}\right)$　❻ $\frac{5}{3}\left(1\frac{2}{3}\right)$

❼ $\frac{3}{14}$　❽ $\frac{35}{16}\left(2\frac{3}{16}\right)$　❾ $\frac{3}{2}\left(1\frac{1}{2}\right)$

2 式 $2\frac{1}{4}\div\frac{7}{12}=\frac{27}{7}$　答え $\frac{27}{7}$m$\left(3\frac{6}{7}\text{m}\right)$

3 式 $15\div3\frac{3}{4}=4$　答え 4cm

4 式 $\frac{5}{3}\div\frac{5}{8}=\frac{8}{3}$　答え $\frac{8}{3}\text{m}^2\left(2\frac{2}{3}\text{m}^2\right)$

てびき

1 ❶ $\frac{2}{3}\div\frac{5}{7}=\frac{2}{3}\times\frac{7}{5}=\frac{2\times7}{3\times5}=\frac{14}{15}$

❷ $\frac{5}{8}\div\frac{3}{4}=\frac{5}{8}\times\frac{4}{3}=\frac{5\times\overset{1}{\cancel{4}}}{\underset{2}{\cancel{8}}\times3}=\frac{5}{6}$

③ $\frac{4}{9}\div\frac{2}{15}=\frac{4}{9}\times\frac{15}{2}=\frac{\overset{2}{\cancel{4}}\times\overset{5}{\cancel{15}}}{\underset{3}{\cancel{9}}\times\underset{1}{\cancel{2}}}=\frac{10}{3}$

④ $8\div\frac{9}{4}=\frac{8}{1}\div\frac{9}{4}=\frac{8}{1}\times\frac{4}{9}=\frac{8\times4}{1\times9}=\frac{32}{9}$

⑤ $1\frac{1}{5}\div\frac{3}{8}=\frac{6}{5}\div\frac{3}{8}=\frac{6}{5}\times\frac{8}{3}=\frac{\overset{2}{\cancel{6}}\times8}{5\times\underset{1}{\cancel{3}}}=\frac{16}{5}$

⑥ $1\frac{1}{9}\div\frac{2}{3}=\frac{10}{9}\div\frac{2}{3}=\frac{10}{9}\times\frac{3}{2}=\frac{\overset{5}{\cancel{10}}\times\overset{1}{\cancel{3}}}{\underset{3}{\cancel{9}}\times\underset{1}{\cancel{2}}}=\frac{5}{3}$

⑦ $\frac{4}{7}\div2\frac{2}{3}=\frac{4}{7}\div\frac{8}{3}=\frac{4}{7}\times\frac{3}{8}=\frac{\overset{1}{\cancel{4}}\times3}{7\times\underset{2}{\cancel{8}}}=\frac{3}{14}$

⑧ $3\frac{1}{8}\div1\frac{3}{7}=\frac{25}{8}\div\frac{10}{7}=\frac{25}{8}\times\frac{7}{10}=\frac{\overset{5}{\cancel{25}}\times7}{8\times\underset{2}{\cancel{10}}}$

$=\frac{35}{16}$

⑨ $2\frac{3}{4}\div1\frac{5}{6}=\frac{11}{4}\div\frac{11}{6}=\frac{11}{4}\times\frac{6}{11}=\frac{\overset{1}{\cancel{11}}\times\overset{3}{\cancel{6}}}{\underset{2}{\cancel{4}}\times\underset{1}{\cancel{11}}}$

$=\frac{3}{2}$

2 青いリボンの長さの割合は１です。１にあたる長さを求めるのでわり算の式になります。

□m	$2\frac{1}{4}$m
1	$\frac{7}{12}$

$2\frac{1}{4}\div\frac{7}{12}=\frac{9}{4}\div\frac{7}{12}=\frac{9}{4}\times\frac{12}{7}=\frac{9\times\overset{3}{\cancel{12}}}{\underset{1}{\cancel{4}}\times7}=\frac{27}{7}$

3 底辺の長さを $x$cm として、平行四辺形の面積＝底辺×高さの公式にあてはめて、

$x\times3\frac{3}{4}=15$　$x=15\div3\frac{3}{4}$ で求められます。

4 いくつ分を求めるので、わり算の式になります。求める面積を□m² として表をかくと、右のようになります。

$\frac{5}{8}$L	$\frac{5}{3}$L
1m²	□m²

6 資料を代表する値やちらばりのようすを調べよう

36・37ページ 基本のワーク

基本1 ❶ 448、448、28、405、405、15、27
❸ 22、22　❹ 8、9、29、27.5
答え ❶ 28、27

❷

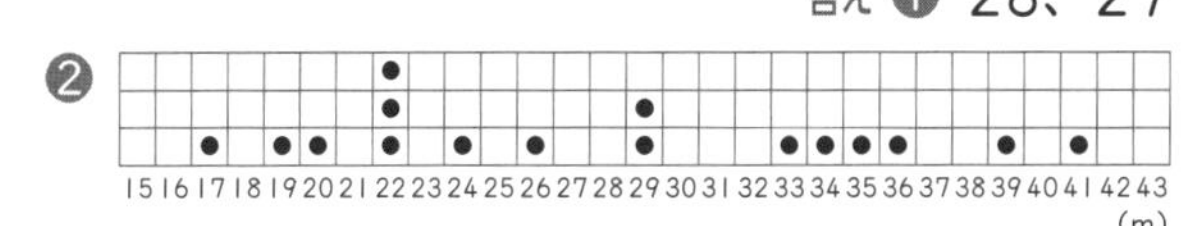

❸ 22　❹ 27.5

❶ ❶

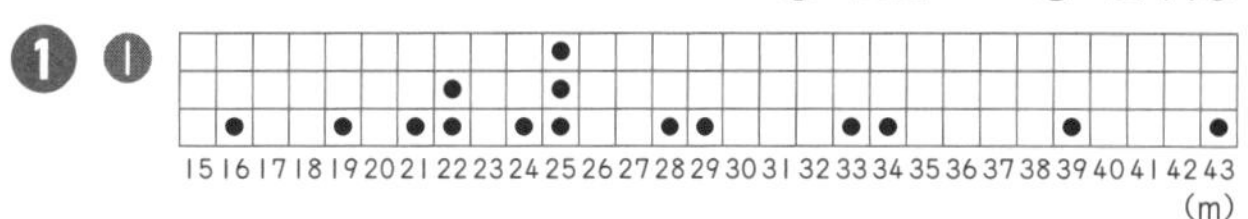

❷ 25m　❸ 25m

基本2 答え ❶ 5、3、2、3　❷ 5　❸ 40、45

❷ ❶ 2、4、5、2、1、1、15

❷ ㋐…1組、㋑…1組、㋒…2組、㋓…1組

てびき ❶ ❶ 2組の表を見て●（ドット）を打っていきます。

❸ 2組はデータが15個あるので、データを大きさの順にならべかえたとき、8番目の記録が中央値となります。

❷ ❷ ㋐ 35m以上の人なので、35m以上40m未満と、40m以上45m未満の階級の人数を合計して比べます。

38・39ページ 基本のワーク

基本1 ❶ 3　❷ 20、25、5、16
答え ❶ 3　❷ 20、25、31.3

❸

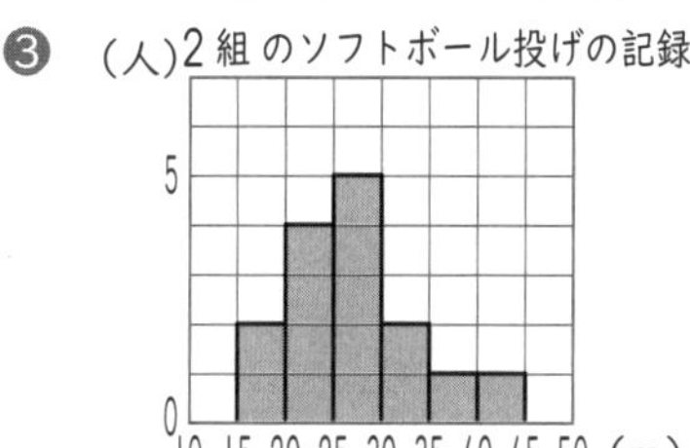

❶ ❶ 4人　❷ 25m以上30m未満
❸ 33.3％

❷ ❶

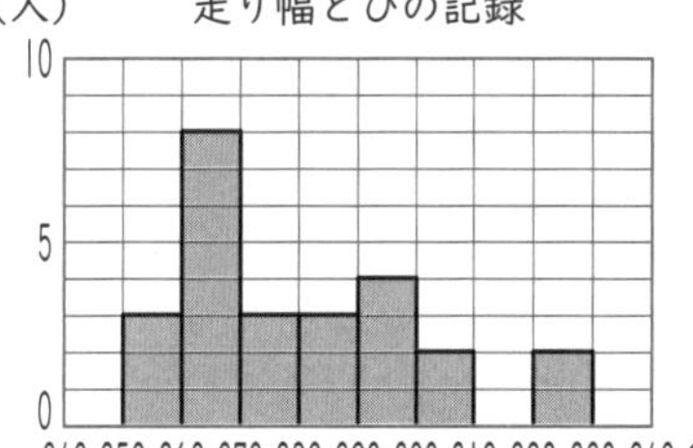

❷ 260cm以上270cm未満　❸ 32％
❹ 280cm以上290cm未満

基本2 答え ❶ 8、5、1

❷

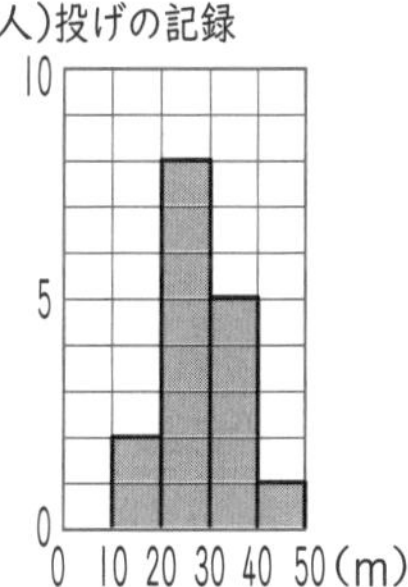

❸ ❶ 2、9、3、1、15

❷
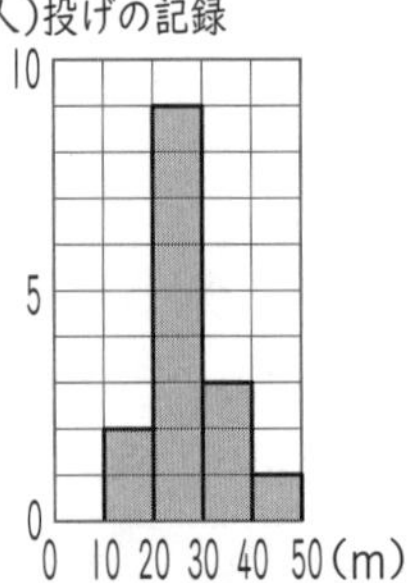

てびき ❶ ❷ 柱状グラフを見ると、人数がいちばん多い階級がよくわかります。度数がいちばん多いのは5人で、25m以上30m未満の階級です。

❸ ❷の階級の人数は5人で、全体の人数は15人なので、5÷15×100=33.33…

❷ ❸ 度数分布表より、全体の人数は25人とわかります。

❹ 遠くにとんだ方から数えて9番目から11番目の人が、280cm以上290cm未満の階級に入ることがわかります。

40ページ 練習のワーク❶

❶ ❶
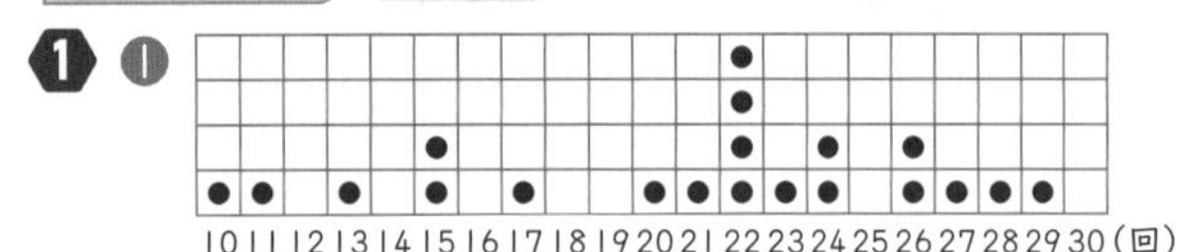

❷ 20.85回　❸ 22回　❹ 22回

❷ ❶ 80点以上85点未満　❷ 14人

❸ 40%　❹ 85点以上90点未満

❺
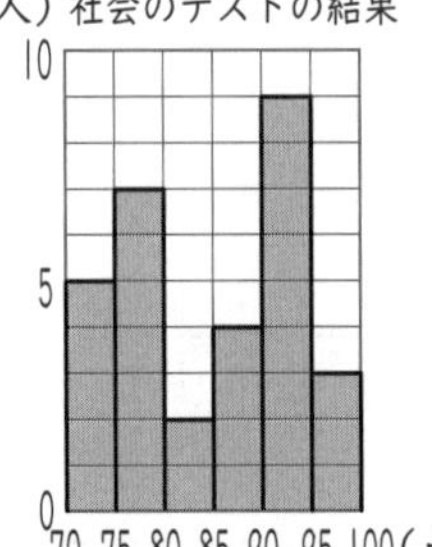

てびき ❶ ❷ 平均値=データの値の合計÷データの個数で求めます。データの値の合計は417回、データの個数は20個なので、417÷20=20.85

❹ データの個数が20個なので、10番目の記録と11番目の記録の平均値が中央値となります。10番目の記録も11番目の記録も22回なので、(22+22)÷2=22

❷ ❸ 度数分布表より、90点以上の人数は12人なので、12÷30×100=40

41ページ 練習のワーク❷

❶ ❶ 19分　❷ 2、3、6、5、3、1

❸
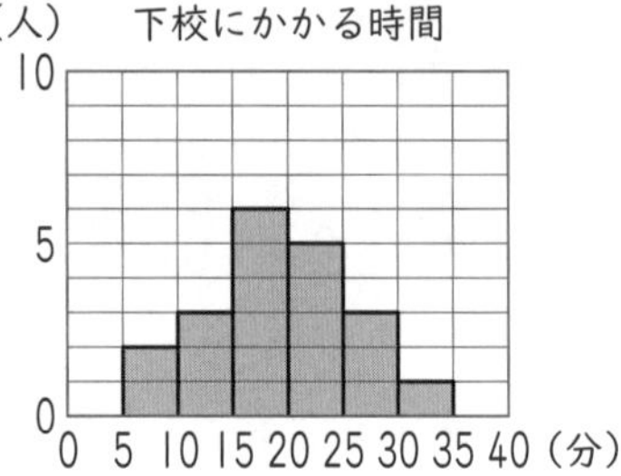

❹ 18分

❺ 18.5分

❻ 20分以上25分未満

❼ 階級…15分以上20分未満、割合…30%

てびき ❶ ❶ データの値の合計は380分、データの個数は20個なので、380÷20=19

❷「正」を書いて数えたり、下校にかかる時間を短い方から順にならべかえたりして数えます。数え忘れたり、2度数えたりしないように、チェックを入れながら数えましょう。

❻❼ ❷でまとめた表や、❸でかいた柱状グラフを見ます。

❼ 15分以上20分未満の人数は6人で、全体の人数が20人だから、割合を百分率で表すと、6÷20×100=30

42ページ まとめのテスト❶

1 ❶ 1組…19回、2組…18回

❷ 23回

❸ 19回

❹ 1組…2、2、6、7、3、20

2組…2、3、5、6、3、19

❺
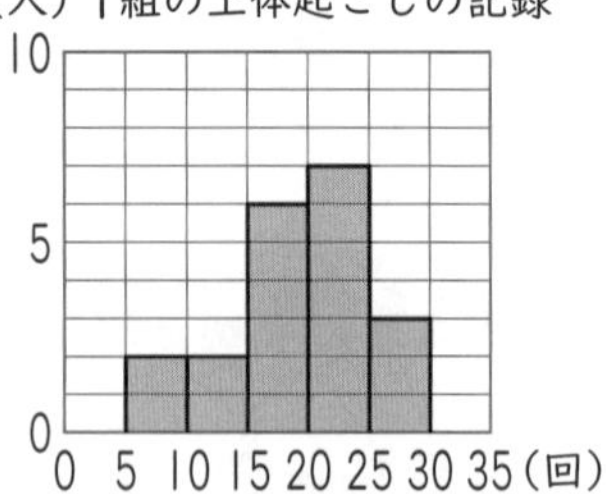

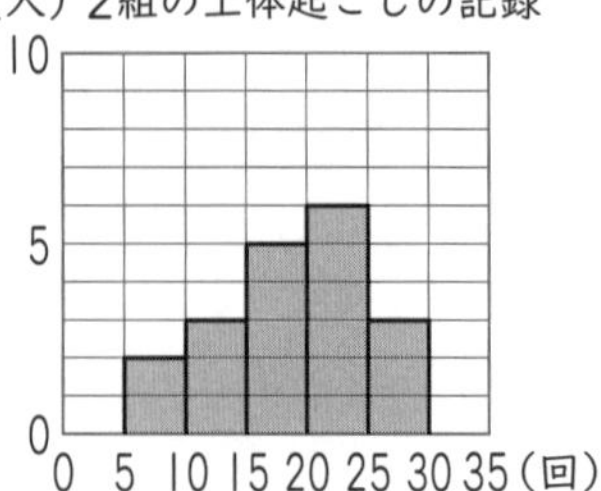

❻ Ⅰ組…20回以上25回未満
　2組…15回以上20回未満

てびき　1 ❶ Ⅰ組のデータの値の合計は380回、データの個数は20個なので、380÷20＝19
2組のデータの値の合計は342回、データの個数は19個なので、342÷19＝18
❸ 2組のデータの個数は19個なので、中央値は10番目の人の記録となります。
❹「正」を書いたり、回数の少ない方から順にならべかえたりして数えます。
❻ ❺でかいた柱状グラフで調べるとわかりやすいです。

43ページ　まとめのテスト❷

1 ❶ Ⅰぱん　最頻値…9.0秒、中央値…8.35秒
　2はん　最頻値…8.5秒、中央値…8.5秒

❷ (人)　Ⅰぱんの記録

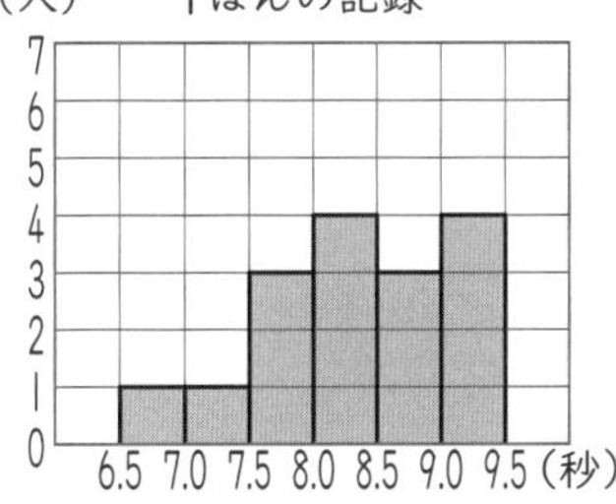

(人)　2はんの記録

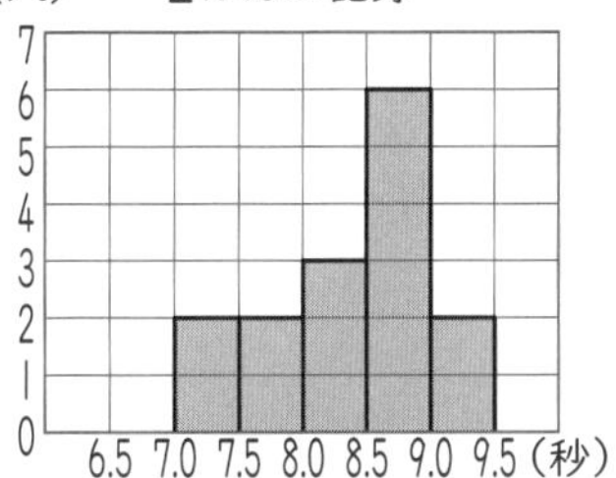

❸ Ⅰぱん…25％、2はん…20％

2 ❶ 13人　❷ 30点以上40点未満
❸ 5番目から9番目

てびき　1 ❶ Ⅰぱんの中央値は、記録の速い方から8番目の8.3秒と9番目の8.4秒の平均値で、(8.3＋8.4)÷2＝8.35(秒)です。
2はんの中央値は、記録の速い方から数えて8番目の8.5秒です。
❸ Ⅰぱん…4÷16×100＝25
　2はん…3÷15×100＝20
2 ❸ 80点以上の人は2＋2＝4(人)います。
70点以上80点未満の人は5人いるので、5番目から9番目までにいます。

⑦ 落ちや重なりがないように整理しよう

44・45ページ　基本のワーク

基本1 《1》㋒、㋚　《2》㋒、㋚
2、6　答え 6
❶ 24通り

基本2 《1》

Ⅰ	2	3
Ⅰ	2	4
Ⅰ	3	2
Ⅰ	3	4
Ⅰ	4	2
Ⅰ	4	3

《2》

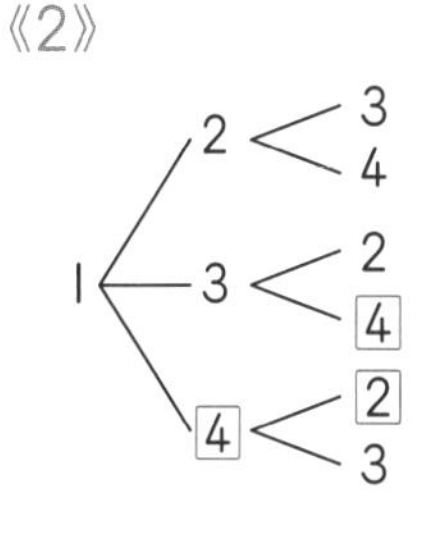

6、24　答え 24
❷ 12通り
❸ 18通り

基本3 《1》

○	○	○
○	○	×
○	×	○
○	×	×

《2》

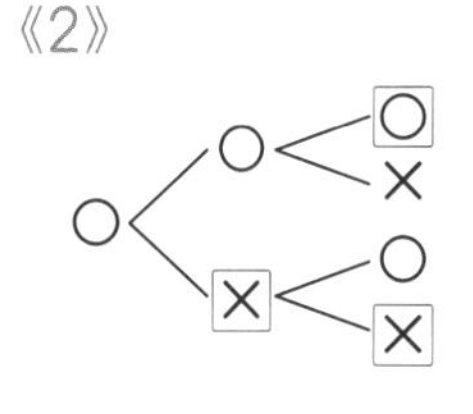

4、8　答え 8
❹ 8通り
❺ 16通り

てびき ❶ 千の位を2として図に表すと、右のようになり、6通りあります。千の位を4、6、8としても6通りずつあるので、全部で24通りあります。

千の位　百の位　十の位　一の位
2─4─6─8
　　　─8─6
　─6─4─8
　　　─8─4
　─8─4─6
　　　─6─4

❷ しげる…㋛、なつき…㋤、あゆみ…㋐、ゆうき…㋴として、決め方を図に表すと、次のようになります。

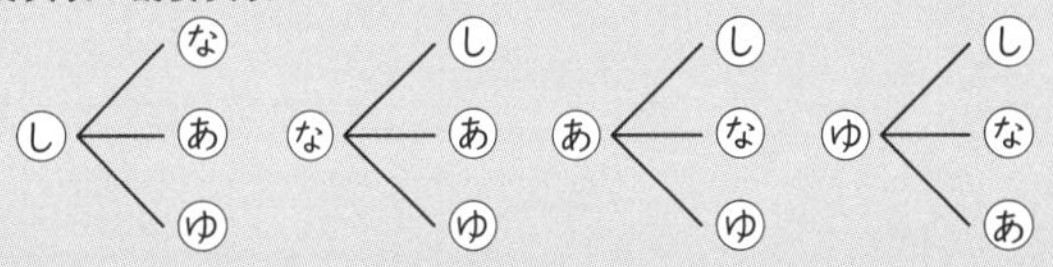

❸ 百の位をⅠとして図に表すと、右のようになり、6通りあります。百の位を2や3としても6通りずつあるので、全部で18通りあります。

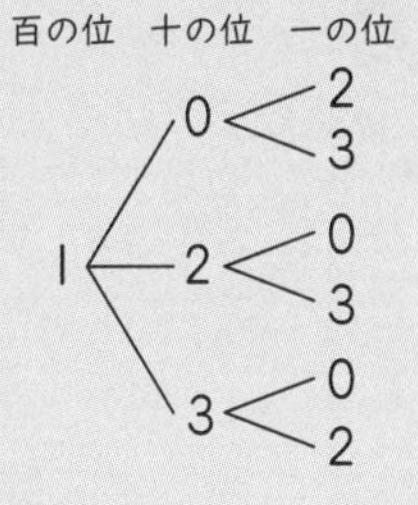

0は百の位に使えないので注意しましょう。

❹ 表…(お)、裏…(う)として図に表すと、次のようになります。

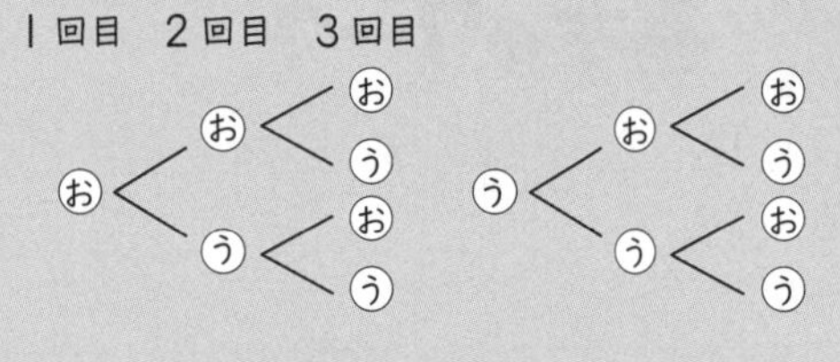

1回目 2回目 3回目

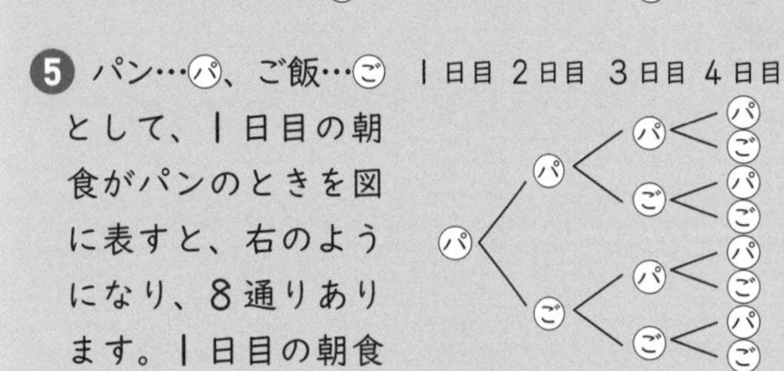

❺ パン…(パ)、ご飯…(ご)として、1日目の朝食がパンのときを図に表すと、右のようになり、8通りあります。1日目の朝食がご飯のときも8通りあるので、全部で16通りあります。

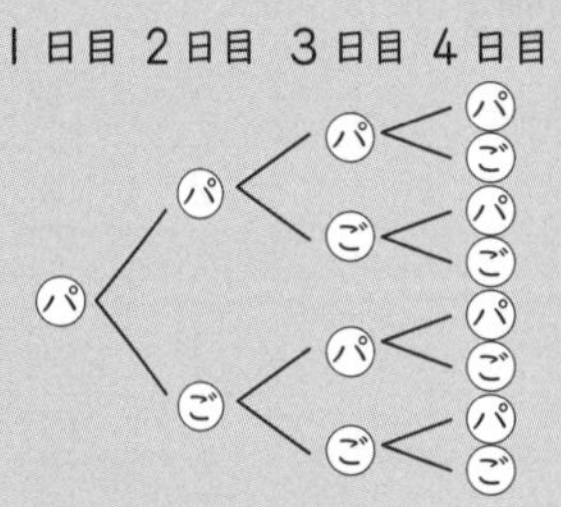

1日目 2日目 3日目 4日目

46・47ページ 基本のワーク

基本1 《1》

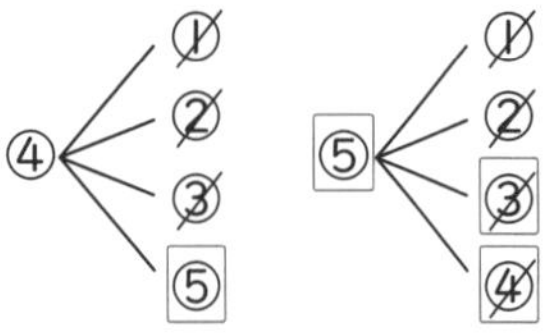

答え 10

❶ ➊ AとB、AとC、AとD、BとC、BとD、CとD
➋ 6試合

❷ 15試合

基本2 《1》 (な)、(パ) 答え 6

❸ 15通り

基本3

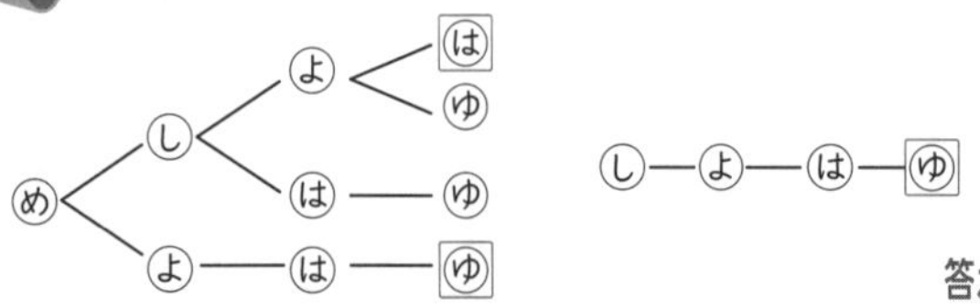

答え 5

❹ 4通り

てびき

❶ それぞれの組み合わせを表に○をかいて表すと、右のようになります。

	A	B	C	D
A		○	○	○
B			○	○
C				○
D				

❷ 6チームに番号をつけて表に表すと、右のようになります。

	1	2	3	4	5	6
1		○	○	○	○	○
2			○	○	○	○
3				○	○	○
4					○	○
5						○
6						

❸ 同じ組み合わせをかかないようにして図に表すと、次のようになります。

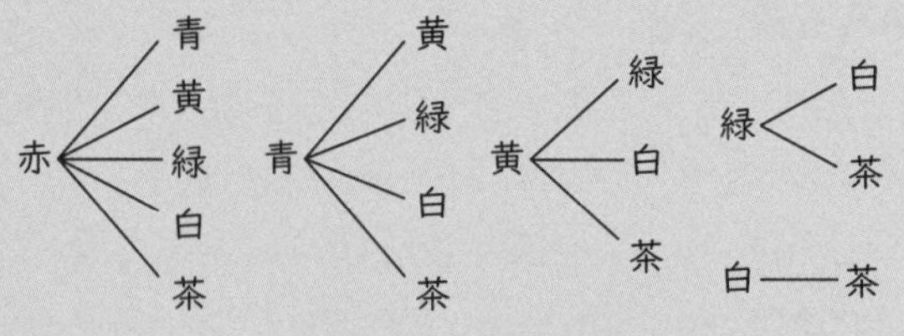

赤
青
黄
緑
白
茶

❹ 3枚を選ぶ組み合わせを図に表すと、右のようになります。
または、選ばない1枚が、1、3、5、7の4通りあることから考えることもできます。

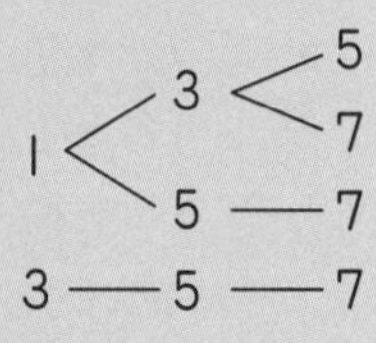

48ページ 練習のワーク❶

❶ 6通り

❷ ➊ 24通り ➋ 12通り

❸ 6試合

❹ 10通り

❺ 116円、516円、606円、611円、615円

てびき

❶ ジェットコースター…(ジ)、コーヒーカップ…(コ)、メリーゴーラウンド…(メ)として図に表すと、右のようになります。

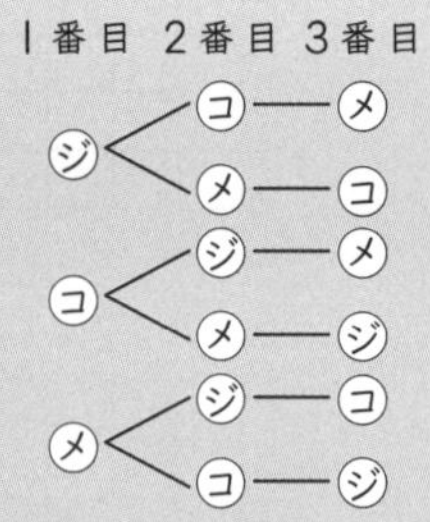

1番目 2番目 3番目

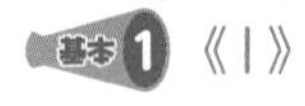

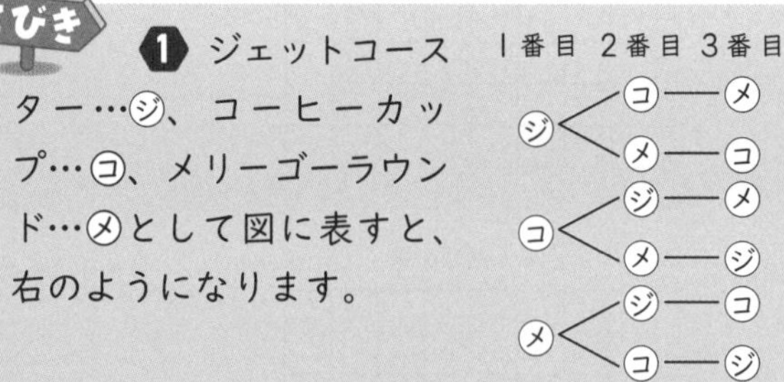

❷ ➊ 千の位を2として図に表すと、右のようになり、6通りあります。千の位を3、4、5としても6通りずつあるから、全部で24通りあります。

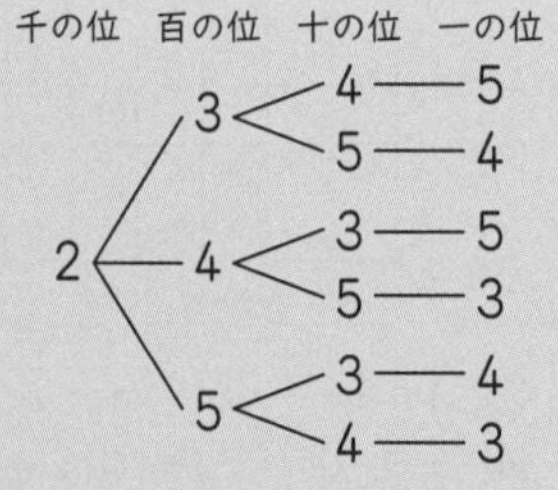

千の位 百の位 十の位 一の位

➋ 千の位が3、4、5のときも図に表して調べます。できる4けたの偶数は、2354、2534、3254、3452、3524、3542、4352、4532、5234、5324、5342、5432の12通りです。

❸ 4チームに番号をつけて表に表すと、右のようになります。

	1	2	3	4
1		○	○	○
2			○	○
3				○
4				

❹ アイスクリーム…(ア)、チョコレート…(チ)、ガム…(ガ)、あめ…(あ)、クッキー…(ク)として図に表すと、次のようになります。

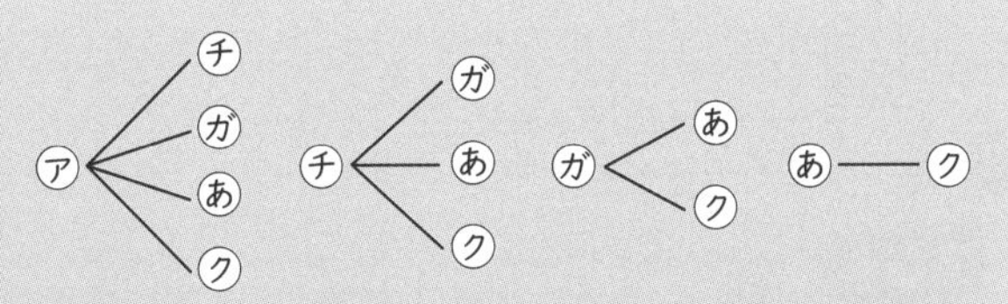

❺ Ⅰ円…①、5円…⑤、10円…⑩、100円…⑩、500円…⑩として図に表すと、右のようになります。組み合わせた硬貨の金額をたして、合計の金額を求めます。または、5枚の硬貨の合計の金額616円から、選ばない1枚の硬貨の金額をひいて求めることもできます。

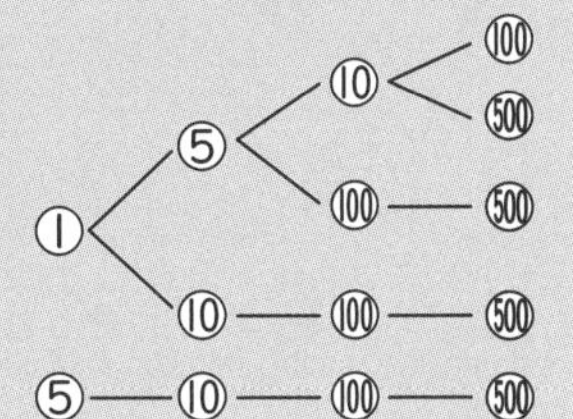

たしかめよう!

❶❷ ならべ方を調べるときは、次のようにします。
1 Ⅰ番目を決める。
2 2番目はⅠ番目以外、3番目はⅠ番目と2番目以外、…のようにして図や表をかく。
3 Ⅰ番目が何通りあるか考える。

49ページ 練習のワーク❷

❶ 24通り
❷ ❶ 6通り ❷ 897
❸ 8通り
❹ 21回
❺ 15通り

てびき

❷ ❷ 3けたの整数を大きい方から3つならべると、987、978、897です。

❸ 表…お、裏…うとして、Ⅰ回目が表の場合を図に表すと、右のようになり、4通りあります。Ⅰ回目が裏のときも4通りあるので、全部で8通りあります。

❹ 7人に番号をつけて表に表すと、次のようになります。

	1	2	3	4	5	6	7
1		○	○	○	○	○	○
2			○	○	○	○	○
3				○	○	○	○
4					○	○	○
5						○	○
6							○
7							

50ページ まとめのテスト❶

❶ 6通り
❷ ❶ 18通り ❷ 2406
❸ 0と2、0と4、0と6、2と4、2と6、4と6
❸ 6通り
❹ 10試合
❺ 4通り

てびき

❶ と中の道が合流する地点までの道を①、②、③、と中の地点からの道を❹、❺として図に表すと、次のようになります。

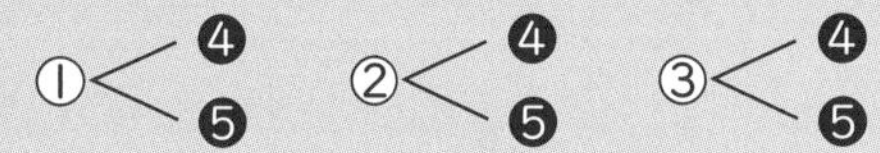

❷ ❶ 千の位を2として図に表すと、右のようになり、6通りあります。千の位を4や6としても6通りずつあるので、全部で18通りあります。

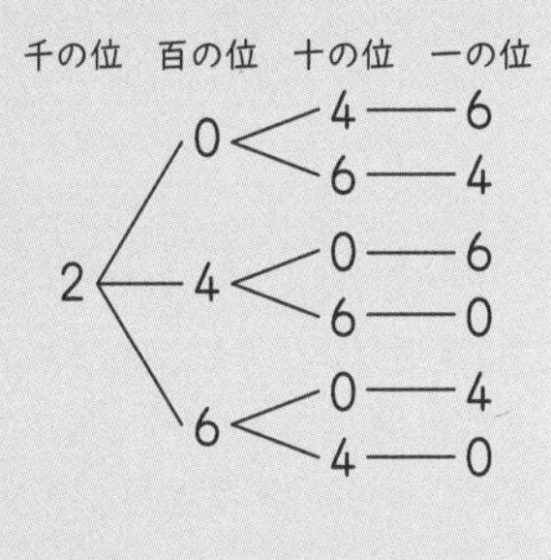

0は千の位に使えないことに注意しましょう。
❷ 4けたの整数を小さい方から3つならべると、2046、2064、2406となります。

❸ かずやさんとまいさんを1つのペアとみて考えます。かずやとまい…かま、みゆき…み、たつや…たとして図に表すと、右のようになります。

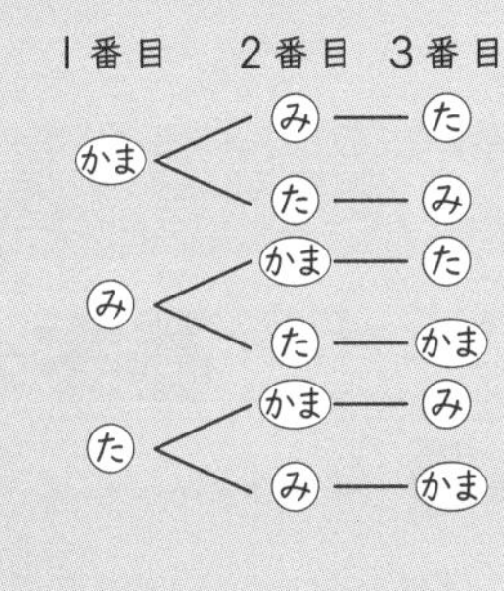

❺ 国語…こ、算数…さ、理科…り、社会…しとして図に表すと、右のようになります。または、勉強しない1教科が4通りあることから考えます。

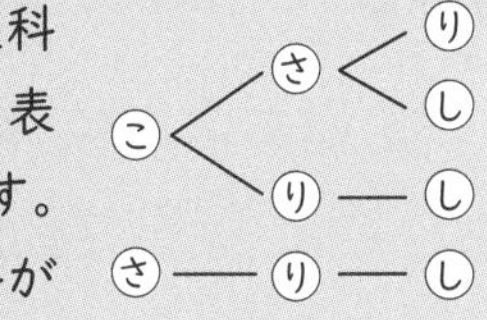

51ページ まとめのテスト❷

❶ 6通り
❷ ❶ 24通り ❷ 24通り
❸ ❶ 6通り ❷ 4通り ❸ 12通り
❹ 3通り

てびき

2 ❶ 百の位を2として図に表すと、右のようになり、6通りあります。百の位を4、6、7としても6通りずつあるので、全部で24通りあります。

百の位　十の位　一の位

2 ─ 4 ＜ 6、7
2 ─ 6 ＜ 4、7
2 ─ 7 ＜ 4、6

❷ 千の位を2として図に表すと、右のようになり、6通りあります。千の位を4、6、7としても6通りずつあるので、全部で24通りあります。

千の位　百の位　十の位　一の位

2 ─ 4 ＜ 6 ─ 7、7 ─ 6
2 ─ 6 ＜ 4 ─ 7、7 ─ 4
2 ─ 7 ＜ 4 ─ 6、6 ─ 4

3 ❷ CABD、CBAD、DABC、DBACの4通りです。

❸ BとCがBCの順にならぶとき、BとCを1つのペアとみて、Ⓐ、(BC)、Ⓓの3つのならべ方を考えると6通りあります。また、BとCがCBの順にならぶとき、CとBを1つのペアとみて、Ⓐ、(CB)、Ⓓの3つのならべ方を考えると、同じように6通りあるので、全部で12通りあります。

4 りんご、みかん、いちごのどれかが2個選ばれるので、3通りあります。

8 小数や分数を使った計算のしかたを考えよう

52・53ページ 基本のワーク

基本1 ❶《1》0.75、0.75、1.15

《2》2、2、8、$\frac{23}{20}$

❷《1》0.167　《2》1、1、3、$\frac{1}{6}$

答え ❶ 1.15、$\frac{23}{20}\left(1\frac{3}{20}\right)$　❷ $\frac{1}{6}$

❶ ❶ $0.425\left(\frac{17}{40}\right)$　❷ $\frac{13}{15}$　❸ $\frac{15}{28}$

❹ $0.225\left(\frac{9}{40}\right)$　❺ $1\frac{7}{30}\left(\frac{37}{30}\right)$　❻ $0.14\left(\frac{7}{50}\right)$

基本2 ❶ $\frac{3}{8}\times\frac{\boxed{4}}{\boxed{3}}\times\frac{9}{10}=\frac{3\times\boxed{4}\times9}{8\times\boxed{3}\times10}=\frac{\boxed{9}}{\boxed{20}}$

❷ $\frac{9}{\boxed{1}}\times\frac{5}{6}\div\frac{63}{\boxed{10}}=\frac{9}{\boxed{1}}\times\frac{5}{6}\times\frac{\boxed{10}}{63}=\frac{9\times5\times\boxed{10}}{\boxed{1}\times6\times63}=\frac{\boxed{25}}{\boxed{21}}$

答え ❶ $\frac{9}{20}$　❷ $\frac{25}{21}\left(1\frac{4}{21}\right)$

❷ ❶ $\frac{1}{2}$　❷ 3

基本3 $\frac{6}{5}\times\frac{\boxed{8}}{10}\div\frac{2}{\boxed{1}}=\frac{6}{5}\times\frac{\boxed{8}}{10}\times\frac{\boxed{1}}{2}=\frac{6\times\boxed{8}\times\boxed{1}}{5\times10\times2}$

$=\frac{\boxed{12}}{\boxed{25}}$　　答え $\frac{12}{25}$(0.48)

❸ 式 $2.5\times3\frac{1}{5}\div2=4$　　答え 4cm²

てびき

❶ ❷、❸、❺の分数は、小数にするとわりきれないので、分数にそろえて計算します。

❶ $0.3+\frac{1}{8}=0.3+0.125=0.425$

$0.3+\frac{1}{8}=\frac{3}{10}+\frac{1}{8}=\frac{12}{40}+\frac{5}{40}=\frac{17}{40}$

❷ $\frac{1}{6}+0.7=\frac{1}{6}+\frac{7}{10}=\frac{5}{30}+\frac{21}{30}=\frac{\cancel{26}^{13}}{\cancel{30}_{15}}=\frac{13}{15}$

❸ $\frac{2}{7}+0.25=\frac{2}{7}+\frac{\cancel{25}^{1}}{\cancel{100}_{4}}=\frac{2}{7}+\frac{1}{4}=\frac{8}{28}+\frac{7}{28}=\frac{15}{28}$

❹ $\frac{5}{8}-0.4=0.625-0.4=0.225$

$\frac{5}{8}-0.4=\frac{5}{8}-\frac{\cancel{4}^{2}}{\cancel{10}_{5}}=\frac{5}{8}-\frac{2}{5}=\frac{25}{40}-\frac{16}{40}=\frac{9}{40}$

❺ $1\frac{5}{6}-0.6=1\frac{5}{6}-\frac{\cancel{6}^{3}}{\cancel{10}_{5}}=1\frac{5}{6}-\frac{3}{5}=1\frac{25}{30}-\frac{18}{30}=1\frac{7}{30}$

❻ $\frac{1}{2}-0.36=0.5-0.36=0.14$

$\frac{1}{2}-0.36=\frac{1}{2}-\frac{\cancel{36}^{9}}{\cancel{100}_{25}}=\frac{1}{2}-\frac{9}{25}=\frac{25}{50}-\frac{18}{50}=\frac{7}{50}$

❷

❶ $\frac{2}{3}\div\frac{3}{5}\times\frac{9}{20}=\frac{2}{3}\times\frac{5}{3}\times\frac{9}{20}=\frac{\cancel{2}^{1}\times\cancel{5}^{1}\times\cancel{9}^{\cancel{3}\,1}}{\cancel{3}_{1}\times\cancel{3}_{1}\times\cancel{20}_{\cancel{10}\,2}}=\frac{1}{2}$

❷ $0.9\times\frac{2}{5}\div0.12=\frac{9}{10}\times\frac{2}{5}\div\frac{12}{100}$

$=\frac{9}{10}\times\frac{2}{5}\times\frac{100}{12}=\frac{\cancel{9}^{3}\times\cancel{2}^{1}\times\cancel{100}^{\cancel{10}\,\cancel{5}\,1}}{\cancel{10}_{1}\times\cancel{5}_{1}\times\cancel{12}_{\cancel{4}\,\cancel{2}\,1}}=3$

❸

$2.5\times3\frac{1}{5}\div2=\frac{25}{10}\times\frac{16}{5}\div\frac{2}{1}=\frac{25}{10}\times\frac{16}{5}\times\frac{1}{2}$

$=\frac{\cancel{25}^{\cancel{5}\,1}\times\cancel{16}^{\cancel{8}\,4}\times1}{\cancel{10}_{\cancel{5}\,1}\times\cancel{5}_{1}\times\cancel{2}_{1}}=4$

$3\frac{1}{5}=3.2$として、小数にそろえて計算することもできますが、分数にそろえた方が、3つの数をいちどに計算できて、と中で約分もできるので、計算が簡単です。

54・55ページ 基本のワーク

基本1 ❶ $\frac{\boxed{2}}{10}\times\frac{35}{100}\div\frac{\boxed{28}}{100}=\frac{\boxed{2}}{10}\times\frac{35}{100}\times\frac{100}{\boxed{28}}$

$=\frac{\boxed{2}\times35\times100}{10\times100\times\boxed{28}}=\frac{\boxed{1}}{\boxed{4}}$

❷ $\frac{12}{1}\times\frac{\boxed{1}}{\boxed{9}}\times\frac{6}{1}=\frac{12\times6}{\boxed{9}}=\boxed{8}$

答え ❶ $\frac{1}{4}$(0.25)　❷ 8

❶ ❶ $\frac{3}{20}$　❷ 15

基本2 《1》75、75、$\frac{40}{3}$

《2》$\frac{1}{75}$、$\frac{1}{75}$、$\frac{40}{3}$　答え $\frac{40}{3}\left(13\frac{1}{3}\right)$

❷ ❶ 式 $120\div10.8=\frac{100}{9}$、$200\div\frac{100}{9}=18$

答え 18L

❷ 式 $10.8\div120=0.09$、$0.09\times200=18$

答え 18L

基本3 0.95、855　答え 855

❸ 式 $3000\times(1+0.15)=3450$　答え 3450円

基本4 $51\times\frac{\boxed{2}}{\boxed{3}}=\frac{51\times\boxed{2}}{1\times\boxed{3}}=\boxed{34}$　答え 34

❹ 式 $63\times\frac{1}{45}=\frac{7}{5}$　答え 約$\frac{7}{5}$kg$\left(約1\frac{2}{5}kg\right)$

てびき ❶

❶ $0.6\div0.72\times0.18=\frac{6}{10}\div\frac{72}{100}\times\frac{18}{100}$

$=\frac{6}{10}\times\frac{100}{72}\times\frac{18}{100}=\frac{\overset{3}{\cancel{6}}\times\overset{1}{\cancel{100}}\times\overset{1}{\cancel{18}}}{\underset{5}{\cancel{10}}\times\underset{4}{\cancel{72}}\times\underset{1}{\cancel{100}}}=\frac{3}{20}$

❷ $35\div63\times27=\frac{35}{1}\div\frac{63}{1}\times\frac{27}{1}$

$=\frac{35}{1}\times\frac{1}{63}\times\frac{27}{1}=\frac{\overset{5}{\cancel{35}}\times\overset{3}{\cancel{27}}}{\underset{\underset{1}{\cancel{9}}}{\cancel{63}}}=15$

❷ ❶ 1Lで何km走るかを計算したあと、全部の大きさ÷単位量あたりの大きさ＝いくつ分の式にあてはめて求めます。

$120\div10.8=\frac{120}{1}\div\frac{108}{10}=\frac{120}{1}\times\frac{10}{108}$

$=\frac{\overset{10}{\cancel{120}}\times10}{1\times\underset{9}{\cancel{108}}}=\frac{100}{9}$

$200\div\frac{100}{9}=\frac{200}{1}\div\frac{100}{9}=\frac{200}{1}\times\frac{9}{100}$

$=\frac{\overset{2}{\cancel{200}}\times9}{1\times\underset{1}{\cancel{100}}}=18$

❷ 1kmで何L使うかを計算したあと、単位量あたりの大きさ×いくつ分＝全部の大きさの式にあてはめて求めます。

❸ 15%の利益を加えるので、3000円の115%で売ることになります。15%は小数で表すと0.15です。

❹ もとにする量×割合＝比べられる量の式にあてはめます。

56ページ 練習のワーク①

❶ ❶ 和…$\frac{16}{15}\left(1\frac{1}{15}\right)$、差…$\frac{4}{15}$、

積…$\frac{4}{15}$、商…$\frac{5}{3}\left(1\frac{2}{3}\right)$

❷ 和…$4\frac{1}{6}\left(\frac{25}{6}\right)$、差…$\frac{5}{6}$、

積…$\frac{25}{6}\left(4\frac{1}{6}\right)$、商…$\frac{3}{2}\left(1\frac{1}{2}\right)$

❷ ❶ $0.975\left(\frac{39}{40}\right)$　❷ $\frac{19}{30}$

❸ ❶ $\frac{5}{4}\left(1\frac{1}{4}\right)$　❷ $\frac{7}{20}$

❹ 式 $2.6\times\frac{10}{7}\div2=\frac{13}{7}$　答え $\frac{13}{7}m^2\left(1\frac{6}{7}m^2\right)$

てびき ❶ ❶

和…$\frac{2}{3}+0.4=\frac{2}{3}+\frac{2}{5}=\frac{10}{15}+\frac{6}{15}=\frac{16}{15}$

差…$\frac{2}{3}-0.4=\frac{2}{3}-\frac{2}{5}=\frac{10}{15}-\frac{6}{15}=\frac{4}{15}$

積…$\frac{2}{3}\times0.4=\frac{2}{3}\times\frac{2}{5}=\frac{2\times2}{3\times5}=\frac{4}{15}$

商…$\frac{2}{3}\div0.4=\frac{2}{3}\div\frac{2}{5}=\frac{2}{3}\times\frac{5}{2}=\frac{\overset{1}{\cancel{2}}\times5}{3\times\underset{1}{\cancel{2}}}=\frac{5}{3}$

❷

和…$2.5+1\frac{2}{3}=2\frac{1}{2}+1\frac{2}{3}=2\frac{3}{6}+1\frac{4}{6}$

$=3\frac{7}{6}=4\frac{1}{6}$

差…$2.5-1\frac{2}{3}=2\frac{1}{2}-1\frac{2}{3}=2\frac{3}{6}-1\frac{4}{6}$

$=1\frac{9}{6}-1\frac{4}{6}=\frac{5}{6}$

積…$2.5\times1\frac{2}{3}=\frac{5}{2}\times\frac{5}{3}=\frac{5\times5}{2\times3}=\frac{25}{6}$

商…$2.5\div1\frac{2}{3}=\frac{5}{2}\div\frac{5}{3}=\frac{5}{2}\times\frac{3}{5}=\frac{\overset{1}{\cancel{5}}\times3}{2\times\underset{1}{\cancel{5}}}=\frac{3}{2}$

❷ ❶ $0.6+\frac{3}{8}=\frac{3}{5}+\frac{3}{8}=\frac{24}{40}+\frac{15}{40}=\frac{39}{40}$

または、$0.6+\frac{3}{8}=0.6+0.375=0.975$

❷ $\frac{5}{6}-0.2=\frac{5}{6}-\frac{1}{5}=\frac{25}{30}-\frac{6}{30}=\frac{19}{30}$

3 ❶ $0.9\times\frac{7}{9}\div0.56=\frac{9}{10}\times\frac{7}{9}\div\frac{56}{100}$

$=\frac{9}{10}\times\frac{7}{9}\times\frac{100}{56}=\frac{9\times7\times100}{10\times9\times56}=\frac{5}{4}$

❷ $\frac{3}{5}\div0.75\times\frac{7}{16}=\frac{3}{5}\div\frac{75}{100}\times\frac{7}{16}$

$=\frac{3}{5}\times\frac{100}{75}\times\frac{7}{16}=\frac{3\times100\times7}{5\times75\times16}=\frac{7}{20}$

4 $2.6\times\frac{10}{7}\div2=\frac{26}{10}\times\frac{10}{7}\div\frac{2}{1}=\frac{26}{10}\times\frac{10}{7}\times\frac{1}{2}$

$=\frac{26\times10\times1}{10\times7\times2}=\frac{13}{7}$

57ページ 練習のワーク②

1 ❶ 和…$\frac{29}{30}$、差…$\frac{19}{30}$、積…$\frac{2}{15}$、商…$\frac{24}{5}\left(4\frac{4}{5}、4.8\right)$

❷ 和…$5\frac{7}{30}\left(\frac{157}{30}\right)$、差…$\frac{13}{30}$、積…$\frac{34}{5}\left(6\frac{4}{5}、6.8\right)$、商…$\frac{85}{72}\left(1\frac{13}{72}\right)$

2 ❶ $0.28\left(\frac{7}{25}\right)$　❷ $\frac{22}{45}$

3 ❶ 18　❷ $\frac{25}{16}\left(1\frac{9}{16}\right)$

4 式 $4.2\div6=0.7$、$0.7\times80=56$　答え 56g

てびき **1** ❶

和…$0.8+\frac{1}{6}=\frac{4}{5}+\frac{1}{6}=\frac{24}{30}+\frac{5}{30}=\frac{29}{30}$

差…$0.8-\frac{1}{6}=\frac{4}{5}-\frac{1}{6}=\frac{24}{30}-\frac{5}{30}=\frac{19}{30}$

積…$0.8\times\frac{1}{6}=\frac{4}{5}\times\frac{1}{6}=\frac{4\times1}{5\times6}=\frac{2}{15}$

商…$0.8\div\frac{1}{6}=\frac{4}{5}\div\frac{1}{6}=\frac{4}{5}\times\frac{6}{1}=\frac{4\times6}{5\times1}=\frac{24}{5}$

❷

和…$2\frac{5}{6}+2.4=2\frac{5}{6}+2\frac{2}{5}=2\frac{25}{30}+2\frac{12}{30}$

$=4\frac{37}{30}=5\frac{7}{30}$

差…$2\frac{5}{6}-2.4=2\frac{5}{6}-2\frac{2}{5}=2\frac{25}{30}-2\frac{12}{30}=\frac{13}{30}$

積…$2\frac{5}{6}\times2.4=\frac{17}{6}\times\frac{12}{5}=\frac{17\times12}{6\times5}=\frac{34}{5}$

商…$2\frac{5}{6}\div2.4=\frac{17}{6}\div\frac{12}{5}=\frac{17}{6}\times\frac{5}{12}$

$=\frac{17\times5}{6\times12}=\frac{85}{72}$

2 ❶ $\frac{1}{4}+0.03=\frac{1}{4}+\frac{3}{100}=\frac{25}{100}+\frac{3}{100}$

$=\frac{28}{100}=\frac{7}{25}$

または、$\frac{1}{4}+0.03=0.25+0.03=0.28$

❷ $\frac{8}{9}-0.4=\frac{8}{9}-\frac{2}{5}=\frac{40}{45}-\frac{18}{45}=\frac{22}{45}$

3 ❶ $42\div28\times12=\frac{42}{1}\div\frac{28}{1}\times\frac{12}{1}$

$=\frac{42}{1}\times\frac{1}{28}\times\frac{12}{1}=\frac{42\times12}{28}=18$

❷ $0.7\div0.56\div0.8=\frac{7}{10}\div\frac{56}{100}\div\frac{8}{10}$

$=\frac{7}{10}\times\frac{100}{56}\times\frac{10}{8}=\frac{7\times100\times10}{10\times56\times8}=\frac{25}{16}$

4 1cmあたりの重さを求めてから、単位量あたりの大きさ×いくつ分＝全部の大きさの式にあてはめます。

別のとき方 1gあたりの長さを求めてから、全部の大きさ÷単位量あたりの大きさ＝いくつ分の式にあてはめます。

$6\div4.2=\frac{6}{1}\div\frac{42}{10}=\frac{6}{1}\times\frac{10}{42}=\frac{6\times10}{1\times42}=\frac{10}{7}$

$80\div\frac{10}{7}=\frac{80}{1}\div\frac{10}{7}=\frac{80}{1}\times\frac{7}{10}=\frac{80\times7}{1\times10}$

$=56$

58ページ まとめのテスト①

1 和…6、差…1、積…$\frac{35}{4}\left(8\frac{3}{4}、8.75\right)$、商…$\frac{7}{5}\left(1\frac{2}{5}、1.4\right)$

2 ❶ $0.1\left(\frac{1}{10}\right)$　❷ $3.4\left(3\frac{2}{5}\right)$　❸ $0.06\left(\frac{3}{50}\right)$

3 ❶ $\frac{20}{7}\left(2\frac{6}{7}\right)$　❷ $\frac{5}{9}$　❸ 18　❹ $\frac{5}{8}$

4 式 $4600\times(1-0.35)=2990$　答え 2990円

5 式 $8\times2\div4\frac{4}{7}=\frac{7}{2}$　答え $\frac{7}{2}$cm$\left(3\frac{1}{2}\text{cm}、3.5\text{cm}\right)$

てびき **1**

和…$3.5+2\frac{1}{2}=3.5+2.5=6$

差…$3.5-2\frac{1}{2}=3.5-2.5=1$

積…$3.5\times2\frac{1}{2}=\frac{7}{2}\times\frac{5}{2}=\frac{7\times5}{2\times2}=\frac{35}{4}$

商…$3.5\div2\frac{1}{2}=\frac{7}{2}\div\frac{5}{2}=\frac{7}{2}\times\frac{2}{5}=\frac{7\times2}{2\times5}=\frac{7}{5}$

2 ❷ $\frac{1}{5}+3.2=0.2+3.2=3.4$

❸ $0.26-\frac{1}{5}=0.26-0.2=0.06$

3 ❶ $0.8\times\frac{3}{7}\div0.12=\frac{8}{10}\times\frac{3}{7}\div\frac{12}{100}$

$=\frac{8}{10}\times\frac{3}{7}\times\frac{100}{12}=\frac{8\times3\times100}{10\times7\times12}=\frac{20}{7}$

❷ $\frac{7}{15}\div0.63\times\frac{3}{4}=\frac{7}{15}\div\frac{63}{100}\times\frac{3}{4}$

$=\frac{7}{15}\times\frac{100}{63}\times\frac{3}{4}=\frac{7\times100\times3}{15\times63\times4}=\frac{5}{9}$

❸ $24\div60\times45=\frac{24}{1}\div\frac{60}{1}\times\frac{45}{1}$

$=\frac{24}{1}\times\frac{1}{60}\times\frac{45}{1}=\frac{24\times45}{60}=18$

❹ $\frac{3}{16}\div0.75\div0.4=\frac{3}{16}\div\frac{75}{100}\div\frac{4}{10}$

$=\frac{3}{16}\times\frac{100}{75}\times\frac{10}{4}=\frac{3\times100\times10}{16\times75\times4}=\frac{5}{8}$

4 35％引きなので、シャツの値段は4600円の65％になります。35％は小数で表すと0.35です。

5 求める対角線の長さを$x$cmとして、ひし形の面積の公式にあてはめると、

$x\times4\frac{4}{7}\div2=8$ となるから、$x=8\times2\div4\frac{4}{7}$ で求められます。

59ページ まとめのテスト❷

1 ❶ $\frac{23}{15}\left(1\frac{8}{15}\right)$ ❷ $0.48\left(\frac{12}{25}\right)$ ❸ $\frac{29}{36}$

2 ❶ $\frac{9}{98}$ ❷ $\frac{2}{75}$

❸ $\frac{21}{4}\left(5\frac{1}{4}\right)$ ❹ $\frac{8}{7}\left(1\frac{1}{7}\right)$

3 式 $10.5\div4\frac{2}{3}=\frac{9}{4}$ 答え $\frac{9}{4}$cm$\left(2\frac{1}{4}\text{cm、}2.25\text{cm}\right)$

4 式 $4.5\times\frac{2}{15}=\frac{3}{5}$ 答え $\frac{3}{5}$kg(0.6kg)

5 式 $\frac{6}{5}\div15=\frac{2}{25}$ $\frac{2}{25}\times32.5=\frac{13}{5}$

答え $\frac{13}{5}$L$\left(2\frac{3}{5}\text{L、}2.6\text{L}\right)$

てびき

1 ❶ $0.7+\frac{5}{6}=\frac{7}{10}+\frac{5}{6}=\frac{21}{30}+\frac{25}{30}$

$=\frac{46}{30}=\frac{23}{15}$

❸ $1.25-\frac{4}{9}=\frac{5}{4}-\frac{4}{9}=\frac{45}{36}-\frac{16}{36}=\frac{29}{36}$

2 ❶ $1.5\div7\times\frac{3}{7}=\frac{3}{2}\times\frac{1}{7}\times\frac{3}{7}=\frac{3\times1\times3}{2\times7\times7}=\frac{9}{98}$

❷ $0.35\div\frac{7}{8}\div15=\frac{35}{100}\times\frac{8}{7}\times\frac{1}{15}$

$=\frac{35\times8\times1}{100\times7\times15}=\frac{2}{75}$

❸ $1.2\times3.5\div0.8=\frac{12}{10}\times\frac{35}{10}\div\frac{8}{10}$

$=\frac{12}{10}\times\frac{35}{10}\times\frac{10}{8}=\frac{12\times35\times10}{10\times10\times8}=\frac{21}{4}$

❹ $32\div12\times18\div42=\frac{32}{1}\times\frac{1}{12}\times\frac{18}{1}\times\frac{1}{42}$

$=\frac{32\times18}{12\times42}=\frac{8}{7}$

3 平行四辺形の面積＝底辺×高さなので、高さ＝平行四辺形の面積÷底辺で求めます。

4 比べられる量＝もとにする量×割合の式にあてはめます。

5 1kmを走るガソリンの量を求めてから、単位量あたりの大きさ×いくつ分＝全部の大きさの式にあてはめます。

別のとき方 1Lあたりで走るきょりを求めてから、全部の大きさ÷単位量あたりの大きさ＝いくつ分の式にあてはめます。

$15\div\frac{6}{5}=\frac{25}{2}$ $32.5\div\frac{25}{2}=\frac{13}{5}$

倍の計算

60・61ページ 学びのワーク

基本1 16、$\frac{5}{4}$ 答え $\frac{5}{4}\left(1\frac{1}{4}\right)$

❶ 式 $28\div16=\frac{7}{4}$ 答え $\frac{7}{4}$倍$\left(1\frac{3}{4}\text{倍}\right)$

❷ 式 $12\div16=\frac{3}{4}$ 答え $\frac{3}{4}$倍

❸ ❶ $\frac{4}{3}(1\frac{1}{3})$　❷ $\frac{13}{11}(1\frac{2}{11})$
❸ $\frac{3}{2}(1\frac{1}{2})$　❹ $\frac{8}{9}$

基本2 24、$\frac{5}{4}$、30　答え 30

❹ ❶ 60　❷ 39

基本3 $\frac{8}{7}$、160、160、$\frac{8}{7}$、140　答え 140

❺ 式 $x\times\frac{5}{4}=160$
$x=160\div\frac{5}{4}$
$x=128$　答え 128cm

❻ ❶ 65　❷ 45

てびき ❹ 比べられる量は、もとにする量×倍で求めます。

❶ $50\times\frac{6}{5}=60$　❷ $52\times\frac{3}{4}=39$

❺、❻ もとにする量×倍＝比べられる量の式で、もとにする量をxとして式を書きます。

❻ ❶ $x\times\frac{2}{5}=26$
$x=26\div\frac{2}{5}$
$x=65$

❷ $x\times\frac{6}{5}=54$
$x=54\div\frac{6}{5}$
$x=45$

もとにする量＝比べられる量÷倍の式にあてはめて求めることもできます。

9 円の面積の求め方を考えよう

62・63ページ 基本のワーク

基本1 半径、4、4、50.24　答え 50.24

❶ ❶ 式 9×9×3.14＝254.34
答え 254.34cm²

❷ 式 11×11×3.14＝379.94
答え 379.94cm²

基本2 ❶ 6、6、6、113.04　❷ 2、6.28
答え ❶ 113.04　❷ 6.28

❷ ❶ 式 8×8×3.14÷2＝100.48
答え 100.48cm²

❷ 式 2×2×3.14÷4＝3.14　答え 3.14cm²

基本3 9、9、9、254.34　答え 9、254.34

❸ 式 94.2÷3.14÷2＝15
15×15×3.14＝706.5
答え 半径…15cm、面積…706.5cm²

❹ ❶ 式 ㋐ 円周の長さ…3×3.14＝9.42
円の面積…1.5×1.5×3.14＝7.065
㋑ 円周の長さ…6×3.14＝18.84
円の面積…3×3×3.14＝28.26

答え ㋐ 円周の長さ…9.42cm、円の面積…7.065cm²
㋑ 円周の長さ…18.84cm、円の面積…28.26cm²

❷ 式 18.84÷9.42＝2　答え 2倍

❸ 式 28.26÷7.065＝4　答え 4倍

てびき ❷ ❶ 半径8cmの円の半分の面積を求めます。

❷ 半径2cmの円の$\frac{1}{4}$の面積を求めます。

64・65ページ 基本のワーク

基本1 2、2、4、1.14、1.14、2.28　答え 2.28

❶ 式 8×8－8×8×3.14÷4＝13.76
答え 13.76cm²

❷ ❶ 式 4×(4×2)－4×4×3.14÷4×2
＝6.88　答え 6.88cm²

❷ 式 10×10×3.14－20×20÷2＝114
答え 114cm²

❸ 式 8×8×3.14÷4－4×4×3.14÷2
＝25.12　答え 25.12cm²

❹ 式 6×6×3.14÷2－3×3×3.14÷2
＝42.39　答え 42.39cm²

基本2 ❶ 20、20、16　❷ 14
答え ❶ 16　❷ 14

❸ ❶ 式 (5＋2)×2÷2＝7　答え 約7km²

❷ 式 6×2÷2＝6　答え 約6km²

❸ ❶の求め方

❹ 式 300×300×3.14＝282600
答え 約282600m²

てびき ❷ ❶ 縦4cm、横8cmの長方形から半径4cmの円の$\frac{1}{4}$の面積を2つ分ひきます。

❷ 半径10cmの円の面積から、2つの対角線の長さが20cmの正方形の面積をひきます。

66ページ 練習のワーク❶

❶ ❶ 式 10×10×3.14＝314　答え 314cm²

❷ 式 7×7×3.14＝153.86
答え 153.86cm²

❷ ❶ 式 50.24÷3.14÷2＝8
8×8×3.14＝200.96
答え 半径…8cm、面積…200.96cm²

❷ 式 37.68÷3.14÷2＝6
6×6×3.14＝113.04
答え 半径…6cm、面積…113.04cm²

❸ 式 4×4－2×2×3.14÷2×2＝3.44
答え 3.44cm²

❹ 式 $6\times6\div2=18$　　答え 約 18km^2

てびき　❶ ② 半径は、$14\div2=7$(cm)です。
❷ 円周＝直径×3.14 だから、直径＝円周÷3.14、半径の長さは、円周÷3.14÷2 で求められます。

67ページ 練習のワーク❷

❶ ① 式 ㋐…$5\times5\times3.14=78.5$
　　㋑…$10\times10\times3.14=314$
　　答え ㋐…78.5cm^2、㋑…314cm^2
　② 式 $314\div78.5=4$　　答え 4 倍

❷ 式 $8\times8\times3.14-7\times7\times3.14=47.1$
　　答え 47.1cm^2

❸ ① 式 $6\times6\times3.14\div2-4\times4\times3.14\div2$
　　$=31.4$　　答え 31.4cm^2
　② 式 $10\times10\times3.14\div4-10\times10\div2$
　　$=28.5$
　　$28.5\times4=114$　　答え 114cm^2

❹ 式 $25+0.5\times30=40$　　答え 約 40cm^2

てびき　❶ ① 円㋐の半径は、$10\div2=5$(cm)、円㋑の半径は、$20\div2=10$(cm)です。
❸ ② 求める面積は、右の図で、色のついた部分の面積の 4 倍にあたります。

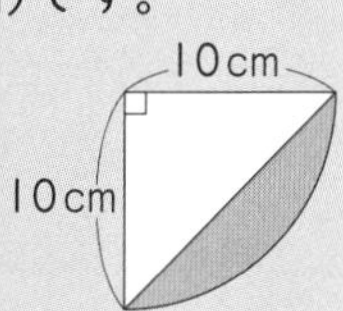

別のとき方 次のようにして求めた面積の 2 倍にあたります。

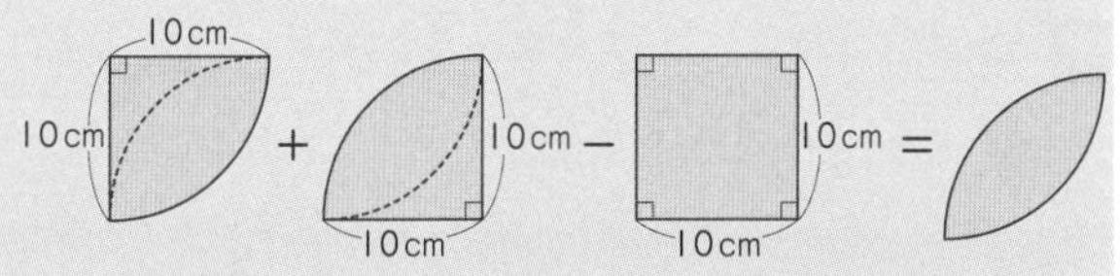

$10\times10\times3.14\div4+10\times10\times3.14\div4$
$-10\times10=57$、$57\times2=114$

68ページ まとめのテスト❶

1 ① 式 $7\times7\times3.14=153.86$　答え 153.86m^2
　② 式 $20\times20\times3.14=1256$　答え 1256cm^2

2 ① 式 $10\times2\times3.14\div4=15.7$　答え 15.7cm
　② 式 $15.7+10\times2=35.7$
　　$10\times10\times3.14\div4=78.5$
　　答え まわりの長さ…35.7cm
　　　　面積…78.5cm^2

3 ① 式 $12\times12\times3.14\div2-6\times6\times3.14\div2$
　　$\times2=113.04$　　答え 113.04cm^2
　② 式 $10\times10-10\times10\times3.14\div4=21.5$
　　$21.5\times2=43$　　答え 43cm^2

4 式 $3\times3\times3.14\div2=14.13$
　　答え 約 14.13cm^2

てびき　**2** ② まわりの長さは、①の長さに、直線部分の 10cm 2 つ分をたします。
3 ② 次のようにして求めた面積の 2 倍です。

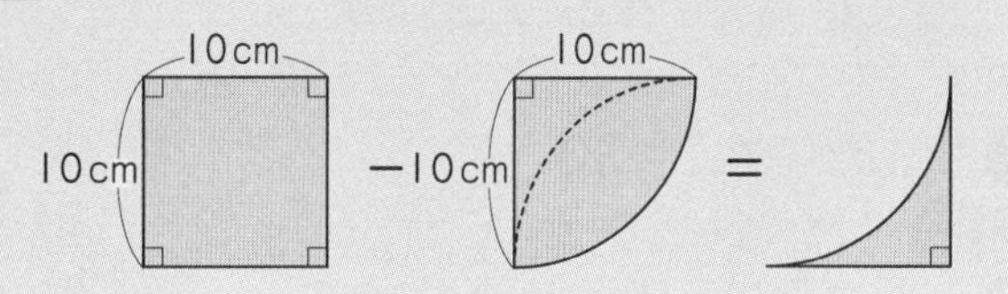

69ページ まとめのテスト❷

1 ① 式 $6\times6\times3.14=113.04$ 答え 113.04cm^2
　② 式 $8\times8\times3.14\div4=50.24$ 答え 50.24cm^2

2 式 $43.96\div3.14=14$
　$14\div2=7$　$7\times7\times3.14=153.86$
　答え 直径…14cm、面積…153.86cm^2

3 ① 式 $8\times8\times3.14\div2=100.48$
　　答え 100.48cm^2
　② 式 $12\times12\times3.14\div4-12\times12\div2=41.04$
　　$41.04\times2=82.08$　　答え 82.08cm^2
　③ 式 $8\times16=128$　　答え 128cm^2
　④ 式 $6\times6\times3.14\div4-6\times6\div2=10.26$
　　答え 10.26cm^2

てびき　**2** 円周＝直径×3.14 だから、直径は、円周÷3.14 で求められます。
3 ① 右の図のように、直径 8cm の円の半分を移動すると、半径 8cm の円の半分の面積と同じになります。

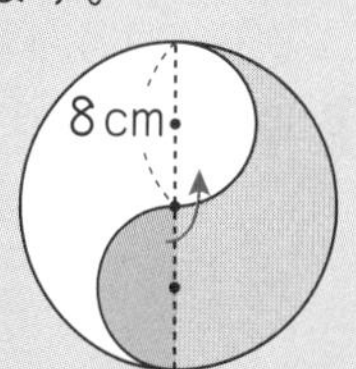

② 求める面積は、▨の面積の 2 倍になります。

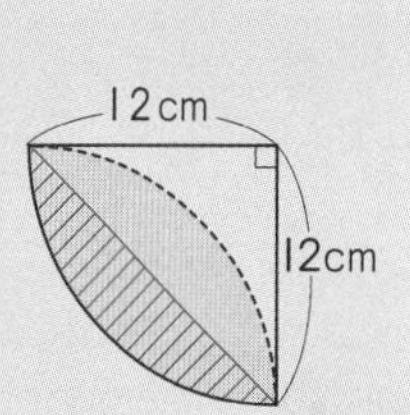

③ 次の図のように、半円を $\frac{1}{2}$ ずつ移すと、長方形の面積と同じになります。

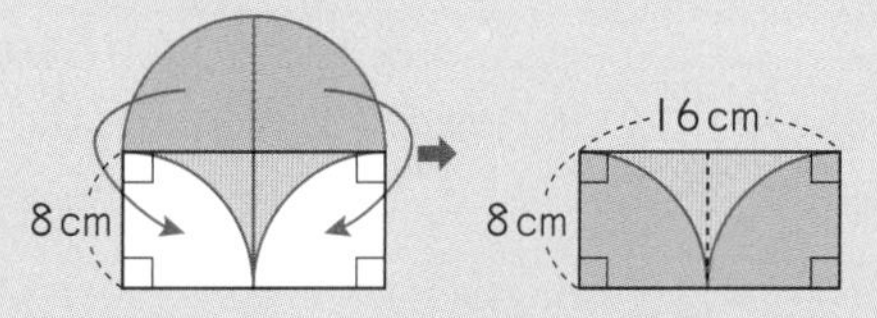

④ 右の図のように移動すると、求める面積は、半径 6cm の円の $\frac{1}{4}$ から、底辺が 6cm、高さが 6cm の直角三角形の面積をひいたものになります。

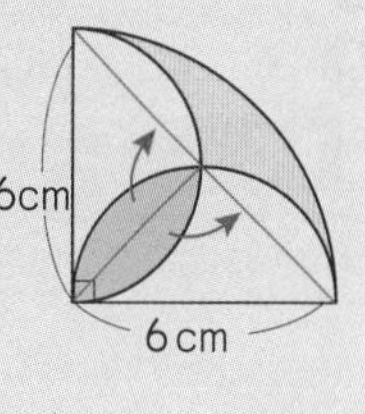

⑩ 立体の体積の求め方と公式を考えよう

70・71ページ 基本のワーク

基本1 ❶ 底面積、20
❷ 横、高さ、高さ、20、60
答え ❶ 20　❷ 60

❶ 式 $5\times3\times2=30$　答え $30cm^3$

基本2 《1》 2、60 《2》 2、60　答え 60

❷ 式 $(4+6)\times2\div2\times3=30$　答え $30cm^3$

基本3 底面積、3、113.04　答え 113.04

❸ ❶ 式 $4\times4\times3.14\times9=452.16$
答え $452.16cm^3$
❷ 式 $2\times2\times3.14\times6=75.36$
答え $75.36cm^3$

基本4 ❶ 16
❷ 3、16、3、32　答え ❶ 16　❷ 32

❹ 式 $3\times3\times3.14\times6\times\frac{1}{3}=56.52$
答え $56.52cm^3$

てびき ❹ 円すいの体積＝底面積×高さ×$\frac{1}{3}$で求めます。

72・73ページ 基本のワーク

基本1 《1》 128、256、128、256、384
《2》 48、48、384　答え 384

❶ ❶ 式 $2\times10\times2+4\times10\times2+6\times10\times2=240$　答え $240cm^3$
❷ 式 $5\times5\times3.14\times6\div2=235.5$
答え $235.5m^3$
❸ 式 $2\times2\times3.14\times8\div4=25.12$
答え $25.12cm^3$
❹ 式 $5\times5\times3.14\times6+2\times2\times3.14\times4=521.24$　答え $521.24m^3$

基本2 60、40、35、1750、1750、50、87500
答え 87500

❷ 式 $(110+80)\times65\div2\times150=926250$
答え 約 $926250cm^3$

基本3 4、4、50.24、50.24、10、502.4
答え 502.4

❸ 式 $20\times20\times30=12000$ 答え 約 $12000cm^3$

❹ 式 $12\times60\times26=18720$ 答え 約 $18720cm^3$

てびき ❶ ❶ 上、真ん中、下の3つの四角柱に分けて求めます。前、真ん中、後ろの3つの四角柱に分けてもよいです。
$2\times10\times2+2\times10\times4+2\times10\times6=240$
または、右と左の面を底面と考えて、底面積×高さの公式にあてはめても求められます。
$(2\times2+2\times4+2\times6)\times10=240$
❷ 円柱を半分にした形だから、円柱の体積を2でわります。
❸ 底面が1辺20cmの正方形で、高さが30cmの四角柱とみて体積を求めます。

74ページ 練習のワーク

❶ ❶ 式 $4\times6\times4=96$　答え $96cm^3$
❷ 式 $10\times10\times3.14\times2=628$
答え $628cm^3$
❸ 式 $3\times4\div2\times6=36$　答え $36cm^3$
❹ 式 $(5+7)\times4\div2\times8=192$　答え $192cm^3$

❷ ❶ 式 $(4\times4-2\times2)\times3=36$　答え $36cm^3$
❷ 式 $8\times8\times3.14\times10-3\times3\times3.14\times10=1727$　答え $1727m^3$

❸ 式 $3\times3\times3.14\times10=282.6$
答え 約 $282.6cm^3$

てびき ❷ ❶ 左右2つの四角柱に分けたり、前後2つの四角柱に分けたりして求めることもできます。
❷ 底面が半径8mの円の円柱の体積から、底面が半径3mの円の円柱の体積をひきます。

75ページ まとめのテスト

1 ❶ 式 $12\times5\div2\times8=240$　答え $240cm^3$
❷ 式 $3\times3\times3.14\times7=197.82$
答え $197.82cm^3$
❸ 式 $(4\times5-2\times2\div2)\times4=72$
答え $72cm^3$
❹ 式 $8\times8\times3.14\times12\div2=1205.76$
答え $1205.76cm^3$

2 ❶ 式 $(8+12)\times2\div2=20$　$20\times9=180$
答え $180cm^3$
❷ 式 $6\times12\div2=36$　$180\div36=5$
答え 5cm

てびき 1 ❸ 底面は、長方形から三角形を切り取った図形です。
または、長方形と台形に分けて、$4\times3+(4+2)\times2\div2$ や、$2\times5+(3+5)\times2\div2$ として求めることもできます。
❹ 円柱を半分にした形です。
2 ❶ 図2で、水が入った部分を、底面が台形の四角柱とみます。

❷ 図1で、水が入った部分を、底面が直角三角形の三角柱とみます。三角柱の体積＝底面積×高さだから、高さ＝三角柱の体積÷底面積です。水の深さは、三角柱の高さになります。

⑪ 割合の表し方と利用のしかたを考えよう

76・77ページ 基本のワーク

基本1 5、比、比の値、5、5、$\frac{2}{5}$

答え 2、5、$\frac{2}{5}$

❶ ❶ 比…9：3、比の値…3
❷ 比…5：6、比の値…$\frac{5}{6}$
❸ 比…40：35、比の値…$\frac{8}{7}\left(1\frac{1}{7}\right)$

基本2 2、7、3、6　答え ㋑

❷ ㋑と㋒

基本3 《1》3、36、4、3
《2》$\frac{2}{3}$、$\frac{2}{3}$、$\frac{4}{5}$、$\frac{2}{5}$、$\frac{2}{3}$　答え ㋐、㋓

❸ ❶ 5、5、280　❷ 8、8、5
❹ ㋐、㋒
❺ 例 1：5、2：10、8：40

てびき ❷ 比の値が等しいとき、同じこさになります。
㋐～㋒の比の値は、㋐…50÷30＝$\frac{5}{3}$、
㋑…400÷320＝$\frac{5}{4}$、㋒…5÷4＝$\frac{5}{4}$です。
❹ 比の値が等しくなるかどうか、調べます。
6÷10＝$\frac{3}{5}$、㋐… 9÷15＝$\frac{3}{5}$、
㋑… 4÷8＝$\frac{1}{2}$、㋒… 3÷5＝$\frac{3}{5}$、
㋓… 10÷6＝$\frac{5}{3}$、㋔… 2÷3＝$\frac{2}{3}$、
㋕… 16÷20＝$\frac{4}{5}$
❺ 4：20と等しい比は、ほかに、6：30、10：50、12：60、…のように、たくさんあります。4と20を同じ数でわるか、4と20に同じ数をかけて求めましょう。

78・79ページ 基本のワーク

基本1 ❶ 2、360　❷ 3、70

答え ❶ 360　❷ 70

❶ ❶ x＝8　❷ x＝25　❸ x＝27
❹ x＝35

基本2 6、6、3、4　答え 3、4

❷ ❶ 4：3　❷ 8：3　❸ 1：2　❹ 1：3

基本3 ❶ 49、6、7　❷ 30、25、27

答え ❶ 6、7　❷ 25、27

❸ ❶ 3：5　❷ 4：3　❸ 6：23
❹ 40：21　❺ 4：15　❻ 14：9

❹ 6：5

てびき
❶ ❶ 3：4＝6：x （×2、×2）
❷ 5：8＝x：40 （×5、×5）　❸ 12：x＝4：9 （×3、×3）
❹ x：20＝7：4 （×5、×5）
❷ ❶ 12：9＝(12÷3)：(9÷3)＝4：3
❷ 64：24＝(64÷8)：(24÷8)＝8：3
❸ 14：28＝(14÷14)：(28÷14)＝1：2
❹ 25：75＝(25÷25)：(75÷25)＝1：3
❸ ❶ 1.5：2.5＝(1.5×10)：(2.5×10)
＝15：25＝3：5
❷ 2.4：1.8＝(2.4×10)：(1.8×10)
＝24：18＝4：3
❸ 0.6：2.3＝(0.6×10)：(2.3×10)
＝6：23
❹ $\frac{5}{7}:\frac{3}{8}=\frac{40}{56}:\frac{21}{56}$
$=\left(\frac{40}{56}\times56\right):\left(\frac{21}{56}\times56\right)=40:21$
❺ $\frac{2}{9}:\frac{5}{6}=\frac{4}{18}:\frac{15}{18}$
$=\left(\frac{4}{18}\times18\right):\left(\frac{15}{18}\times18\right)=4:15$
❻ $\frac{7}{12}:\frac{3}{8}=\frac{14}{24}:\frac{9}{24}$
$=\left(\frac{14}{24}\times24\right):\left(\frac{9}{24}\times24\right)=14:9$
❹ $2:1\frac{2}{3}=\frac{2}{1}:\frac{5}{3}=\frac{6}{3}:\frac{5}{3}=6:5$

80・81ページ 基本のワーク

基本1 4、8　答え 8

❶ 12m
❷ ❶ 式 0.6：1.4＝3：7
3：7＝x：14
x＝6　答え 6m
❷ 0.6：1.4＝x：14、x＝6、6m （×10、×10）

❸ 180cm

基本2 《1》20、60、20、40

《2》60、40　　答え 60、40

❹ 式 $24\times\frac{5}{8}=15$、$24\times\frac{3}{8}=9$

答え 兄…15本、弟…9本

❺ 式 $56\times\frac{3}{7}=24$、$56\times\frac{4}{7}=32$

答え 東町…24人、西町…32人

❻ 式 $390\times\frac{6}{13}=180$　　答え 180mL

てびき

❶ 木の高さをxmとすると、比が等しい式は、2：1＝x：6だから、x＝12です。

❷ ❶ 0.6：1.4＝6：14＝3：7

❸ たかしさんの身長とたかしさんのかげの長さの比は、150：200で、簡単な比になおすと、3：4です。お父さんの身長を$x$cmとして、比が等しい式をつくって求めます。

3：4＝x：240（×60）　x＝180

❹ 全体を1と考えると、兄の分は$\frac{5}{8}$、弟の分は$\frac{3}{8}$になります。または、比が等しい式を使って求めます。兄の分をx本とすると、5：8＝x：24、弟の分をy本として同じように考えると、3：8＝y：24になります。

❺ 全体を1と考えると、東町に住んでいる人数は$\frac{3}{7}$、西町に住んでいる人数は$\frac{4}{7}$です。または、比が等しい式を使って求めます。東町に住んでいる人数をx人、西町に住んでいる人数をy人とすると、3：7＝x：56、4：7＝y：56です。

❻ 全体を1と考えると、牛乳は$\frac{6}{13}$です。または、牛乳と全体との比を使って、比が等しい式をつくって求めます。牛乳をxmLとすると、6：13＝x：390です。

82ページ 練習のワーク

❶ ❶ 比…6：2(3：1)、比の値…3

❷ 比…7：4、比の値…$\frac{7}{4}\left(1\frac{3}{4}\right)$

❷ ㋑、㋒

❸ ❶ x＝35　❷ x＝36

❹ ❶ 3：2　❷ 3：5　❸ 5：8　❹ 15：4

❺ 9m

❻ 式 $30\times\frac{8}{15}=16$　　答え 16個

てびき

❶ ❶ 6÷2＝3　❷ $7\div4=\frac{7}{4}$

❷ 比の値が等しい比を見つけます。

$6\div8=\frac{3}{4}$、

㋐…$15\div18=\frac{5}{6}$、㋑…$24\div32=\frac{3}{4}$、

㋒…$3\div4=\frac{3}{4}$、㋓…$4\div6=\frac{2}{3}$

❸ ❶ 5：8＝x：56（×7）　❷ 16：x＝4：9（×4）

❹ ❶ 9と6を、最大公約数の3でわります。

❷ 18と30を、最大公約数の6でわります。

❸ 1.5：2.4＝15：24＝5：8

❹ $\frac{3}{4}:\frac{1}{5}=\frac{15}{20}:\frac{4}{20}=15:4$

❺ 棒の長さと棒のかげの長さの比は、1.2：1.6で、簡単な比になおすと、3：4です。木の高さをxmとして、比が等しい式をつくって求めると、3：4＝x：12だから、x＝9です。

❻ 全体を1と考えると、姉の分は$\frac{8}{15}$になります。または、姉の分と全体との比を使って、比が等しい式をつくって求めます。姉のあめの数をx個とすると、8：15＝x：30です。

83ページ まとめのテスト

1 ❶ 比…10：12(5：6)、比の値…$\frac{5}{6}$

❷ 比…40：5(8：1)、比の値…8

2 ❶ x＝12　❷ x＝56　❸ x＝50

❹ x＝35

3 ❶ 5：9　❷ 1：4　❸ 25：12

4 3cm

5 ❶ 15cm

❷ 式 36÷2＝18

$18\times\frac{4}{9}=8$　　答え 8cm

てびき

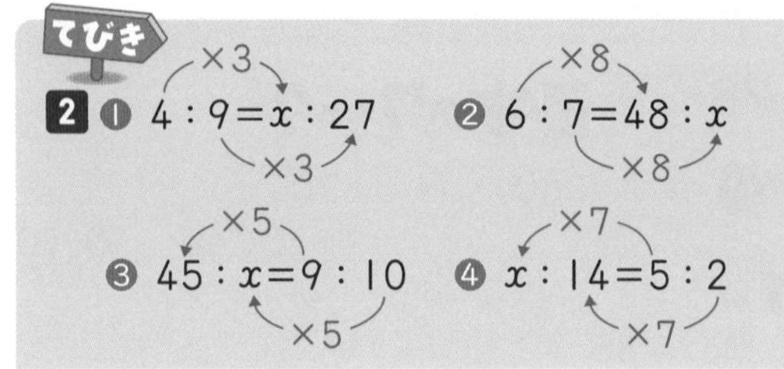

3 ② 0.8：3.2＝8：32＝1：4

③ $\frac{5}{8}:\frac{3}{10}=\frac{25}{40}:\frac{12}{40}$＝25：12

4 ABの長さは6＋4＝10(cm)です。DEの長さを$x$cmとして、比が等しい式を書いて求めます。AB：ACは10：5で、簡単な比になおすと、2：1です。AB：AC＝DB：DEだから、2：1＝6：xとなり、x＝3です。

5 ① 横の長さを$x$cmとすると、比が等しい式は、4：5＝12：xだから、x＝15です。

② まわりの長さが36cmだから、縦の長さと横の長さの和は18cmです。これが全体になります。全体を1と考えると、縦の長さは$\frac{4}{9}$になります。または、縦の長さと全体の比を使って、比が等しい式をつくって求めます。縦の長さを$x$cmとすると、4：9＝x：18になります。

12 同じに見える形の性質やかき方を調べよう

84・85ページ 基本のワーク

基本1 拡大図、縮図　① 1、2、2

答え ① 1、2、2　② 2　③ H　④ $\frac{1}{2}$

1 ① ㊀、3倍の拡大図　② ㋒、$\frac{1}{2}$の縮図

基本2 ① 8、8、4　② 2、2、1

答え ①

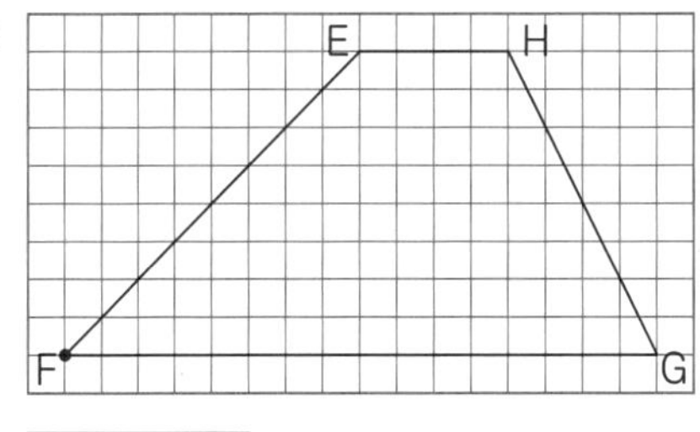

②

I L J K

2 ①

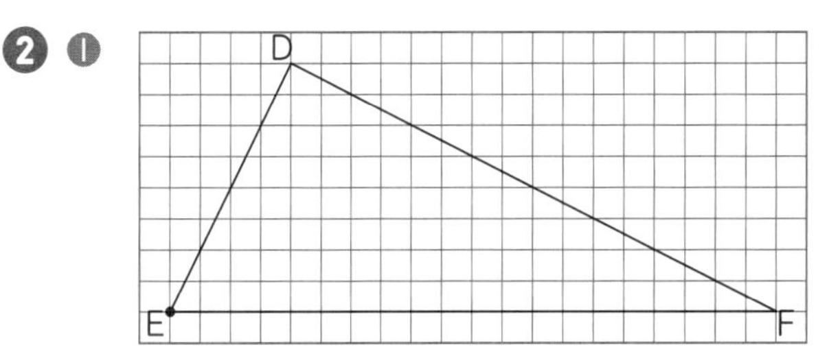

②

G H I

てびき ① 対応する辺の方眼のますの数を数えます。

2 ① 方眼のますの数を2倍にしたところに頂点をとります。

② 方眼のますの数を$\frac{1}{2}$にしたところに頂点をとります。

86・87ページ 基本のワーク

基本1 《1》3　《2》3　《3》3

答え

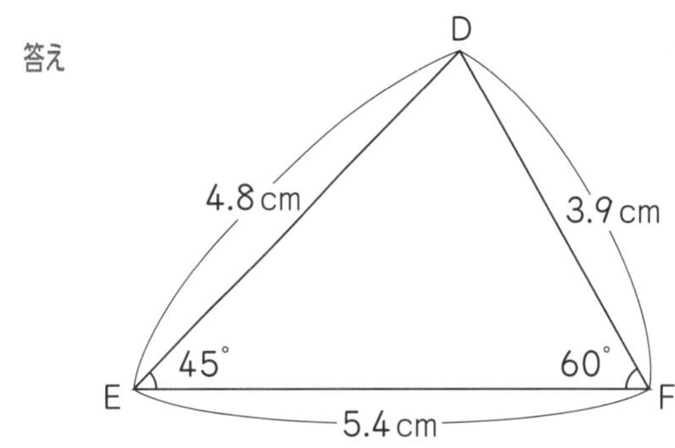

1 ①

102°
5.2cm
4cm
33°
45°
7.2cm

②

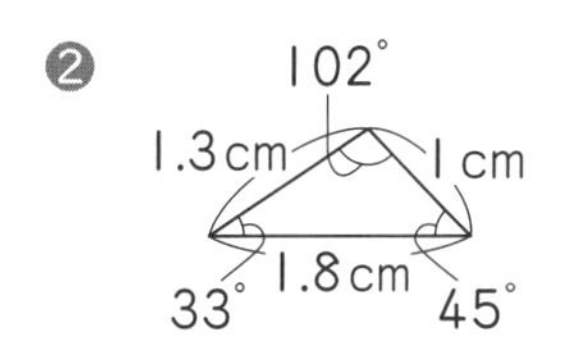

基本2 ① D、E　② G

答え ①

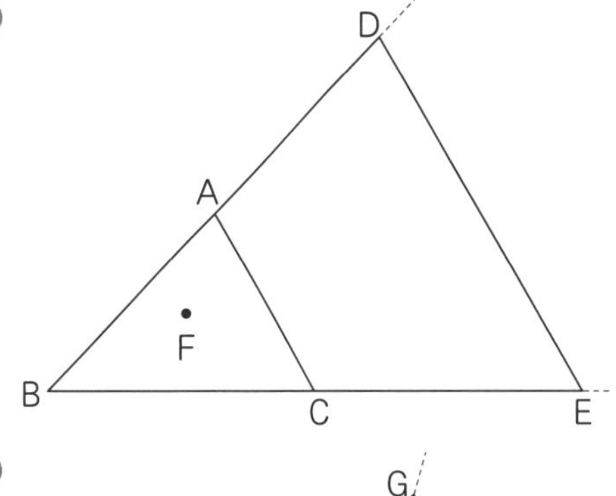

②

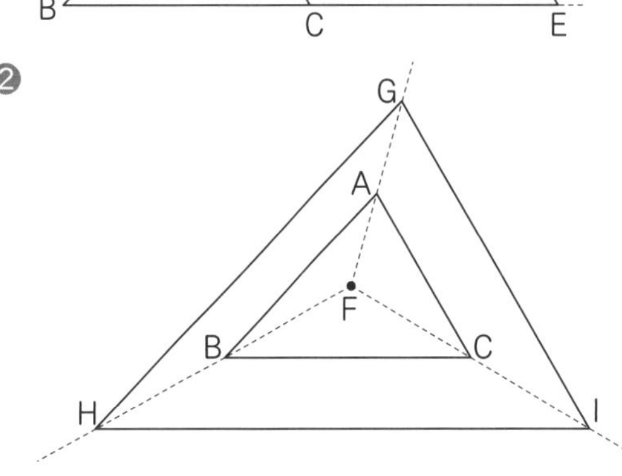

❷

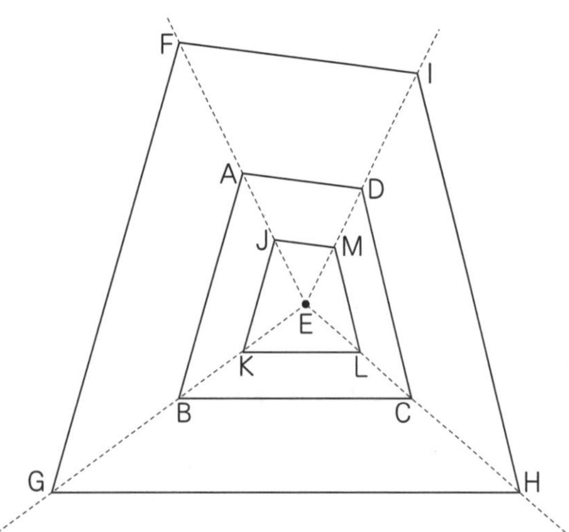

てびき ❶ ❶ かき方は、次の3つがあります。

《1》3つの辺の長さをそれぞれ2倍にした長さを使う。

《2》2つの辺の長さをそれぞれ2倍にした長さと、その間の角の大きさを使う。

《3》1つの辺の長さを2倍にした長さと、その両はしの2つの角の大きさを使う。

❷ かき方は、次の3つがあります。

《1》3つの辺の長さをそれぞれ$\frac{1}{2}$にした長さを使う。

《2》2つの辺の長さをそれぞれ$\frac{1}{2}$にした長さと、その間の角の大きさを使う。

《3》1つの辺の長さを$\frac{1}{2}$にした長さと、その両はしの2つの角の大きさを使う。

❷ 2倍の拡大図は、まず直線EAをのばして、点Aに対応する点をかきます。ほかの点も同じようにしてかきます。$\frac{1}{2}$の縮図は、まず直線EAの真ん中に点Aに対応する点をかきます。ほかの点も同じようにしてかきます。

88・89ページ 基本のワーク

基本1 ❶ 2.5、2000　❷ 20　❸ 60

答え ❶ 2、5、2000　❷ 20　❸ 60

❶ ❶ $\frac{1}{10000}$　❷ 450m

基本2 ❶ 3、垂直、50　❷ 3.6、3600、36

答え ❶ A、B、C、50°、3cm　❷ 36

❷ ❶ 60°、3cm　❷ 5.2m

てびき ❶ ❶ 700mの長さが、縮図では7cmになっています。長さをcmにそろえて計算すると、700m=70000cmだから、

$7 \div 70000 = \frac{1}{10000}$

❷ 縮図の縦の長さは4.5cmだから、実際の縦の長さは、4.5×10000=45000(cm)です。

❷ ❷ $\frac{1}{100}$の縮図の直角三角形の高さは約5.2cmになります。街灯の高さは5.2×100=520(cm)です。

90ページ 練習のワーク

❶ ❶ ㋒、3倍の拡大図　❷ ㋑、$\frac{1}{2}$の縮図

❷ ❶

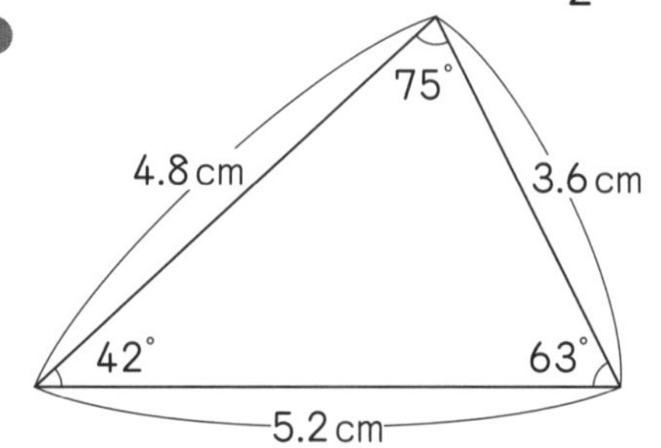

❷ 75°、1.2cm、0.9cm、42°、1.3cm、63°

❸ 縦…20m、横…28m

てびき ❶ 方眼のますの数を数えます。

❸ 縦… 4×500=2000(cm)

横… 5.6×500=2800(cm)

91ページ まとめのテスト

1 ❶ 80°　❷ 2：3　❸ 1.5倍の拡大図

❹ 辺EH…9cm、辺AB…3.6cm

2

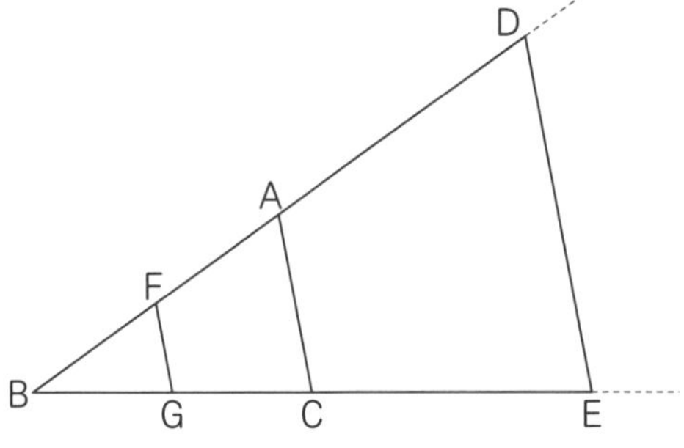

3 縦…9m、横…14m

4

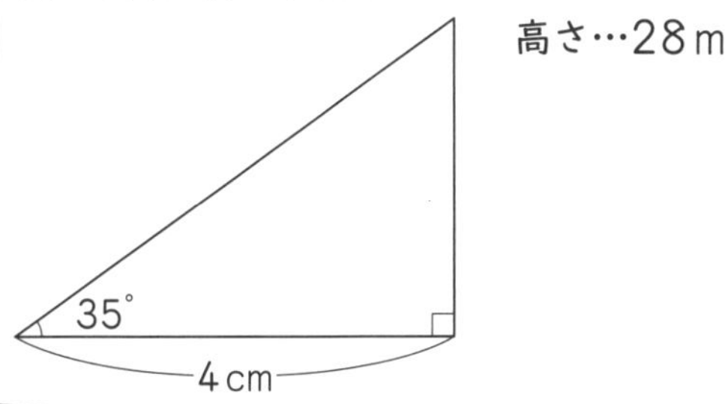

高さ…28m

てびき **3** 縦…4.5×200＝900(cm)
横…7×200＝1400(cm)
4 $\frac{1}{1000}$の縮図をかくと、直角三角形の高さは2.8cmになります。実際のビルの高さは、2.8×1000＝2800(cm)です。

⑬ 2つの量の変化や対応の特ちょうを調べよう

92・93ページ 基本のワーク

ふくしゅう ㋐…45、㋑…60、㋒…75、比例している。

基本1 比例　答え ❶ 2、3　❷ 比例している。

1 ❶ 1.5倍、2.5倍になる。
❷ $\frac{1}{2}$倍、$\frac{1}{3}$倍になる。

基本2 ❶ 25、25
❷ 25、25、25、25、1、重さ
❸ 25、25
答え ❶ 25　❷ 針金1mの重さ　❸ 25

2 ❶ 10、15、20、25
❷ 式…$y=x\times5$($y=5\times x$)
きまった数…1辺の長さが1cmのときのまわりの長さ
(正五角形の辺の数)

3 式…$y=x\times8$($y=8\times x$)
きまった数…1辺の長さが1cmのときのまわりの長さ
(正八角形の辺の数)

94・95ページ 基本のワーク

基本1 ❶ 50、50、50、0

答え ❶ 0　❷ 時速50kmで走ったときの時間と道のり

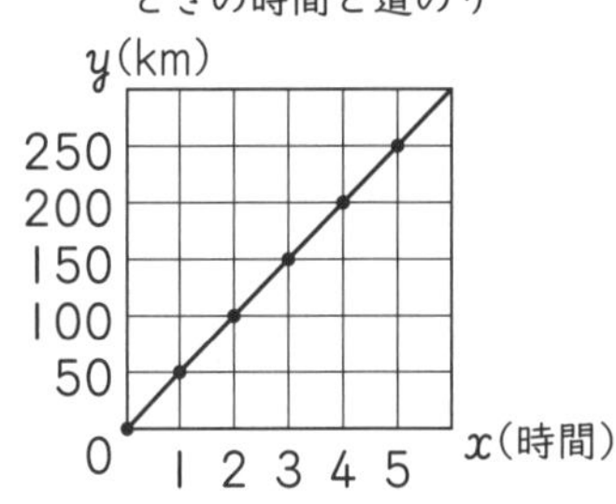

1 ❶ 8、12、16、20　❷ $y=4\times x$
❸ 針金の長さと重さ

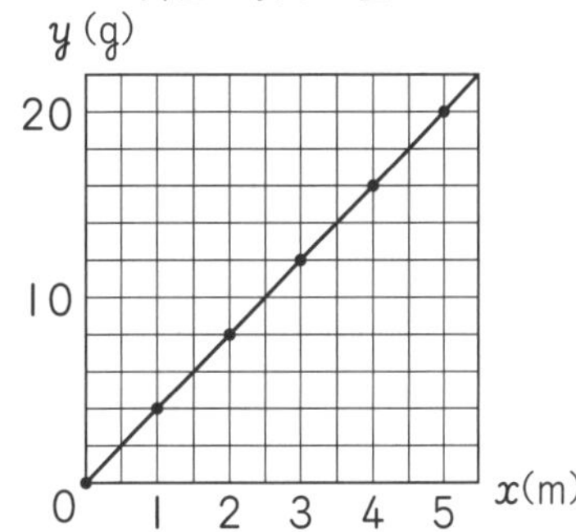

基本2 ❶ 150、100、Ⓐ　❷ 540、2.1
答え ❶ Ⓐ　❷ 540、2.1

2 ❶ リボンⒶ…2.6m、リボンⒷ…3.9m
❷ ㋐…Ⓑ、㋑…Ⓐ

てびき **1** 針金の重さは長さに比例しています。
2 ❶ グラフで、代金390円に対応する長さを見ます。
❷ 1mあたりの代金を求めます。
㋐…640÷6.4＝100、㋑…795÷5.3＝150

96・97ページ 基本のワーク

基本1 ❶ 2、3　❷《1》525　《2》15、525
答え ❶ 比例している。　❷ 525

1 700g

基本2 ❶ 4、4、2　❷ 2、0.2、0.2
❸ 0.2、75　答え ❶ 2　❷ 0.2　❸ 75

2 105g

基本3 ㋐ 4、㋑ 3、㋒ $\frac{1}{3}$、㋓ 3、㋔ 2
答え ❶ $\frac{1}{2}$、$\frac{1}{3}$　❷ 2、3

3 ㋐

4 ❶ 9、6、3、2、1　❷ 反比例している。

てびき **1** $y=35\times x$のxに20を入れて求めます。
2 $y=0.2\times x$のyに21を入れて求めます。
3 xの値が2倍、3倍、…になると、yの値が$\frac{1}{2}$倍、$\frac{1}{3}$倍、…になるのは、㋐です。

98・99 ページ　基本のワーク

基本1　❶ 12、12　❷ 12、12

答え ❶ 長方形の面積　❷ 12

❸ 面積が12cm² の長方形の横と縦の長さ

❶ 2.4

基本2　❶ 48、48　❷ 48、8

答え ❶ 48　❷ 8

❷ 16人

❸ ❶ $x \times y = 36$ ($y = 36 \div x$)　❷ 4本　❸ 3人

基本3　❷ $\frac{1}{2}$、$\frac{1}{3}$　❸ 54、54

答え ❶ 54、27、18、9、6、3、2、1

❷ 反比例している。　❸ 54

❹ $x \times y = 800$ ($y = 800 \div x$)

てびき　❶ $x \times y = 12$ の x に 5 を入れて求めます。

❷ $x \times y = 48$ の y に 3 を入れて求めます。

❸ ❶ 1人分の本数は分ける人数に反比例しているから、$x \times y =$ きまった数の式で表せます。

❹ 時間は速さに反比例しています。

たしかめよう!

反比例のグラフは、比例のグラフとちがって、直線にならず、0の点を通りません。

100 ページ　練習のワーク❶

❶ ❶ $y = 130 \times x$

❷ $y = 0.9 \times x$

❷ ❶ 2、4、8、10

❷ $y = 2 \times x$

❸ 右の図

❹ 5cm²

❺ 9cm

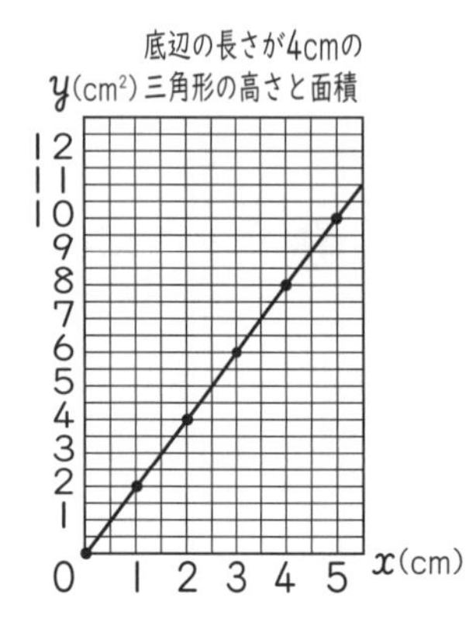

❸ ❶ $x \times y = 20$ ($y = 20 \div x$)

❷ $x \times y = 60$ ($y = 60 \div x$)

てびき　❷ ❹ グラフで、高さ 2.5cm に対応する面積を見ます。または、❷の $y = 2 \times x$ の x に 2.5 を入れて求めます。

❺ $y = 2 \times x$ の y に 18 を入れて求めます。

101 ページ　練習のワーク❷

❶ ❶ ○　❷ ×　❸ △

❷ ❶ 8、12、16、20

❷ $y = 4 \times x$ ($y = x \times 4$)

❸ ひし形の1辺の長さとまわりの長さ　❹ 3.5cm

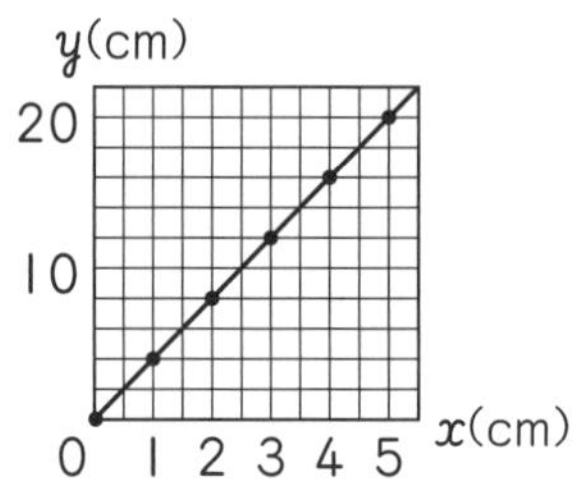

❸ ❶ $x \times y = 20$ ($y = 20 \div x$)　❷ 2m

てびき　❶ ❶は、x の値が 2 倍、3 倍、…になると、y の値も 2 倍、3 倍、…になっています。❸は、x の値が 2 倍、3 倍、…になると、y の値は $\frac{1}{2}$ 倍、$\frac{1}{3}$ 倍、…になっています。

❷ ❹ グラフで、まわりの長さ 14cm に対応する 1 辺の長さを見ます。または、❷の $y = 4 \times x$ の y に 14 を入れて求めます。

❸ ❷ $x \times y = 20$ の x に 10 を入れて求めます。

102 ページ　まとめのテスト❶

1 ❶

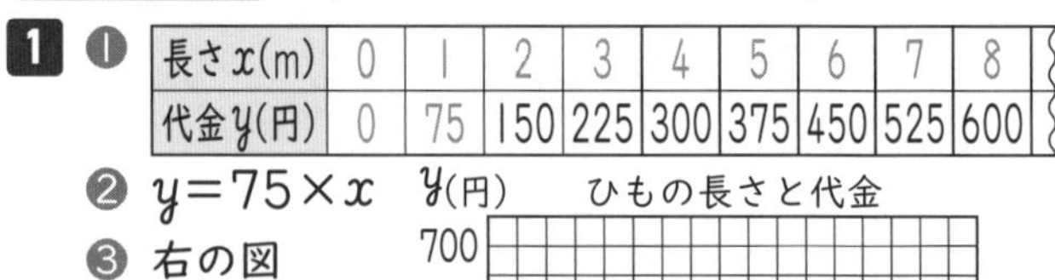

長さx(m)	0	1	2	3	4	5	6	7	8
代金y(円)	0	75	150	225	300	375	450	525	600

❷ $y = 75 \times x$

❸ 右の図

❹ 12m

2 ❶ $y = 6.5 \times x$

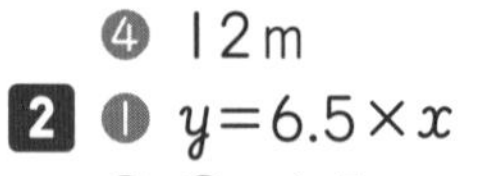

❷ ㋐…6.5

㋑…715

❸ 140枚

3 ❶ $x \times y = 56$ ($y = 56 \div x$)

❷ 8日　❸ 14人

てびき　1 ❹ $y = 75 \times x$ の y に 900 を入れて求めます。

2 紙の重さygは、枚数x枚に比例しています。
❶ きまった数は、130÷20=6.5
❷ $y=6.5\times x$ にxの値を入れて求めます。
❸ $y=6.5\times x$ のyに910を入れて求めます。
3 ❶ yはxに反比例します。
❷ $x\times y=56$ のxに7を入れて求めます。
❸ $x\times y=56$ のyに4を入れて求めます。

103ページ　まとめのテスト❷

1 比例…㊓、反比例…㋑

2 ❶

リボンの長さx(cm)	1	2	3	5
代金y(円)	40	80	120	200

❷

切り分ける個数x(個)	1	2	4	28
1切れの重さy(g)	280	140	70	10

3 ❶ ㋐…8mm、㋑…4mm
❷ ㋐…$y=8\times x$、㋑…$y=4\times x$　❸ ㋑

4 ❶ $x\times y=240$($y=240\div x$)　❷ 時速90km

てびき　**2** xとyの関係を式で表して、xやyに値を入れてあてはまる数を求めます。
❶の式は$y=40\times x$、❷の式は$x\times y=280$です。
3 ❶ 1gに対応するばねののびを見ます。
❸ 14÷3.5=4だから、1gあたりのばねののびは4mmなので、㋑です。
4 ❶ yはxに反比例しています。
❷ 2時間40分は、$2\frac{40}{60}=2\frac{2}{3}$(時間)だから、
$x\times y=240$ のyに$2\frac{2}{3}$を入れて求めます。

⑭ いろいろな問題を解決しよう

104・105ページ　基本のワーク

基本1 ❷ 215.5、8.62、220.5、8.82
答え ❶ 7.6、7.8　❷ 8.62、8.82

❶ ❶ 2002年　中央値…8.7秒、最頻値…8.6秒
2022年　中央値…8.8秒、最頻値…8.8秒
❷ 例 50m走以外の種目について調べる。
ほかの地域について調べる。

基本2 ❶ 1964、47、41.8
答え ❶ 41.8
❷ 6、21、9、4、2、4、1、47

❷ ❶ 30個以上40個未満
❷ 30個以上40個未満
❸ 40個以上50個未満

てびき　❶ ❶ データの個数は2002年、2022年とも25個なので、13番目の値が中央値となります。
❷ ❷ データの個数が47個なので、24番目の値が中央値となります。

106ページ　練習のワーク

❶ ❶ 消しゴム　❷ 28.6%　❸ 4倍
❹ 例 ポスターを作る。

❷ ❶ 2、3、3、4、3、3
❷
(人)　卒業旅行で使ったおこづかいの金額
10
5
0
1000 1500 2000 2500 3000 3500 4000 4500 (円)

❸ 3000円以上3500円未満

てびき　❶ ❷ 消しゴムの個数は8個で、合計は28個なので、8÷28×100=28.57…
小数第二位を四捨五入して、28.6%

107ページ　まとめのテスト

1 ❶ 中央値　❷ 最頻値　❸ 平均値

2 ❶ 557円
❷ 2、3、5、1、2、4
❸

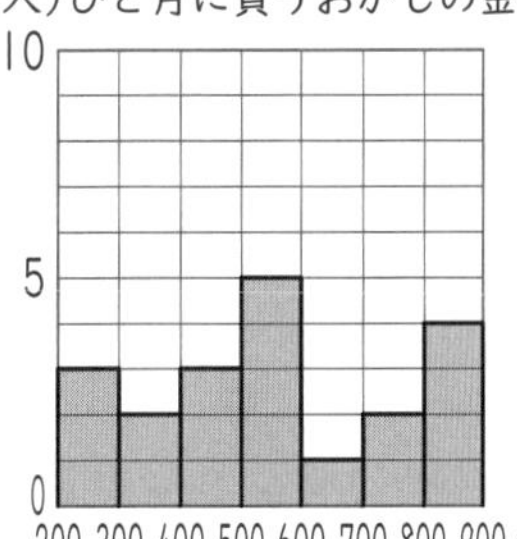

❹ 500円以上600円未満
❺ 500円以上600円未満

てびき　**2** ❶ データの値の合計は11140円、個数は20個なので、11140÷20=557となります。
❹ データの個数が20個なので、中央値は10番目の値と11番目の値の平均値となります。

⑮ 6年間の算数の復習をしよう

108ページ まとめのテスト①

1 ❶ 460個　❷ 92個　❸ 580個

2 ❶ >　❷ =　❸ <

3 ❶ $\frac{11}{6}$　❷ $\frac{17}{5}$　❸ $1\frac{7}{8}$

4 ❶ $\frac{6}{1}$　❷ $\frac{29}{10}\left(2\frac{9}{10}\right)$　❸ 0.55

5 ❶ 19　❷ 51　❸ 11　❹ 50.6
❺ 46　❻ 111.09　❼ 21
❽ $\frac{15}{14}\left(1\frac{1}{14}\right)$　❾ $\frac{1}{14}$　❿ $\frac{2}{7}$　⓫ $\frac{8}{7}\left(1\frac{1}{7}\right)$

6 ❶ $x=5$　❷ $x=5$

7 xを使った式…$7\times x\div 2=14$
xにあてはまる数…4

109ページ まとめのテスト②

1 ❶ 式 $4.2\times 7\div 2=14.7$　答え 14.7cm²
❷ 式 $8\times 8\times 3.14\div 2-4\times 4\times 3.14=50.24$
答え 50.24cm²

2 ❶ 式 $3\times 5\times 7=105$　答え 105cm³
❷ 式 $9\times 9\times 9-3\times 3\times 5=684$
答え 684cm³

3 ❶ 15　❷ 135　❸ 90

4 2倍の拡大図　$\frac{1}{2}$の縮図

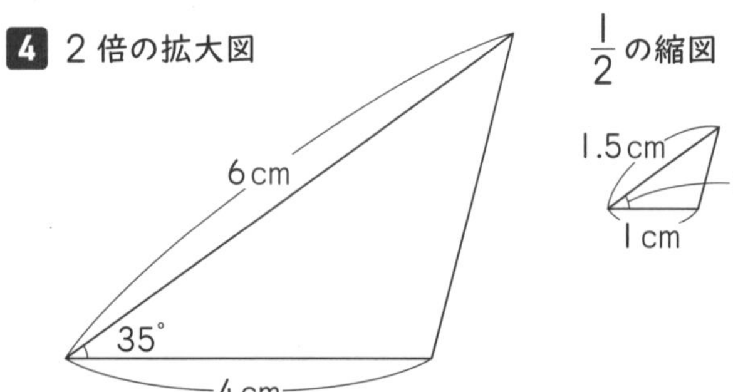

てびき
3 ❸ 正八角形の8つの角の大きさの和は、180°×6=1080°だから、1つの角の大きさは、1080°÷8=135°です。また、対角線と正八角形の2つの辺でできる三角形は二等辺三角形で、2つの等しい角は、(180°−135°)÷2=22.5°だから、求める角の大きさは、135°−22.5°×2=90°

110ページ まとめのテスト③

1 ❶ mL(cm³)　❷ m　❸ km²

2 ❶ 90cm　❷ 4L、40dL

3 ❶ 式 $27000\div 40=675$　答え 675人
❷ みさきさんの住んでいる市

4 式 $450\div 25=18$　$18\times 32=576$
答え 576km

5 式 $840\div 12=70$　$2100-840=1260$
$1260\div 70=18$　答え 18分

てびき
3 ❷ みさきさんの住んでいる市の人口密度は、56000÷75=746.6…(人)なので、さくらさんの住んでいる市の人口密度675人より高いです。
4 ガソリン1Lあたりで走る道のりを求めてから、全体の大きさ=単位量あたりの大きさ×いくつ分の式にあてはめます。
5 家から郵便局までの速さは、840÷12=70より、分速70mです。郵便局から駅までの道のりは、2100−840=1260(m)なので、郵便局から駅までにかかる時間は、1260÷70=18(分)です。

111ページ まとめのテスト④

1 ❶ 14、52、26、8
❷ 家の職業

会社員	商業	農業	その他

(目盛り：0 10 20 30 40 50 60 70 80 90 100(%))

2 ❶ 3　❷ 10dL

3 ❶ 比例…㋐、反比例…㋑
❷ ㋐…$y=20\times x$
㋑…$x\times y=18$
($y=18\div x$)
❸ 右の図

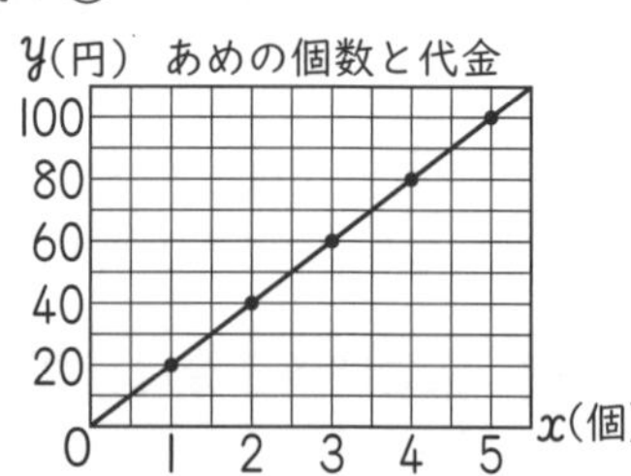

てびき
1 ❶ 農業…63÷450×100=14、
会社員…234÷450×100=52、
商業…117÷450×100=26、
その他…36÷450×100=8
2 ❷ 同じ色のペンキをつくるには、青いペンキと白いペンキの量の比が等しくなるようにします。青いペンキの量をxmLとすると、
$9:6=15:x$　$x=10$

すじ道を立てて考えよう

112ページ 学びのワーク

1 ウ　2 B、イ　3 A、ウ、イ
4 C、ア、ウ　5 A、イ、ア　6 B、イ、ウ
7 A、ア、ウ

答え 7

実力判定テスト　答えとてびき

夏休みのテスト①

1 ❶
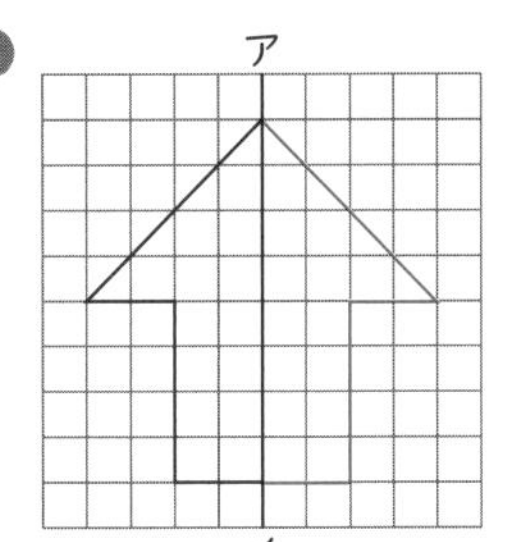

❷
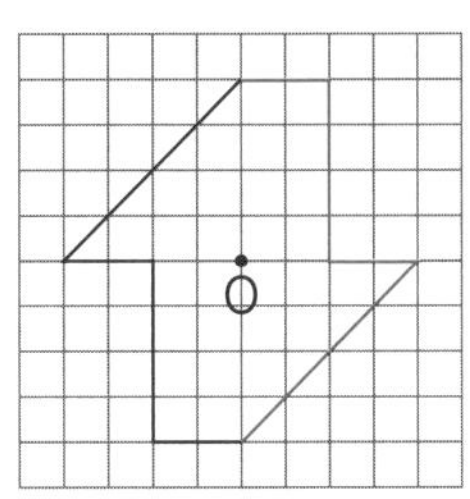

2 ❶ 50　❷ $\frac{1}{3}$
❸ $\frac{7}{3}\left(2\frac{1}{3}\right)$　❹ $\frac{15}{4}\left(3\frac{3}{4}\right)$

3 ❶ $\frac{1}{24}$　❷ $\frac{2}{3}$
❸ $\frac{15}{2}\left(7\frac{1}{2}\right)$　❹ $\frac{3}{4}$

4 式 $\frac{9}{8}\times1\frac{1}{3}=\frac{3}{2}$　答え $\frac{3}{2}\mathrm{cm}^2\left(1\frac{1}{2}\mathrm{cm}^2\right)$

5 ❶ $9\times x=54$　❷ $1.2-x=0.7$
❸ $120\div x=20$

6 ❶ 5.1 点　❷ 6 点　❸ 5.5 点

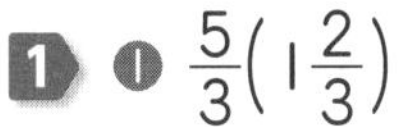

6 ❸ 得点の大きさの順に並べると、5 番目が 5 点、6 番目が 6 点だから、(5+6)÷2=5.5(点)

夏休みのテスト②

1 ❶ $\frac{5}{3}\left(1\frac{2}{3}\right)$　❷ $\frac{4}{15}$
❸ 1　❹ 1

2 ❶ $\frac{3}{4}$　❷ $\frac{10}{3}\left(3\frac{1}{3}\right)$
❸ $\frac{20}{9}\left(2\frac{2}{9}\right)$　❹ 2

3 式 $\frac{5}{3}\div\frac{10}{9}=\frac{3}{2}$　答え $\frac{3}{2}\mathrm{m}\left(1\frac{1}{2}\mathrm{m}\right)$

4 式 $\frac{7}{3}\times\frac{5}{3}\times\frac{9}{5}=7$　答え $7\mathrm{cm}^3$

5 ❶ $x=7$　❷ $x=27$
❸ $x=6.7$　❹ $x=35$

6

	❶ 線対称	❷ 対称の軸の数(本)	❸ 点対称
直角三角形	×	0	×
正三角形	○	3	×
平行四辺形	×	0	○
正方形	○	4	○
正五角形	○	5	×

2 ❹ $\frac{5}{9}\div\frac{1}{12}\div3\frac{1}{3}$
$=\frac{5}{9}\div\frac{1}{12}\div\frac{10}{3}=\frac{5}{9}\times\frac{12}{1}\times\frac{3}{10}=2$

冬休みのテスト①

1 ❶ 式 $8\times8\times3.14-4\times4\times3.14=150.72$
答え $150.72\mathrm{cm}^2$
❷ 式 $12\times12-6\times6\times3.14\div4\times4$
$=30.96$　答え $30.96\mathrm{cm}^2$
❸ 式 $8\times8\times3.14\div4-8\times8\div2=18.24$
$18.24\times2=36.48$　答え $36.48\mathrm{cm}^2$

2 ❶ $y=84\div x$　❷ 8cm
❸ 11.2cm　❹ 反比例している。

3 ❶ $30\mathrm{cm}^3$　❷ $300\mathrm{cm}^3$　❸ $87.92\mathrm{cm}^3$

4 ❶ 3：4　❷ 3：7
❸ 3：4　❹ 10：3

5 315mL

てびき
2 ❷ $84\div10.5=8$(cm)
❸ $84\div7.5=11.2$(cm)
3 ❶ $4\times3\div2\times5=30(\mathrm{cm}^3)$
❷ $(3+7)\times5\div2\times12=300(\mathrm{cm}^3)$
❸ $4\times4\times3.14\div4\times7=87.92(\mathrm{cm}^3)$

冬休みのテスト②

1 式 $(40+60)\times40\div2=2000$
答え 約 $2000\mathrm{m}^2$

2 ❶ 比例している。　❷ $y=1.5\times x$
❸
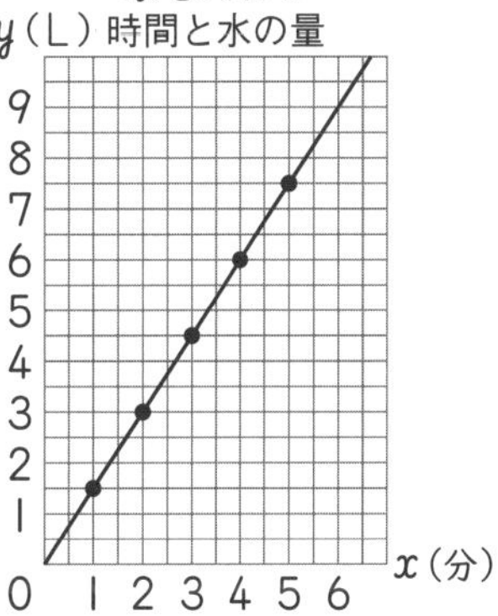

❹ 6 分

3 ❶ ㋒　❷ ㋓、3 倍　❸ ㋑、$\frac{1}{2}$

4 ❶ 16 通り　❷ 24 通り　❸ 6 通り

学年末のテスト①

1 ❶ $\frac{21}{4}\left(5\frac{1}{4}\right)$　❷ $\frac{5}{12}$　❸ $\frac{6}{5}\left(1\frac{1}{5}\right)$

❹ $\frac{18}{5}\left(3\frac{3}{5}\right)$　❺ $\frac{1}{3}$　❻ $\frac{17}{9}\left(1\frac{8}{9}\right)$

2 ❶ $x=28$　❷ $x=24$

❸ $x=3$　❹ $x=2$

3 式 $6\times12-6\times6\times3.14\div4\times2$

$=15.48$　答え 15.48cm^2

4 ❶ $y=135\times x$　○　❷ $y=200-x$　×

❸ $y=80\div x$　△

5 ❶ 16通り　❷ 10通り　❸ 5通り

てびき

1 ❺ $\frac{7}{10}\div\frac{11}{5}\div\frac{21}{22}$

$=\frac{7}{10}\times\frac{5}{11}\times\frac{22}{21}=\frac{1}{3}$

❻ $\frac{5}{3}\times\left(1.2-\frac{1}{15}\right)=\frac{5}{3}\times\left(\frac{6}{5}-\frac{1}{15}\right)$

$=\frac{5}{3}\times\frac{6}{5}-\frac{5}{3}\times\frac{1}{15}=2-\frac{1}{9}=\frac{17}{9}$

5 ❷ 一の位が偶数になる場合を考えます。
10、12、14、20、24、30、32、34、40、42の10通りです。
❸ 12、21、24、30、42の5通りです。

学年末のテスト②

1 ❶ $\frac{4}{9}$　❷ 4　❸ $\frac{27}{4}\left(6\frac{3}{4}\right)$

❹ $\frac{2}{9}$　❺ $\frac{8}{21}$　❻ $\frac{7}{2}\left(3\frac{1}{2}\right)$

2 式 $(6\times6\times3.14-3\times3\times3.14)\times10$

$=847.8$　答え 847.8cm^3

3 ❶ 260g　❷ 水…65g、食塩…10g

4 ❶ $y=5\times x$　○　❷ $y=100\div x$　△

5 ❶

40	41	42	43	44	45	46	47	48	49	50 (g)
						●	●			
			●		●	●	●		●	
	●		●	●	●	●	●	●	●	●

❷ 上から順に
1、2、3、6、
3、1、16

❸ 46g

❹ 右の図

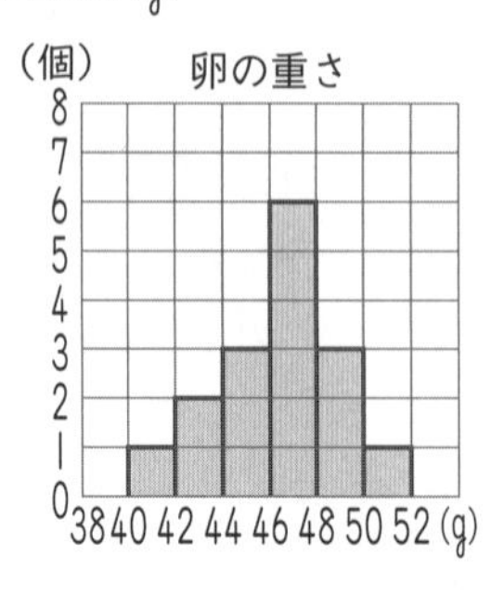

まるごと文章題テスト①

1 式 $\frac{5}{8}\times6=\frac{15}{4}$　答え $\frac{15}{4}\text{kg}\left(3\frac{3}{4}\text{kg}\right)$

2 式 $1\frac{1}{2}\times1\frac{7}{9}\div2=\frac{4}{3}$　答え $\frac{4}{3}\text{cm}^2\left(1\frac{1}{3}\text{cm}^2\right)$

3 式 $1680\div\frac{8}{3}=630$　答え 630円

4 ❶ 式 $\frac{7}{9}\div\frac{2}{3}=\frac{7}{6}$　答え $\frac{7}{6}$倍$\left(1\frac{1}{6}\text{倍}\right)$

❷ 式 $\frac{8}{15}\div\frac{7}{9}=\frac{24}{35}$　答え $\frac{24}{35}$倍

5 式 $120\times\frac{7}{3}=280$　答え 280mL

6 式 $28+17=45$　$45\times\frac{5}{9}=25$

$28-25=3$　答え 3個

7 式 $700\times(1+0.2)=840$　答え 840円

8 ❶ 24通り　❷ 4通り

てびき

6 まず、あめ玉が全部で何個あるかを求めます。次に、兄が弟にあげたあとの個数の割合が5：4であることから、あげたあとの兄の個数を求めます。

まるごと文章題テスト②

1 式 $\frac{12}{5}\div8=\frac{3}{10}$　答え $\frac{3}{10}$L

2 式 $1\frac{1}{3}\times1\frac{1}{3}\times1\frac{1}{3}=\frac{64}{27}$

答え $\frac{64}{27}\text{cm}^3\left(2\frac{10}{27}\text{cm}^3\right)$

3 式 $\frac{9}{8}\div\frac{15}{16}=\frac{6}{5}$　答え $\frac{6}{5}$倍$\left(1\frac{1}{5}\text{倍}\right)$

4 ❶ 式 $15\div\frac{5}{12}=36$　答え 36人

❷ 式 $36\times\left(1-\frac{2}{9}\right)=28$　答え 28人

5 式 $350\times\frac{5}{14}=125$　答え 125mL

6 式 $35\div\left(1-\frac{3}{4}\right)=140$

$140\div\left(1-\frac{1}{3}\right)=210$　答え 210ページ

7 式 $1200\times(1-0.25)=900$　答え 900円

8 ❶ 6通り　❷ 10通り

3 2 1 0 9 8 7 6 5
＊ ＊ D C B A

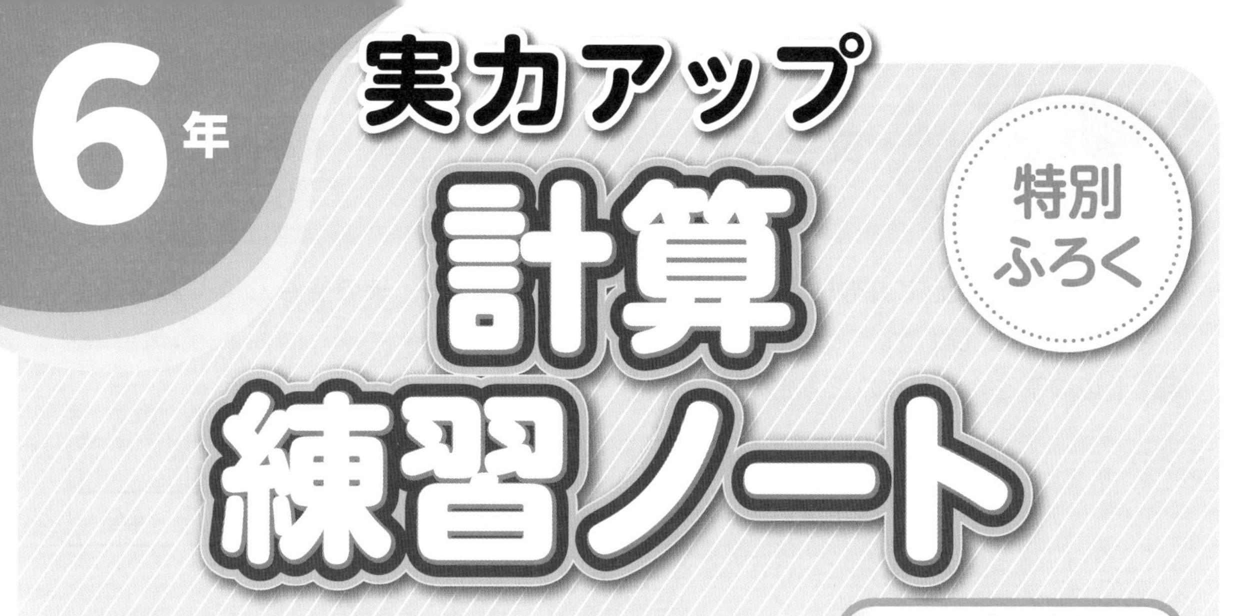

計算力がぐんぐんのびる！

このふろくは
すべての教科書に対応した
全教科書版です。

年	組	名前

「計算練習ノート」はとりはずして使用できます。

1 文字と式

得点

/100点

◆ 次の場面で、x（エックス）とy（ワイ）の関係を式に表しましょう。また、表の空らんに、あてはまる数を書きましょう。

1つ5〔100点〕

❶ 1辺の長さが$x$cmの正方形があります。まわりの長さは$y$cmです。

式

x（cm）	1	1.8	4.5	㋒
y（cm）	4	㋐	㋑	44

❷ x人の子どもに1人3個ずつあめを配りましたが、5個残りました。あめは全部でy個です。

式

x（人）	4	㋐	㋑	9
y（個）	17	23	26	㋒

❸ 面積が400cm²の長方形の、縦（たて）の長さが$x$cm、横の長さが$y$cmです。

式

x（cm）	㋐	40	50	60
y（cm）	25	10	㋑	㋒

❹ 180枚（まい）のカードからx枚友だちにあげました。カードの残りはy枚です。

式

x（枚）	㋐	㋑	120	150
y（枚）	170	150	㋒	30

❺ 1冊（さつ）500円の本と1冊x円のノートを買いました。代金の合計はy円です。

式

x（円）	50	120	㋑	㋒
y（円）	㋐	620	650	750

●勉強した日　月　日

2 分数と整数のかけ算

得点
/100点

◆ 計算をしましょう。　1つ5〔30点〕

❶ $\frac{1}{4}\times3$　❷ $\frac{2}{7}\times2$　❸ $\frac{2}{5}\times8$

❹ $\frac{3}{10}\times3$　❺ $\frac{2}{3}\times5$　❻ $\frac{1}{9}\times7$

♥ 計算をしましょう。　1つ5〔60点〕

❼ $\frac{3}{8}\times2$　❽ $\frac{3}{16}\times4$　❾ $\frac{9}{10}\times5$

❿ $\frac{5}{42}\times3$　⓫ $\frac{1}{9}\times6$　⓬ $\frac{4}{45}\times10$

⓭ $\frac{7}{8}\times6$　⓮ $\frac{13}{12}\times9$　⓯ $\frac{9}{8}\times8$

⓰ $\frac{5}{4}\times12$　⓱ $\frac{4}{15}\times60$　⓲ $\frac{7}{25}\times100$

♠ 縦（たて）が$\frac{8}{3}$m、横が6mの長方形の形をした花だんがあります。この花だんの面積は何m^2ですか。　1つ5〔10点〕

式

答え（　　　）

●勉強した日　月　日

3 分数と整数のわり算

得点
/100点

◆ 計算をしましょう。　1つ5〔30点〕

❶ $\frac{3}{5}\div 4$　❷ $\frac{2}{3}\div 7$　❸ $\frac{7}{4}\div 5$

❹ $\frac{5}{7}\div 7$　❺ $\frac{17}{4}\div 4$　❻ $\frac{1}{6}\div 6$

♥ 計算をしましょう。　1つ5〔60点〕

❼ $\frac{8}{9}\div 4$　❽ $\frac{10}{3}\div 2$　❾ $\frac{4}{5}\div 4$

❿ $\frac{7}{12}\div 7$　⓫ $\frac{5}{9}\div 10$　⓬ $\frac{16}{7}\div 12$

⓭ $\frac{20}{9}\div 4$　⓮ $\frac{15}{4}\div 12$　⓯ $\frac{8}{13}\div 12$

⓰ $\frac{39}{5}\div 26$　⓱ $\frac{25}{4}\div 100$　⓲ $\frac{75}{4}\div 125$

♠ $\frac{21}{8}$mの長さのリボンがあります。このリボンを6人で等しく分けると、1人分の長さは何mになりますか。　1つ5〔10点〕

式

答え（　　　　）

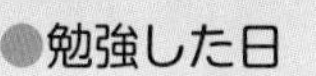 ●勉強した日　月　日

4 分数のかけ算 (1)

時間 20分

得点 /100点

◆ 計算をしましょう。　1つ5〔90点〕

❶ $\frac{1}{3}\times\frac{4}{5}$　❷ $\frac{2}{5}\times\frac{2}{9}$　❸ $\frac{2}{7}\times\frac{3}{5}$

❹ $\frac{1}{6}\times\frac{1}{3}$　❺ $\frac{4}{3}\times\frac{5}{9}$　❻ $\frac{3}{7}\times\frac{4}{7}$

❼ $\frac{8}{9}\times\frac{8}{9}$　❽ $\frac{3}{2}\times\frac{5}{4}$　❾ $\frac{7}{4}\times\frac{3}{4}$

❿ $\frac{5}{8}\times\frac{5}{3}$　⓫ $\frac{7}{6}\times\frac{5}{2}$　⓬ $\frac{3}{4}\times\frac{7}{8}$

⓭ $\frac{9}{5}\times\frac{3}{2}$　⓮ $3\times\frac{3}{4}$　⓯ $6\times\frac{2}{5}$

⓰ $8\times\frac{4}{5}$　⓱ $\frac{4}{9}\times 4$　⓲ $\frac{1}{8}\times 7$

♥ 縦(たて)が $\frac{3}{7}$ m、横が $\frac{2}{5}$ m の長方形があります。この長方形の面積は何 m^2 ですか。

式　1つ5〔10点〕

答え（　　　）

5 分数のかけ算(2)

得点

/100点

◆ 計算をしましょう。　1つ5〔90点〕

❶ $\frac{5}{8}\times\frac{7}{5}$

❷ $\frac{4}{3}\times\frac{1}{6}$

❸ $\frac{6}{7}\times\frac{2}{3}$

❹ $\frac{3}{10}\times\frac{5}{4}$

❺ $\frac{7}{8}\times\frac{10}{9}$

❻ $\frac{8}{5}\times\frac{7}{12}$

❼ $\frac{3}{4}\times\frac{4}{9}$

❽ $\frac{7}{10}\times\frac{5}{14}$

❾ $\frac{5}{12}\times\frac{8}{15}$

❿ $\frac{5}{9}\times\frac{3}{20}$

⓫ $\frac{9}{10}\times\frac{25}{24}$

⓬ $\frac{5}{4}\times\frac{22}{15}$

⓭ $\frac{7}{6}\times\frac{18}{7}$

⓮ $\frac{5}{8}\times\frac{8}{5}$

⓯ $16\times\frac{5}{12}$

⓰ $25\times\frac{8}{35}$

⓱ $\frac{3}{8}\times 6$

⓲ $\frac{2}{3}\times 9$

♥ 1dLで、かべを$\frac{9}{10}$m²ぬれるペンキがあります。このペンキ$\frac{5}{6}$dLでは、かべを何m²ぬれますか。　1つ5〔10点〕

式

答え（　　　　　　）

●勉強した日　月　日

6 分数のかけ算(3)

得点

/100点

◆ 計算をしましょう。 1つ6〔90点〕

❶ $2\frac{2}{3}\times\frac{2}{5}$

❷ $1\frac{4}{5}\times\frac{3}{7}$

❸ $2\frac{2}{3}\times1\frac{2}{5}$

❹ $1\frac{2}{9}\times\frac{6}{11}$

❺ $2\frac{4}{7}\times\frac{10}{9}$

❻ $\frac{4}{9}\times2\frac{2}{5}$

❼ $\frac{7}{6}\times1\frac{13}{14}$

❽ $3\frac{1}{5}\times\frac{5}{8}$

❾ $1\frac{7}{8}\times1\frac{1}{9}$

❿ $1\frac{2}{7}\times5\frac{5}{6}$

⓫ $2\frac{2}{3}\times2\frac{1}{4}$

⓬ $\frac{3}{4}\times\frac{7}{6}\times\frac{2}{7}$

⓭ $\frac{9}{11}\times\frac{8}{15}\times\frac{11}{12}$

⓮ $\frac{3}{5}\times2\frac{4}{9}\times\frac{5}{11}$

⓯ $\frac{3}{7}\times6\times1\frac{5}{9}$

♥ 1mの重さが$\frac{3}{4}$kgの金属の棒(ぼう)があります。この棒$2\frac{2}{3}$mの重さは何kgですか。

式 1つ5〔10点〕

答え（　　　　）

7 分数のかけ算 (4)

得点　/100点

◆ 計算をしましょう。　1つ6〔90点〕

❶ $\frac{3}{4}\times\frac{3}{5}$

❷ $\frac{2}{9}\times\frac{11}{2}$

❸ $\frac{5}{12}\times\frac{16}{15}$

❹ $\frac{4}{7}\times\frac{5}{12}$

❺ $\frac{8}{15}\times\frac{10}{9}$

❻ $\frac{5}{14}\times\frac{21}{25}$

❼ $2\frac{4}{7}\times\frac{7}{9}$

❽ $2\frac{4}{5}\times\frac{9}{7}$

❾ $\frac{4}{9}\times1\frac{5}{12}$

❿ $\frac{14}{5}\times3\frac{3}{4}$

⓫ $1\frac{3}{25}\times1\frac{7}{8}$

⓬ $6\frac{4}{5}\times1\frac{8}{17}$

⓭ $\frac{4}{7}\times\frac{5}{12}\times\frac{14}{15}$

⓮ $1\frac{5}{9}\times\frac{8}{21}\times\frac{1}{4}$

⓯ $\frac{5}{8}\times1\frac{1}{3}\times1\frac{1}{5}$

♥ 底辺の長さが$4\frac{2}{5}$cm、高さが$8\frac{3}{4}$cmの平行四辺形があります。この平行四辺形の面積は何cm^2ですか。　1つ5〔10点〕

式

答え（　　　）

8 計算のくふう

得点
/100点

◆ くふうして計算しましょう。　1つ7〔84点〕

❶ $\left(\frac{1}{2}\times\frac{3}{4}\right)\times\frac{2}{3}$

❷ $\left(\frac{7}{8}\times\frac{5}{9}\right)\times\frac{9}{5}$

❸ $\left(\frac{7}{3}\times25\right)\times\frac{6}{25}$

❹ $\left(\frac{11}{6}\times\frac{7}{12}\right)\times\frac{4}{7}$

❺ $\left(\frac{7}{8}+\frac{5}{12}\right)\times24$

❻ $\left(\frac{3}{4}-\frac{1}{6}\right)\times\frac{12}{5}$

❼ $\left(\frac{9}{8}+\frac{27}{40}\right)\times\frac{20}{9}$

❽ $\frac{12}{5}\times\left(\frac{25}{4}-\frac{5}{3}\right)$

❾ $\frac{2}{7}\times6+\frac{2}{7}\times8$

❿ $\frac{7}{12}\times13-\frac{7}{12}\times11$

⓫ $\frac{3}{4}\times\frac{6}{7}+\frac{6}{7}\times\frac{1}{4}$

⓬ $\frac{8}{7}\times\frac{15}{16}-\frac{8}{7}\times\frac{1}{16}$

♥ 縦(たて)が$\frac{11}{13}$m、横が$\frac{7}{8}$mの長方形の面積と、縦が$\frac{15}{13}$m、横が$\frac{7}{8}$mの長方形の面積をあわせると何m^2ですか。　1つ8〔16点〕

式

答え（　　　　）

●勉強した日　月　日

9 分数のわり算(1)

得点

/100点

◆ 計算をしましょう。 1つ6〔90点〕

① $\frac{3}{8}\div\frac{4}{5}$　② $\frac{1}{7}\div\frac{2}{3}$　③ $\frac{2}{7}\div\frac{3}{5}$

④ $\frac{2}{9}\div\frac{3}{8}$　⑤ $\frac{3}{11}\div\frac{4}{5}$　⑥ $\frac{4}{5}\div\frac{3}{7}$

⑦ $\frac{3}{8}\div\frac{2}{9}$　⑧ $\frac{5}{7}\div\frac{2}{3}$　⑨ $\frac{4}{3}\div\frac{3}{5}$

⑩ $\frac{5}{8}\div\frac{8}{9}$　⑪ $\frac{4}{5}\div\frac{5}{6}$　⑫ $\frac{1}{4}\div\frac{2}{7}$

⑬ $\frac{1}{6}\div\frac{4}{5}$　⑭ $\frac{1}{9}\div\frac{3}{8}$　⑮ $\frac{6}{7}\div\frac{5}{9}$

♥ $\frac{4}{5}$mの重さが$\frac{7}{8}$kgのパイプがあります。このパイプ1mの重さは何kgですか。

式 1つ5〔10点〕

答え（　　　　）

●勉強した日　月　日

10 分数のわり算（2）

得点

/100点

◆ 計算をしましょう。　1つ6〔90点〕

❶ $\frac{2}{5}\div\frac{4}{7}$

❷ $\frac{3}{10}\div\frac{4}{5}$

❸ $\frac{7}{9}\div\frac{14}{17}$

❹ $\frac{8}{7}\div\frac{8}{11}$

❺ $\frac{3}{10}\div\frac{7}{10}$

❻ $\frac{5}{4}\div\frac{3}{8}$

❼ $\frac{5}{7}\div\frac{10}{21}$

❽ $\frac{5}{6}\div\frac{10}{9}$

❾ $\frac{9}{8}\div\frac{3}{10}$

❿ $\frac{14}{15}\div\frac{21}{10}$

⓫ $\frac{3}{16}\div\frac{9}{8}$

⓬ $\frac{5}{6}\div\frac{10}{21}$

⓭ $\frac{9}{2}\div\frac{15}{2}$

⓮ $\frac{4}{3}\div\frac{14}{9}$

⓯ $\frac{21}{8}\div\frac{35}{8}$

♥ 面積が$\frac{16}{9}$cm^{2}で底辺の長さが$\frac{12}{5}$cmの平行四辺形があります。この平行四辺形の高さは何cmですか。　1つ5〔10点〕

式

答え（　　　　）

11 分数のわり算 (3)

得点

/100点

◆ 計算をしましょう。　1つ6〔90点〕

❶ $7 \div \frac{5}{4}$

❷ $3 \div \frac{5}{7}$

❸ $4 \div \frac{11}{7}$

❹ $6 \div \frac{3}{8}$

❺ $15 \div \frac{3}{5}$

❻ $12 \div \frac{10}{7}$

❼ $8 \div \frac{6}{7}$

❽ $24 \div \frac{8}{3}$

❾ $30 \div \frac{5}{6}$

❿ $\frac{7}{9} \div 6$

⓫ $\frac{5}{4} \div 4$

⓬ $\frac{5}{2} \div 10$

⓭ $\frac{9}{4} \div 6$

⓮ $\frac{10}{3} \div 15$

⓯ $\frac{8}{7} \div 8$

♥ ひろしさんの体重は32kgで、お兄さんの体重の$\frac{2}{3}$です。お兄さんの体重は何kgですか。　1つ5〔10点〕

式

答え（　　　　）

12 分数のわり算(4)

●勉強した日　　月　　日

得点

/100点

◆ 計算をしましょう。　1つ6〔90点〕

❶ $\frac{3}{8}\div1\frac{2}{5}$

❷ $2\frac{1}{2}\div\frac{3}{4}$

❸ $1\frac{2}{9}\div\frac{22}{15}$

❹ $\frac{2}{9}\div1\frac{1}{3}$

❺ $\frac{5}{12}\div3\frac{1}{3}$

❻ $1\frac{2}{5}\div\frac{7}{15}$

❼ $\frac{15}{14}\div2\frac{1}{4}$

❽ $\frac{20}{9}\div1\frac{1}{15}$

❾ $1\frac{1}{6}\div2\frac{5}{8}$

❿ $1\frac{1}{3}\div1\frac{1}{9}$

⓫ $2\frac{2}{9}\div1\frac{13}{15}$

⓬ $1\frac{5}{9}\div1\frac{11}{21}$

⓭ $\frac{14}{3}\div6\div\frac{7}{6}$

⓮ $1\div\frac{13}{12}\div\frac{3}{26}$

⓯ $\frac{3}{25}\div\frac{12}{5}\div\frac{15}{16}$

♥ 1dLでかべを$\frac{5}{8}$m²ぬれるペンキがあります。$9\frac{3}{8}$m²のかべをぬるのに、このペンキは何dL必要ですか。　1つ5〔10点〕

式

答え（　　　　　　）

●勉強した日　　月　　日

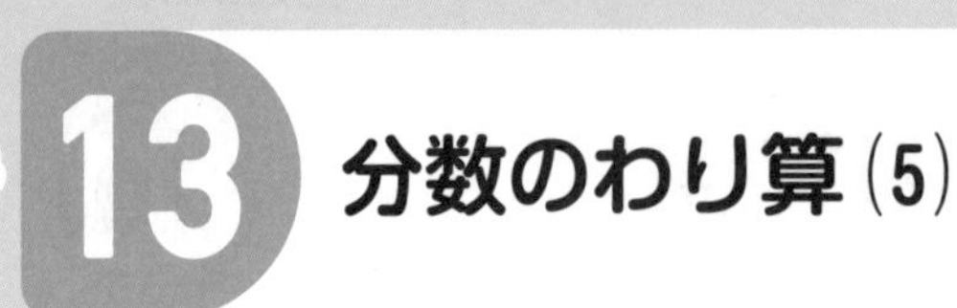

13 分数のわり算(5)

得点

/100点

◆ 計算をしましょう。　　　　1つ10〔100点〕

❶ $\frac{3}{5}\times\frac{10}{13}\div\frac{2}{3}$

❷ $\frac{9}{25}\div\frac{3}{16}\times\frac{5}{12}$

❸ $\frac{1}{9}\div\frac{13}{17}\times\frac{39}{34}$

❹ $\frac{5}{16}\times\frac{10}{3}\div\frac{5}{12}$

❺ $\frac{7}{2}\div\frac{3}{4}\times\frac{15}{14}$

❻ $\frac{7}{18}\times\frac{6}{5}\div\frac{14}{27}$

❼ $5\times\frac{2}{3}\div\frac{4}{9}$

❽ $\frac{12}{5}\div9\times\frac{15}{16}$

❾ $1\frac{17}{18}\times\frac{3}{7}\div\frac{5}{14}$

❿ $2\frac{1}{10}\div1\frac{13}{15}\times\frac{8}{9}$

●勉強した日　　月　　日

14 分数のわり算 (6)

得点

/100点

◆ 計算をしましょう。　1つ6〔90点〕

① $\frac{5}{3} \div \frac{3}{5}$　② $\frac{7}{6} \div \frac{4}{5}$　③ $\frac{11}{12} \div \frac{7}{8}$

④ $\frac{8}{15} \div \frac{9}{10}$　⑤ $\frac{9}{20} \div \frac{15}{8}$　⑥ $\frac{8}{21} \div \frac{12}{7}$

⑦ $15 \div \frac{9}{4}$　⑧ $100 \div \frac{25}{4}$　⑨ $\frac{12}{7} \div 16$

⑩ $\frac{5}{6} \div 3\frac{3}{4}$　⑪ $2\frac{5}{14} \div \frac{11}{14}$　⑫ $1\frac{7}{8} \div 2\frac{1}{4}$

⑬ $2\frac{1}{2} \div \frac{9}{5} \div \frac{5}{6}$　⑭ $\frac{1}{7} \div \frac{4}{9} \times \frac{28}{27}$　⑮ $\frac{15}{8} \div 27 \times 1\frac{1}{5}$

♥ 長さ$\frac{5}{4}$mの青いリボンと、長さ$\frac{5}{6}$mの赤いリボンがあります。赤いリボンの長さは、青いリボンの長さの何倍ですか。　1つ5〔10点〕

式

答え（　　　　）

15 分数、小数、整数の計算

得点

/100点

◆ 計算をしましょう。　1つ10〔100点〕

❶ $0.55\times\frac{15}{22}$

❷ $1.6\div\frac{12}{35}$

❸ $\frac{2}{3}\times0.25$

❹ $5\frac{2}{3}\div6.8$

❺ $0.9\times\frac{4}{5}\div3$

❻ $\frac{8}{3}\div6\times1.8$

❼ $\frac{3}{4}\div0.375\div1\frac{1}{5}$

❽ $0.5\div\frac{9}{10}\times0.12$

❾ $4\div18\times6$

❿ $0.8\times0.9\div0.42$

●勉強した日　月　日

16 円の面積(1)

得点

/100点

◆ 次の円の面積を求めましょう。　1つ10〔40点〕

❶ 半径4cmの円　（　　　）

❷ 直径10cmの円　（　　　）

❸ 円周の長さが37.68cmの円　（　　　）

❹ 円周の長さが87.92mの円　（　　　）

♥ 色をぬった部分の面積を求めましょう。　1つ10〔60点〕

❺ 2cm　4cm　（　　　）

❻ 10cm　6cm　（　　　）

❼ 6cm　6cm　（　　　）

❽ 5cm　（　　　）

❾ 4cm　2cm　（　　　）

❿ 10cm　（　　　）

17 円の面積 (2)

得点　　/100点

◆ 次の円の面積を求めましょう。　1つ10〔40点〕

❶ 半径3cmの円

(　　　　)

❷ 直径16mの円

(　　　　)

❸ 円周の長さが43.96mの円

(　　　　)

❹ 円周の長さが62.8cmの円

(　　　　)

♥ 色をぬった部分の面積を求めましょう。　1つ10〔60点〕

❺

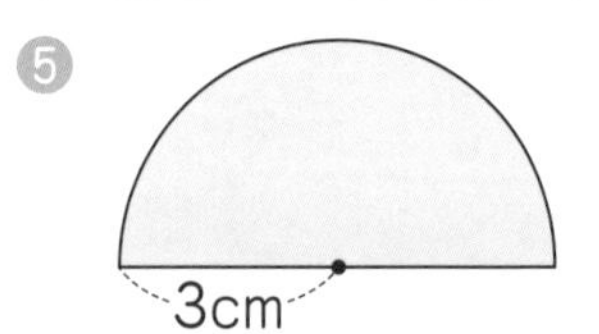

(　　　　)

❻

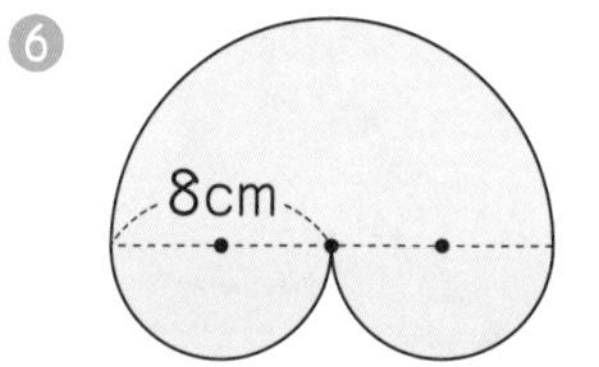

(　　　　)

❼

10cm

10cm

(　　　　)

❽

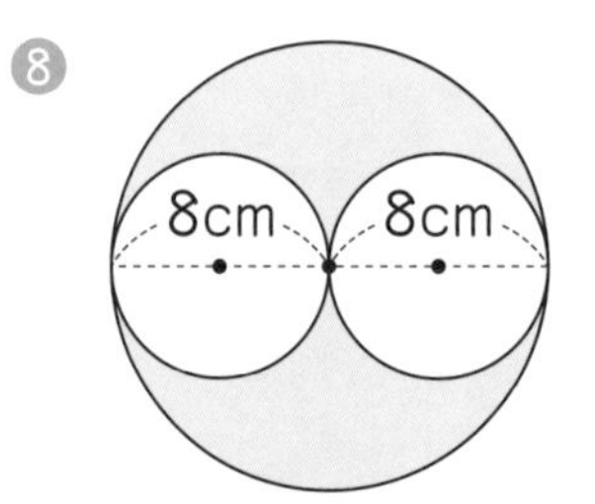

(　　　　)

❾

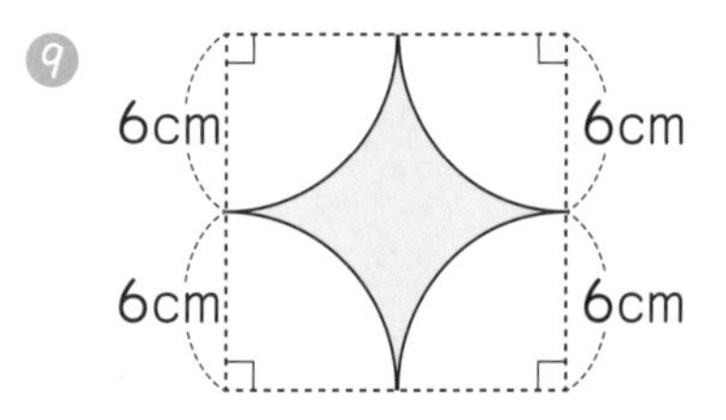

(　　　　)

❿

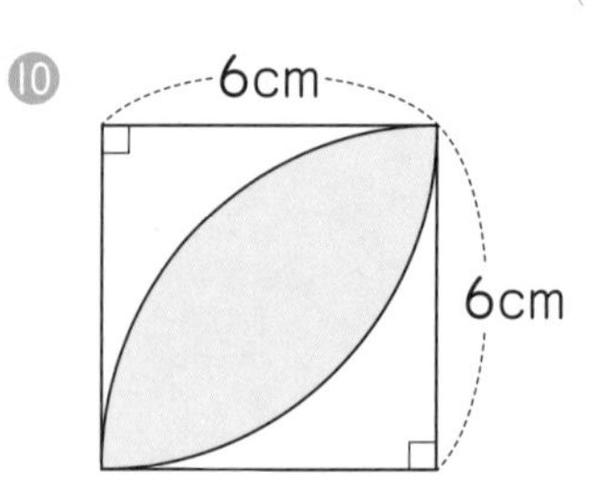

(　　　　)

●勉強した日　月　日

18 比(1)

得点
/100点

◆ 比の値(あたい)を求めましょう。 1つ5〔30点〕

❶ $7:5$ （　　　）

❷ $3:12$ （　　　）

❸ $8:10$ （　　　）

❹ $0.9:6$ （　　　）

❺ $0.84:4.2$ （　　　）

❻ $\frac{5}{6}:\frac{5}{9}$ （　　　）

♥ 比を簡単(かんたん)にしましょう。 1つ7〔35点〕

❼ $49:56$ （　　　）

❽ $27:63$ （　　　）

❾ $1.8:1.5$ （　　　）

❿ $4:1.6$ （　　　）

⓫ $\frac{2}{3}:\frac{14}{15}$ （　　　）

♠ x(エックス) の表す数を求めましょう。 1つ7〔35点〕

⓬ $3:8=18:x$ （　　　）

⓭ $14:10=x:25$ （　　　）

⓮ $4.5:x=18:12$ （　　　）

⓯ $x:2=\frac{1}{4}:\frac{15}{8}$ （　　　）

⓰ $\frac{7}{5}:0.6=x:15$ （　　　）

19 比（2）

得点　/100点

◆ 比の値(あたい)を求めましょう。　1つ5〔30点〕

❶ 4：9　（　　　）

❷ 15：5　（　　　）

❸ 14：10　（　　　）

❹ 2.5：7　（　　　）

❺ 1.4：0.06　（　　　）

❻ $\frac{4}{15}$：$\frac{1}{4}$　（　　　）

♥ 比を簡単(かんたん)にしましょう。　1つ7〔35点〕

❼ 60：35　（　　　）

❽ 350：250　（　　　）

❾ 0.6：2.8　（　　　）

❿ 4.5：3　（　　　）

⓫ $\frac{1}{6}$：0.125　（　　　）

♠ x(エックス) の表す数を求めましょう。　1つ7〔35点〕

⓬ x：3＝80：120　（　　　）

⓭ 12：21＝4：x　（　　　）

⓮ 15：x＝2.5：7　（　　　）

⓯ $\frac{4}{13}$：$\frac{12}{13}$＝x：3　（　　　）

⓰ 7：x＝1.5：$\frac{15}{14}$　（　　　）

●勉強した日　　月　　日

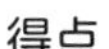

20 角柱と円柱の体積

得点　　/100点

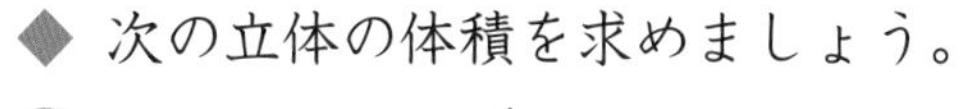

◆ 次の立体の体積を求めましょう。　1つ10〔80点〕

❶
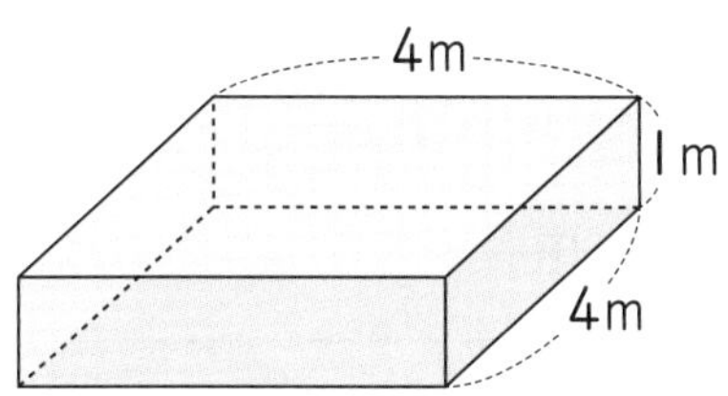

(　　　　　)

❷
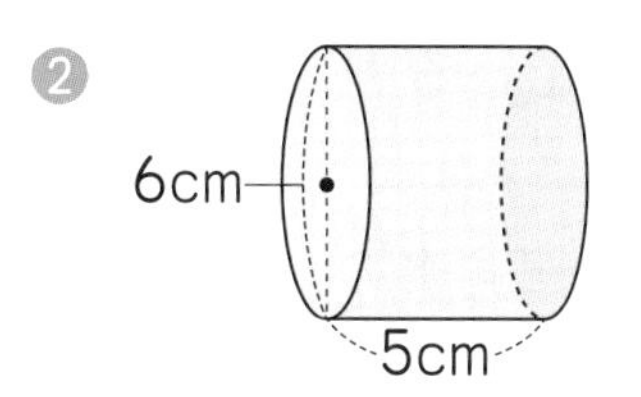

(　　　　　)

❸
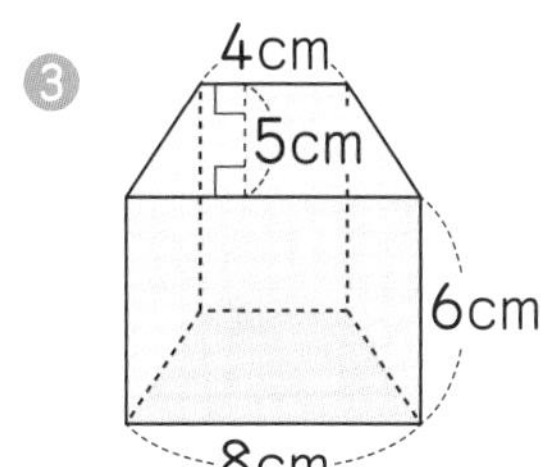

(　　　　　)

❹
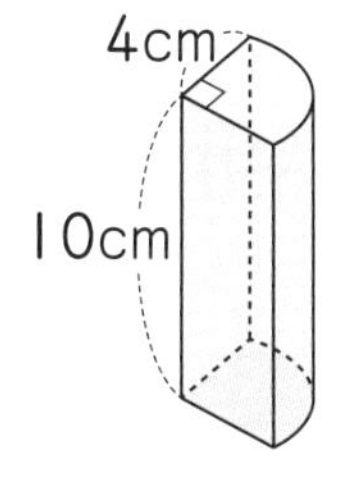

(　　　　　)

❺
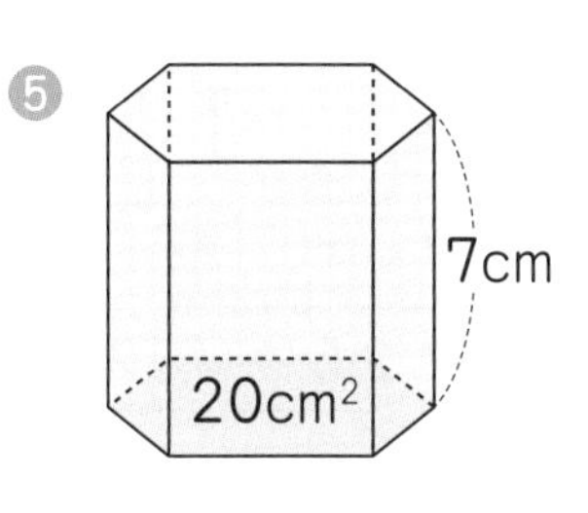

(　　　　　)

❻
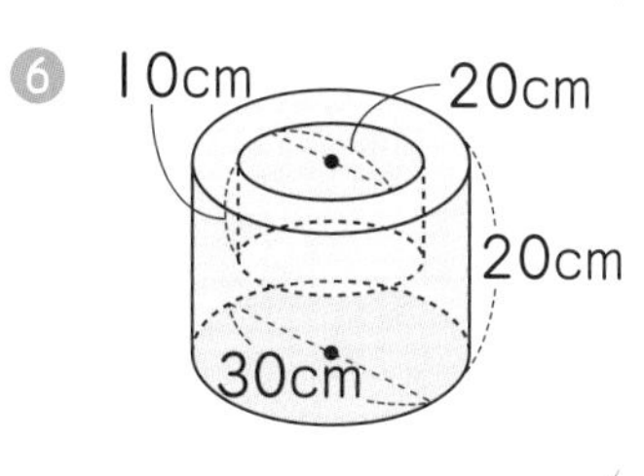

(　　　　　)

❼
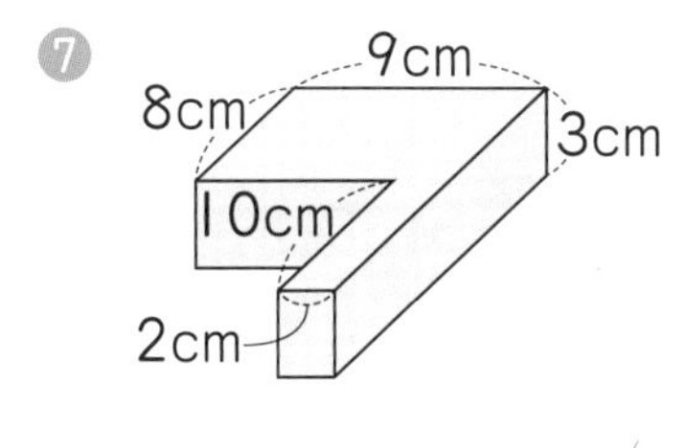

(　　　　　)

❽
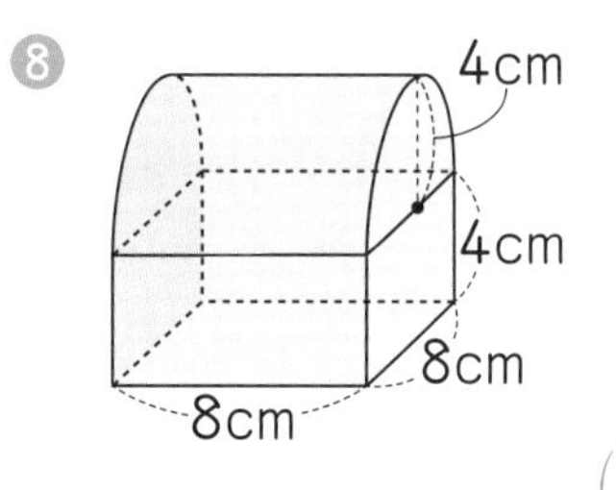

(　　　　　)

♥ 下の図はある立体の展開図(てんかいず)です。この立体の体積を求めましょう。

1つ10〔20点〕

❾
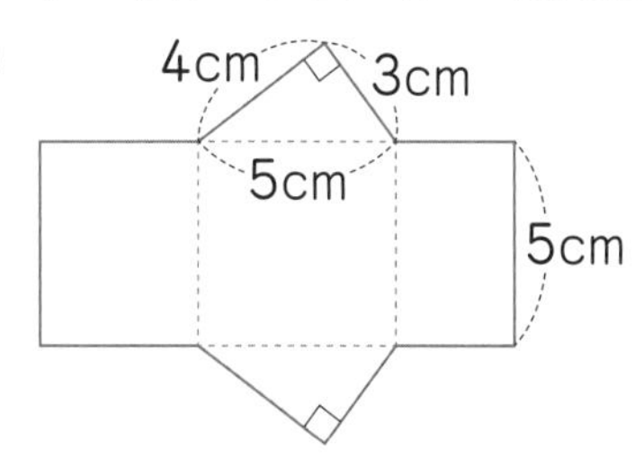

(　　　　　)

❿
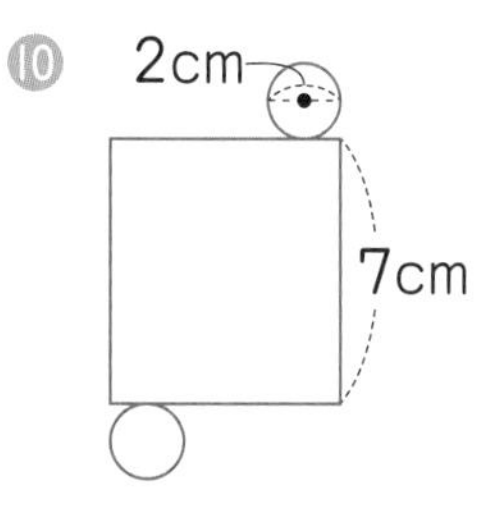

(　　　　　)

21 比例と反比例 (1)

得点　/100点

◆ 次の2つの数量について、x と y の関係を式に表し、y が x に比例しているものには○、反比例しているものには△、どちらでもないものには×を書きましょう。また、表の空らんにあてはまる数を書きましょう。　1つ3〔90点〕

❶ 面積が $30cm^2$ の三角形の、底辺の長さ x cmと高さ y cm

式　　、

x (cm)	2	㋑	8	㋓
y (cm)	㋐	20	㋒	4

❷ 1mの重さが2kgの鉄の棒の、長さ x mと重さ y kg

式　　、

x (m)	㋐	5.6	9	㋓
y (kg)	8	㋑	㋒	24

❸ 28Lの水そうに毎分 x Lずつ水を入れるときの、いっぱいになるまでの時間 y 分

式　　、

x (L)	4	7	㋒	㋓
y (分)	㋐	㋑	2.5	2

❹ 30gの容器に1個20gのおもりを x 個入れたときの、容器全体の重さ y g

式　　、

x (個)	2	㋑	㋒	9
y (g)	㋐	90	130	㋓

❺ 分速80mで歩くときの、x 分間に進んだきょり y m

式　　、

x (分)	㋐	㋑	11	15
y (m)	400	720	㋒	㋓

♥ 100gが250円の肉を x g買ったときの、代金を y 円とします。x と y の関係を式に表しましょう。また、y の値が950のときの x の値を求めましょう。　1つ5〔10点〕

式　　、

22 比例と反比例(2)

得点

/100点

◆ 1mの値段(ねだん)が80円のテープの長さをx(エックス)m、代金をy(ワイ)円とします。 1つ10〔30点〕

❶ xとyの関係を、式に表しましょう。

(　　　　)

❷ xの値(あたい)が12のときのyの値を求めましょう。

(　　　　)

❸ yの値が280のときのxの値を求めましょう。

(　　　　)

♥ 時速4.5kmで歩く人がx時間に進む道のりを$y$kmとします。 1つ10〔30点〕

❹ xとyの関係を、式に表しましょう。

(　　　　)

❺ xの値が2.4のときのyの値を求めましょう。

(　　　　)

❻ yの値が27のときのxの値を求めましょう。

(　　　　)

♠ 面積が54cm^{2}の三角形の、底辺の長さを$x$cm、高さを$y$cmとします。1つ10〔30点〕

❼ xとyの関係を、式に表しましょう。

(　　　　)

❽ xの値が15のときのyの値を求めましょう。

(　　　　)

❾ yの値が7.5のときのxの値を求めましょう。

(　　　　)

♣ 容積が720m^{3}の水そうに水を入れます。1時間に入れる水の量をxm^3、いっぱいにするのにかかる時間をy時間とするとき、xとyの関係を式に表しましょう。また、yの値が2.4のときのxの値を求めましょう。 1つ5〔10点〕

式　　　　　　　　、

●勉強した日　　月　　日

23 場合の数(1)

得点　　/100点

◆ 3、4、5、6の4枚のカードがあります。　1つ14〔42点〕

❶ 2枚のカードで2けたの整数をつくるとき、できる整数は全部で何通りありますか。

(　　　　)

❷ 4枚のカードで4けたの整数をつくるとき、できる整数は全部で何通りありますか。

(　　　　)

❸ ❷の4けたの整数のうち、奇数は何通りありますか。

(　　　　)

♥ 5人の中から委員を選びます。　1つ14〔28点〕

❹ 委員長と副委員長を1人ずつ選ぶとき、選び方は全部で何通りですか。

(　　　　)

❺ 委員長と副委員長と書記を1人ずつ選ぶとき、選び方は全部で何通りですか。

(　　　　)

♠ 10円玉を続けて4回投げます。表と裏の出方は全部で何通りですか。　〔15点〕

(　　　　)

♣ A、Bどちらかの文字を使って、4文字の記号をつくります。できる記号は全部で何通りありますか。　〔15点〕

(　　　　)

●勉強した日　月　日

24 場合の数(2)

得点

/100点

◆ 5人の中からそうじ当番を選びます。　1つ14〔28点〕

❶ そうじ当番を2人選ぶとき、選び方は全部で何通りですか。

(　　　　)

❷ そうじ当番を3人選ぶとき、選び方は全部で何通りですか。

(　　　　)

♥ A(エー)、B(ビー)、C(シー)、D(ディー)、E(イー)、F(エフ)の6チームで野球の試合をします。どのチームもちがうチームと1回ずつ試合をします。　1つ14〔28点〕

❸ Aチームがする試合は何試合ありますか。

(　　　　)

❹ 試合は全部で何試合ありますか。

(　　　　)

♠ 1円玉、10円玉、50円玉がそれぞれ2枚(まい)ずつあります。　1つ14〔28点〕

❺ このうち2枚を組み合わせてできる金額を、全部書きましょう。

(　　　　)

❻ このうち3枚を組み合わせてできる金額は、全部で何通りですか。

(　　　　)

♣ 赤、青、黄、緑、白の5つの球をA、B2つの箱に入れます。2個をAに入れ、残りをBに入れるとき、球の入れ方は全部で何通りありますか。　〔16点〕

(　　　　)

25 場合の数 (3)

得点

/100点

◆ 次のものは、全部でそれぞれ何通りありますか。　1つ10〔90点〕

❶ 大小2つのサイコロを投げて、目の和が10以上になる場合

（　　　　）

❷ 1、2、3、4の4枚のカードの中の3枚を並べてできる3けたの偶数

（　　　　）

❸ A、B、C、Dの4人の中から、図書委員を2人選ぶ場合

（　　　　）

❹ 3枚のコインを投げるとき、2枚裏が出る場合

（　　　　）

❺ 3人で1回じゃんけんをするとき、あいこになる場合

（　　　　）

❻ 4人が手をつないで1列に並ぶ場合

（　　　　）

❼ 0、2、7、9の4枚のカードを並べてできる4けたの数

（　　　　）

❽ 5人のうち、3人が歩き、2人が自転車に乗る場合

（　　　　）

❾ 家から学校までの行き方が4通りあるとき、家から学校へ行って帰ってくる場合

（　　　　）

♥ 500円玉2個と100円玉2個で買い物をします。おつりが出ないように買える品物の値段は何通りありますか。　〔10点〕

（　　　　）

●勉強した日　　月　　日

26 量の単位の復習

得点

/100点

◆ 次の量を、〔　〕の中の単位で表しましょう。　1つ5〔80点〕

❶ 2.4km〔m〕
(　　　)

❷ 74cm〔mm〕
(　　　)

❸ 0.39m〔cm〕
(　　　)

❹ 56000cm〔km〕
(　　　)

❺ 0.9dL〔mL〕
(　　　)

❻ 2.2m^3〔kL〕
(　　　)

❼ 4dL〔cm^3〕
(　　　)

❽ 3.6L〔cm^3〕
(　　　)

❾ 0.8t〔kg〕
(　　　)

❿ 1.2g〔mg〕
(　　　)

⓫ 0.4kg〔g〕
(　　　)

⓬ 980g〔kg〕
(　　　)

⓭ 300a〔ha〕
(　　　)

⓮ 10000cm^2〔a〕
(　　　)

⓯ 1.5km^2〔m^2〕
(　　　)

⓰ 65000m^2〔ha〕
(　　　)

♥ 次の水の量を、〔　〕の中の単位で求めましょう。　1つ5〔20点〕

⓱ 水5m^3の重さ〔kg〕
(　　　)

⓲ 水25mLの重さ〔g〕
(　　　)

⓳ 水430gのかさ〔cm^3〕
(　　　)

⓴ 水5.5kgのかさ〔L〕
(　　　)

27 6年のまとめ(1)

得点
/100点

◆ 計算をしましょう。　1つ5〔60点〕

① $\frac{2}{9}\times\frac{5}{3}$　② $\frac{5}{8}\times\frac{3}{2}$　③ $\frac{9}{28}\times\frac{7}{3}$

④ $\frac{15}{8}\times\frac{10}{21}$　⑤ $12\times\frac{7}{15}$　⑥ $\frac{5}{27}\times18$

⑦ $2\frac{5}{8}\times\frac{12}{35}$　⑧ $1\frac{5}{6}\times1\frac{1}{11}$　⑨ $\frac{2}{15}\times6\times\frac{10}{9}$

⑩ $\frac{4}{7}\times1\frac{1}{8}\times\frac{14}{15}$　⑪ $\left(\frac{5}{6}-\frac{3}{8}\right)\times24$　⑫ $\frac{8}{7}\times\frac{4}{11}+\frac{6}{7}\times\frac{4}{11}$

♥ 比を簡単(かんたん)にしましょう。　1つ6〔18点〕

⑬ 36：81　⑭ 2：3.2　⑮ $\frac{3}{4}:\frac{11}{12}$

♠ x(エックス)の表す数を求めましょう。　1つ6〔12点〕

⑯ $10:18=25:x$　⑰ $3.5:x=21:12$

♣ ある小学校の6年生の男子と女子の人数の比は6：7です。6年生の人数が104人のとき、女子の人数は何人ですか。　1つ5〔10点〕

式

答え（　　　　）

28 6年のまとめ (2)

●勉強した日　月　日

得点
/100点

◆ 計算をしましょう。　1つ5〔60点〕

❶ $\frac{5}{7}\div\frac{4}{5}$

❷ $\frac{4}{9}\div\frac{5}{6}$

❸ $\frac{4}{15}\div\frac{8}{9}$

❹ $12\div\frac{4}{5}$

❺ $8\div\frac{16}{9}$

❻ $\frac{7}{12}\div1\frac{5}{9}$

❼ $\frac{9}{10}\div3\frac{3}{4}$

❽ $4\frac{1}{6}\div1\frac{7}{8}$

❾ $\frac{4}{9}\div\frac{5}{6}\times\frac{3}{8}$

❿ $\frac{8}{7}\div\frac{6}{5}\div\frac{4}{21}$

⓫ $1.2\times\frac{7}{8}\div0.6$

⓬ $1.8\div\frac{4}{5}\div1.5$

♥ りんご、オレンジ、ぶどう、バナナ、ももの5つの果物が1つずつあります。

1つ10〔20点〕

⓭ けんたさんとあいさんに、果物を1つずつあげるとき、あげ方は全部で何通りありますか。

（　　　　　）

⓮ 3つの果物を選んでかごに入れるとき、選び方は全部で何通りありますか。

（　　　　　）

♠ ある小学校の児童全員の$\frac{7}{12}$にあたる238人が男子です。この小学校の女子の児童の人数は何人ですか。　1つ10〔20点〕

式

答え（　　　　　）

答え

1

❶ 式 $x\times4=y$

㋐ 7.2　㋑ 18　㋒ 11

❷ 式 $3\times x+5=y$

㋐ 6　㋑ 7　㋒ 32

❸ 式 $400\div x=y$ ($x\times y=400$)

㋐ 16　㋑ 8　㋒ $\frac{20}{3}\left(6\frac{2}{3}\right)$

❹ 式 $180-x=y$

㋐ 10　㋑ 30　㋒ 60

❺ 式 $500+x=y$

㋐ 550　㋑ 150　㋒ 250

2

① $\frac{3}{4}$　② $\frac{4}{7}$　③ $\frac{16}{5}\left(3\frac{1}{5}\right)$　④ $\frac{9}{10}$

⑤ $\frac{10}{3}\left(3\frac{1}{3}\right)$　⑥ $\frac{7}{9}$　⑦ $\frac{3}{4}$　⑧ $\frac{3}{4}$

⑨ $\frac{9}{2}\left(4\frac{1}{2}\right)$　⑩ $\frac{5}{14}$　⑪ $\frac{2}{3}$　⑫ $\frac{8}{9}$

⑬ $\frac{21}{4}\left(5\frac{1}{4}\right)$　⑭ $\frac{39}{4}\left(9\frac{3}{4}\right)$　⑮ 9

⑯ 15　⑰ 16　⑱ 28

式 $\frac{8}{3}\times6=16$　答え 16 m²

3

① $\frac{3}{20}$　② $\frac{2}{21}$　③ $\frac{7}{20}$　④ $\frac{5}{49}$

⑤ $\frac{17}{16}\left(1\frac{1}{16}\right)$　⑥ $\frac{1}{36}$　⑦ $\frac{2}{9}$

⑧ $\frac{5}{3}\left(1\frac{2}{3}\right)$　⑨ $\frac{1}{5}$　⑩ $\frac{1}{12}$

⑪ $\frac{1}{18}$　⑫ $\frac{4}{21}$　⑬ $\frac{5}{9}$　⑭ $\frac{5}{16}$

⑮ $\frac{2}{39}$　⑯ $\frac{3}{10}$　⑰ $\frac{1}{16}$　⑱ $\frac{3}{20}$

式 $\frac{21}{8}\div6=\frac{7}{16}$　答え $\frac{7}{16}$ m

4

① $\frac{4}{15}$　② $\frac{4}{45}$　③ $\frac{6}{35}$

④ $\frac{1}{18}$　⑤ $\frac{20}{27}$　⑥ $\frac{12}{49}$

⑦ $\frac{64}{81}$　⑧ $\frac{15}{8}\left(1\frac{7}{8}\right)$　⑨ $\frac{21}{16}\left(1\frac{5}{16}\right)$

⑩ $\frac{25}{24}\left(1\frac{1}{24}\right)$　⑪ $\frac{35}{12}\left(2\frac{11}{12}\right)$　⑫ $\frac{21}{32}$

⑬ $\frac{27}{10}\left(2\frac{7}{10}\right)$　⑭ $\frac{9}{4}\left(2\frac{1}{4}\right)$　⑮ $\frac{12}{5}\left(2\frac{2}{5}\right)$

⑯ $\frac{32}{5}\left(6\frac{2}{5}\right)$　⑰ $\frac{16}{9}\left(1\frac{7}{9}\right)$　⑱ $\frac{7}{8}$

式 $\frac{3}{7}\times\frac{2}{5}=\frac{6}{35}$　答え $\frac{6}{35}$ m²

5

① $\frac{7}{8}$　② $\frac{2}{9}$　③ $\frac{4}{7}$　④ $\frac{3}{8}$

⑤ $\frac{35}{36}$　⑥ $\frac{14}{15}$　⑦ $\frac{1}{3}$　⑧ $\frac{1}{4}$

⑨ $\frac{2}{9}$　⑩ $\frac{1}{12}$　⑪ $\frac{15}{16}$　⑫ $\frac{11}{6}\left(1\frac{5}{6}\right)$

⑬ 3　⑭ 1　⑮ $\frac{20}{3}\left(6\frac{2}{3}\right)$

⑯ $\frac{40}{7}\left(5\frac{5}{7}\right)$　⑰ $\frac{9}{4}\left(2\frac{1}{4}\right)$　⑱ 6

式 $\frac{9}{10}\times\frac{5}{6}=\frac{3}{4}$　答え $\frac{3}{4}$ m²

6

① $\frac{16}{15}\left(1\frac{1}{15}\right)$　② $\frac{27}{35}$　③ $\frac{56}{15}\left(3\frac{11}{15}\right)$

④ $\frac{2}{3}$　⑤ $\frac{20}{7}\left(2\frac{6}{7}\right)$　⑥ $\frac{16}{15}\left(1\frac{1}{15}\right)$

⑦ $\frac{9}{4}\left(2\frac{1}{4}\right)$　⑧ 2　⑨ $\frac{25}{12}\left(2\frac{1}{12}\right)$

⑩ $\frac{15}{2}\left(7\frac{1}{2}\right)$　⑪ 6　⑫ $\frac{1}{4}$

⑬ $\frac{2}{5}$　⑭ $\frac{2}{3}$　⑮ 4

式 $\frac{3}{4}\times2\frac{2}{3}=2$　答え 2 kg

7

❶ $\frac{9}{20}$　❷ $\frac{11}{9}\left(1\frac{2}{9}\right)$　❸ $\frac{4}{9}$　❹ $\frac{5}{21}$

❺ $\frac{16}{27}$　❻ $\frac{3}{10}$　❼ 2　❽ $\frac{18}{5}\left(3\frac{3}{5}\right)$

❾ $\frac{17}{27}$　❿ $\frac{21}{2}\left(10\frac{1}{2}\right)$　⓫ $\frac{21}{10}\left(2\frac{1}{10}\right)$

⓬ 10　⓭ $\frac{2}{9}$　⓮ $\frac{4}{27}$　⓯ 1

式 $4\frac{2}{5}\times8\frac{3}{4}=\frac{77}{2}$

答え $\frac{77}{2}\left(38\frac{1}{2}\right)$ cm²

8

① $\frac{1}{4}$　② $\frac{7}{8}$　③ 14　④ $\frac{11}{18}$　⑤ 31

⑥ $\frac{7}{5}\left(1\frac{2}{5}\right)$　⑦ 4　⑧ 11　⑨ 4

⑩ $\frac{7}{6}\left(1\frac{1}{6}\right)$　⑪ $\frac{6}{7}$　⑫ 1

式 $\frac{11}{13}\times\frac{7}{8}+\frac{15}{13}\times\frac{7}{8}=\frac{7}{4}$

答え $\frac{7}{4}\left(1\frac{3}{4}\right)$ m²

9 ① $\frac{15}{32}$ ② $\frac{3}{14}$ ③ $\frac{10}{21}$ ④ $\frac{16}{27}$ ⑤ $\frac{15}{44}$
⑥ $\frac{28}{15}\left(1\frac{13}{15}\right)$ ⑦ $\frac{27}{16}\left(1\frac{11}{16}\right)$ ⑧ $\frac{15}{14}\left(1\frac{1}{14}\right)$
⑨ $\frac{20}{9}\left(2\frac{2}{9}\right)$ ⑩ $\frac{45}{64}$ ⑪ $\frac{24}{25}$ ⑫ $\frac{7}{8}$
⑬ $\frac{5}{24}$ ⑭ $\frac{8}{27}$ ⑮ $\frac{54}{35}\left(1\frac{19}{35}\right)$
式 $\frac{7}{8}\div\frac{4}{5}=\frac{35}{32}$ 　答え $\frac{35}{32}\left(1\frac{3}{32}\right)$kg

10 ❶ $\frac{7}{10}$ ❷ $\frac{3}{8}$ ❸ $\frac{17}{18}$ ❹ $\frac{11}{7}\left(1\frac{4}{7}\right)$
❺ $\frac{3}{7}$ ❻ $\frac{10}{3}\left(3\frac{1}{3}\right)$ ❼ $\frac{3}{2}\left(1\frac{1}{2}\right)$
❽ $\frac{3}{4}$ ❾ $\frac{15}{4}\left(3\frac{3}{4}\right)$ ❿ $\frac{4}{9}$ ⓫ $\frac{1}{6}$
⓬ $\frac{7}{4}\left(1\frac{3}{4}\right)$ ⓭ $\frac{3}{5}$ ⓮ $\frac{6}{7}$ ⓯ $\frac{3}{5}$
式 $\frac{16}{9}\div\frac{12}{5}=\frac{20}{27}$ 　答え $\frac{20}{27}$cm

11 ① $\frac{28}{5}\left(5\frac{3}{5}\right)$ ② $\frac{21}{5}\left(4\frac{1}{5}\right)$ ③ $\frac{28}{11}\left(2\frac{6}{11}\right)$
④ 16 ⑤ 25 ⑥ $\frac{42}{5}\left(8\frac{2}{5}\right)$
⑦ $\frac{28}{3}\left(9\frac{1}{3}\right)$ ⑧ 9 ⑨ 36 ⑩ $\frac{7}{54}$
⑪ $\frac{5}{16}$ ⑫ $\frac{1}{4}$ ⑬ $\frac{3}{8}$ ⑭ $\frac{2}{9}$ ⑮ $\frac{1}{7}$
式 $32\div\frac{2}{3}=48$ 　答え 48kg

12 ① $\frac{15}{56}$ ② $\frac{10}{3}\left(3\frac{1}{3}\right)$ ③ $\frac{5}{6}$ ④ $\frac{1}{6}$
⑤ $\frac{1}{8}$ ⑥ 3 ⑦ $\frac{10}{21}$ ⑧ $\frac{25}{12}\left(2\frac{1}{12}\right)$
⑨ $\frac{4}{9}$ ⑩ $\frac{6}{5}\left(1\frac{1}{5}\right)$ ⑪ $\frac{25}{21}\left(1\frac{4}{21}\right)$
⑫ $\frac{49}{48}\left(1\frac{1}{48}\right)$ ⑬ $\frac{2}{3}$ ⑭ 8 ⑮ $\frac{4}{75}$
式 $9\frac{3}{8}\div\frac{5}{8}=15$ 　答え 15dL

13 ❶ $\frac{9}{13}$ ❷ $\frac{4}{5}$ ❸ $\frac{1}{6}$ ❹ $\frac{5}{2}\left(2\frac{1}{2}\right)$
❺ 5 ❻ $\frac{9}{10}$ ❼ $\frac{15}{2}\left(7\frac{1}{2}\right)$
❽ $\frac{1}{4}$ ❾ $\frac{7}{3}\left(2\frac{1}{3}\right)$ ❿ 1

14 ① $\frac{25}{9}\left(2\frac{7}{9}\right)$ ② $\frac{35}{24}\left(1\frac{11}{24}\right)$ ③ $\frac{22}{21}\left(1\frac{1}{21}\right)$
④ $\frac{16}{27}$ ⑤ $\frac{6}{25}$ ⑥ $\frac{2}{9}$ ⑦ $\frac{20}{3}\left(6\frac{2}{3}\right)$
⑧ 16 ⑨ $\frac{3}{28}$ ⑩ $\frac{2}{9}$ ⑪ 3
⑫ $\frac{5}{6}$ ⑬ $\frac{5}{3}\left(1\frac{2}{3}\right)$ ⑭ $\frac{1}{3}$ ⑮ $\frac{1}{12}$
式 $\frac{5}{6}\div\frac{5}{4}=\frac{2}{3}$ 　答え $\frac{2}{3}$倍

15 ① $\frac{3}{8}$ ② $\frac{14}{3}\left(4\frac{2}{3}\right)$ ③ $\frac{1}{6}$ ④ $\frac{5}{6}$
⑤ $\frac{6}{25}$ ⑥ $\frac{4}{5}$ ⑦ $\frac{5}{3}\left(1\frac{2}{3}\right)$ ⑧ $\frac{1}{15}$
⑨ $\frac{4}{3}\left(1\frac{1}{3}\right)$ ⑩ $\frac{12}{7}\left(1\frac{5}{7}\right)$

16 ❶ 50.24cm² ❷ 78.5cm²
❸ 113.04cm² ❹ 615.44m²
❺ 12.56cm² ❻ 47.1cm²
❼ 28.26cm² ❽ 28.5cm²
❾ 18.84cm² ❿ 235.5cm²

17 ① 28.26cm² ② 200.96m²
③ 153.86m² ④ 314cm²
⑤ 14.13cm² ⑥ 150.72cm²
⑦ 21.5cm² ⑧ 100.48cm²
⑨ 30.96cm² ⑩ 20.52cm²

18 ① $\frac{7}{5}$ ② $\frac{1}{4}$ ③ $\frac{4}{5}$
④ $\frac{3}{20}$ ⑤ $\frac{1}{5}$ ⑥ $\frac{3}{2}$
⑦ 7：8 ⑧ 3：7 ⑨ 6：5
⑩ 5：2 ⑪ 5：7 ⑫ 48
⑬ 35 ⑭ 3 ⑮ $\frac{4}{15}$ ⑯ 35

19 ❶ $\frac{4}{9}$ ❷ 3 ❸ $\frac{7}{5}$ ❹ $\frac{5}{14}$
❺ $\frac{70}{3}$ ❻ $\frac{16}{15}$ ❼ 12：7
❽ 7：5 ❾ 3：14 ❿ 3：2
⓫ 4：3 ⓬ 2 ⓭ 7
⓮ 42 ⓯ 1 ⓰ 5

20 ❶ $16m^3$ ❷ $141.3cm^3$
❸ $180cm^3$ ❹ $125.6cm^3$
❺ $140cm^3$ ❻ $10990cm^3$
❼ $276cm^3$ ❽ $456.96cm^3$
❾ $30cm^3$ ❿ $21.98cm^3$

21 ❶ 式 $y=60\div x$($x\times y\div 2=30$)、△
㋐ 30 ㋑ 3 ㋒ 7.5 ㋓ 15
❷ 式 $y=2\times x$、○
㋐ 4 ㋑ 11.2 ㋒ 18 ㋓ 12
❸ 式 $y=28\div x$、△
㋐ 7 ㋑ 4 ㋒ 11.2 ㋓ 14
❹ 式 $y=30+20\times x$、×
㋐ 70 ㋑ 3 ㋒ 5 ㋓ 210
❺ 式 $y=80\times x$、○
㋐ 5 ㋑ 9 ㋒ 880 ㋓ 1200
式 $y=2.5\times x$、380

22 ❶ $y=80\times x$
❷ 960
❸ 3.5
❹ $y=4.5\times x$
❺ 10.8
❻ 6
❼ $y=108\div x$($x\times y\div 2=54$)
❽ 7.2
❾ 14.4
式 $y=720\div x$、300

23 ❶ 12通り ❷ 24通り ❸ 12通り
❹ 20通り ❺ 60通り
16通り
16通り

24 ❶ 10通り ❷ 10通り
❸ 5試合 ❹ 15試合
❺ 2円、11円、20円、51円、60円、100円
❻ 7通り
10通り

25 ❶ 6通り ❷ 12通り ❸ 6通り
❹ 3通り ❺ 9通り ❻ 24通り
❼ 18通り ❽ 10通り ❾ 16通り
8通り

26 ❶ 2400m ❷ 740mm
❸ 39cm ❹ 0.56km
❺ 90mL ❻ 2.2kL
❼ $400cm^3$ ❽ $3600cm^3$
❾ 800kg ❿ 1200mg
⓫ 400g ⓬ 0.98kg
⓭ 3ha ⓮ 0.01a
⓯ $1500000m^2$ ⓰ 6.5ha
⓱ 5000kg ⓲ 25g
⓳ $430cm^3$ ⓴ 5.5L

27 ❶ $\frac{10}{27}$ ❷ $\frac{15}{16}$ ❸ $\frac{3}{4}$
❹ $\frac{25}{28}$ ❺ $\frac{28}{5}\left(5\frac{3}{5}\right)$ ❻ $\frac{10}{3}\left(3\frac{1}{3}\right)$
❼ $\frac{9}{10}$ ❽ 2 ❾ $\frac{8}{9}$
❿ $\frac{3}{5}$ ⓫ 11 ⓬ $\frac{8}{11}$
⓭ 4：9 ⓮ 5：8 ⓯ 9：11
⓰ 45 ⓱ 2
式 $104\times\frac{7}{13}=56$ 答え 56人

28 ❶ $\frac{25}{28}$ ❷ $\frac{8}{15}$ ❸ $\frac{3}{10}$ ❹ 15
❺ $\frac{9}{2}\left(4\frac{1}{2}\right)$ ❻ $\frac{3}{8}$ ❼ $\frac{6}{25}$
❽ $\frac{20}{9}\left(2\frac{2}{9}\right)$ ❾ $\frac{1}{5}$ ❿ 5
⓫ $\frac{7}{4}\left(1\frac{3}{4}\right)$ ⓬ $\frac{3}{2}\left(1\frac{1}{2}\right)$
⓭ 20通り ⓮ 10通り
式 $238\div\frac{7}{12}=408$
$408-238=170$
答え 170人

「小学教科書ワーク・数と計算」で、さらに練習しよう！